普通高等院校应用型人才培养实用教材

机械工程实训

主　编　秦　涛
主　审　朱定见

西南交通大学出版社
·成　都·

图书在版编目（ＣＩＰ）数据

机械工程实训 / 秦涛主编. —成都：西南交通大
学出版社，2018.8（2024.1 重印）
普通高等院校应用型人才培养"十三五"规划教材
ISBN 978-7-5643-6373-4

Ⅰ. ①机… Ⅱ. ①秦… Ⅲ. ①机械工程 – 高等学校 –
教材 Ⅳ. ①TH

中国版本图书馆 CIP 数据核字（2018）第 195571 号

普通高等院校应用型人才培养实用教材
机械工程实训

	责任编辑／陈　斌
主　　编／秦　涛	助理编辑／何明飞
	封面设计／何东琳设计工作室

西南交通大学出版社出版发行
（四川省成都市金牛区二环路北一段 111 号西南交通大学创新大厦 21 楼　610031）
发行部电话：028-87600564　　　028-87600533
网址：http://www.xnjdcbs.com
印刷：成都中永印务有限责任公司

成品尺寸　185 mm×260 mm
印张　16　　字数　398 千
版次　2018 年 8 月第 1 版　　印次　2024 年 1 月第 4 次

书号　ISBN 978-7-5643-6373-4
定价　42.00 元

前　言

　　机械工程实训是工科类学生在学校进行的工程氛围最浓厚，教学内容涉及的知识和技能最广泛，教学时间较长且集中进行的实践教学环节。既是传授工程知识和工程技术的重要手段，又是理论与工程实际、课堂教学与生产实践相联系的桥梁，更是培养学生工程素质、创新潜质和实践能力的重要途径。

　　本书结合湖北文理学院多年机械工程实训教学的实践经验，本着"适用、实用"的原则和"通俗易懂、繁简有度"的风格编写，特别注重培养学生的工程素质和动手实践能力。本教材共分 9 章，主要内容包括：机械工程实训相关知识、铸造实训、锻造实训、焊接实训、车工实训、铣工实训、刨工实训、磨工实训和钳工实训等。全书力求精练，讲究实用，图文并茂，便于自学。本书适合高等院校机械类、近机械类以及工科其他各专业的机械工程实训教学和实习指导，也可供工程技术人员参考使用。

　　本书具有以下特点：

　　（1）坚持"适用、实用"的原则。

　　充分考虑实训对象的知识结构，本书按工种编排内容，重点介绍了"适用"的基础理论知识和"实用"的实训实例，理论充分联系实践，让学生在机械工程实训中真正的学以致用。

　　（2）秉持"通俗易懂、繁简有度"的风格。

　　文字上注重通俗易懂，内容上注重繁简有度，即重点内容力求翔实，次要内容尽量精炼。

　　（3）加强安全教育。

　　在介绍各个工种之前，都先介绍该工种的《安全操作规程》，突出"预防为主，防患于未然"的安全理念。

　　本书由湖北文理学院秦涛老师担任主编并统稿，朱定见副教授担任主审。在编写过程中，编者参考了现行的一些教材，部分资料来自网络，在此一并表示感谢！受编者水平所限，书中难免存在疏漏之处，恳请广大读者和专家批评指正。

编　者

2018 年 6 月

目　录

第1章　机械工程实训相关知识 ………………………………………………………… 1

1.1　机械工程实训课程简介 …………………………………………………………… 1

1.2　机械工程实训安全技术 …………………………………………………………… 2

复习题 …………………………………………………………………………………… 3

第2章　铸造实训 ………………………………………………………………………… 4

2.1　铸造实训安全操作规程 …………………………………………………………… 4

2.2　铸造实训理论知识 ………………………………………………………………… 4

2.3　铸造实训内容 ……………………………………………………………………… 17

复习题 …………………………………………………………………………………… 23

第3章　锻造实训 ………………………………………………………………………… 25

3.1　锻造实训安全操作规程 …………………………………………………………… 25

3.2　锻造实训理论知识 ………………………………………………………………… 25

3.3　锻造实训内容 ……………………………………………………………………… 29

复习题 …………………………………………………………………………………… 34

第4章　焊接实训 ………………………………………………………………………… 36

4.1　焊接实训安全操作规程 …………………………………………………………… 36

4.2　焊接实训理论知识 ………………………………………………………………… 36

4.3　焊接实训内容 ……………………………………………………………………… 48

复习题 …………………………………………………………………………………… 55

第5章　车工实训 ………………………………………………………………………… 56

5.1　车工实训安全操作规程 …………………………………………………………… 56

5.2　车工实训理论知识 ………………………………………………………………… 56

5.3　车工实训内容 ……………………………………………………………………… 86

复习题 …………………………………………………………………………………… 123

第6章　铣工实训 ………………………………………………………………………… 125

6.1　铣工实训安全操作规程 …………………………………………………………… 125

6.2　铣工实训理论知识 ………………………………………………………………… 125

6.3　铣工实训内容 ……………………………………………………………………… 145

　　　　复习题 ……………………………………………………………………………… 157

第 7 章　刨工实训 …………………………………………………………………………… 158

　　7.1　刨工实训安全操作规程 …………………………………………………………… 158

　　7.2　刨工实训理论知识 ………………………………………………………………… 158

　　7.3　刨工实训内容 ……………………………………………………………………… 165

　　　　复习题 ……………………………………………………………………………… 168

第 8 章　磨工实训 …………………………………………………………………………… 169

　　8.1　磨工实训安全操作规程 …………………………………………………………… 169

　　8.2　磨工实训理论知识 ………………………………………………………………… 169

　　8.3　磨工实训内容 ……………………………………………………………………… 176

　　　　复习题 ……………………………………………………………………………… 179

第 9 章　钳工实训 …………………………………………………………………………… 180

　　9.1　钳工实训安全操作规程 …………………………………………………………… 180

　　9.2　钳工实训理论知识 ………………………………………………………………… 180

　　9.3　钳工实训内容 ……………………………………………………………………… 185

　　　　复习题 ……………………………………………………………………………… 247

参考文献 ……………………………………………………………………………………… 249

第 1 章　机械工程实训相关知识

1.1　机械工程实训课程简介

1.1.1　机械工程实训课程的性质

机械工程实训（原称金工实习或者金工实训）是研究产品从原材料到合格零件或机器的制造工艺技术的学科；是一门实践性的技术基础课程，是工科类学生尤其是机械类各专业的学生进行基本工程训练、培养工程素质和工程意识的重要课程；是学习"工程材料""材料成形及机械制造工艺基础"与"机械制造技术"系列课程的先修课，也是获得机械制造基本知识的必修课。

1.1.2　机械工程实训课程的目的

（1）让学生了解机械制造的一般过程，建立对机械制造生产基本过程的感性认识，学习机械制造的基础工艺知识，了解机械制造生产的主要设备。

（2）熟悉机械零件的常用加工方法、所用主要设备的工作原理和典型机构、工夹量具以及安全操作技术。

（3）通过基本的工程训练，培养学生进行独立操作的实践动手能力。

（4）全面开展素质教育，树立实践观念、劳动观念和团队协作观念，培养高质量人才。

（5）了解机械制造的基本工艺知识和一些新工艺、新技术在机械制造中的应用。

1.1.3　机械工程实训课程的要求

（1）使学生掌握现代制造的基本组成、一般过程和主要类型等基本知识，建立制造工程的背景知识；初步掌握制造工艺学的一般原理和基本知识，熟悉机械零件的常用加工方法及其所用的主要设备和工具；了解新工艺、新技术在现代机械制造中的应用。

（2）使学生初步具有选择加工方法和进行工艺分析的能力；具有采用主要工种独立完成简单零件加工制造的实践能力；并具备一定的工艺实验和工程实践能力。

（3）培养学生生产质量和经济观念；培养学生创新精神、一丝不苟和理论联系实际的科学作风；培养学生热爱劳动、热爱公物的良好品德等基本素质。

（4）初步学会运用现代计算机设计和制造技术，进行简单产品的设计和制造，培养创新意识和综合能力。初步建立市场、信息、质量、成本、效益、安全、群体和环保等工程意识。

1.2 机械工程实训安全技术

1.2.1 安全教育的重要性

安全生产重于泰山！学生安全知识培训是安全实训的治本之策。在众多企业事故原因调查中不难发现，因为上岗职工在安全知识、安全技能等方面的不合格造成的重大事故不在少数，经过严格的安全思想教育和培训，既能确保安全生产和实训的顺利进行，更是对参训学生的人身安全负责。因此，对在校实训的学生必须按照国家有关规定进行安全思想教育和培训。具体的内容包含：

一个方针：安全第一，预防为主。

二个须知：知道岗位职责，知道本工种安全操作规程和标准。

三不伤害：不伤害自己，不伤害别人，不被他人伤害。

六个到位：教师责任到位，教育培训到位，防范措施到位，检查力度到位，整改处罚到位，安全意识到位。

七大不安全心理因素：侥幸，偷懒，逞能，莽撞，心急，赌气，好奇。

1.2.2 机械工程实训的基本安全要求

在工程实训过程中要进行各种实践操作，制造各种不同规格和要求的零件。因此，常要开动各种生产设备，接触到机床、焊机、砂轮机等。为了避免机械伤害、触电、爆炸、烫伤和中毒等工伤事故，实训人员必须严格遵守各个工种的工艺操作规程。只有严格遵守各个工种的工艺操作规程，才能确保实训人员的安全。具体安全要求如下：

（1）在实训指导人员进行讲解、示范的时候，实训人员要做到认真听讲，仔细观察，做好笔记；在实训过程中一旦发现异常，要立即用安全的方法关断设备，并马上告知实训指导人员。

（2）严格执行安全制度，进入实训车间必须穿戴符合要求的服装、眼镜和鞋、帽。长头发的学生应将长发放入帽内，戴好工作帽；不得穿高跟鞋、凉鞋、拖鞋和软底鞋。

（3）操作机床时一律不允许戴手套，严禁将身体、衣袖与转动部位接触；正确使用砂轮机，严格按安全规程操作，注意人身安全。

（4）遵守设备操作规程，爱护设备，未经实训指导人员许可不得随意乱动车间设备，更不准乱动开关和按钮。

（5）遵守劳动纪律，不迟到，不早退，不打闹，不串岗，不随地而坐，不戴耳机听音乐，不擅离工作岗位，更不能到车间外玩，有事请假。

（6）交接班时认真清点工具、夹具和量具，做好保养保管，如有损坏、丢失照价赔偿。

（7）实训时，要热爱劳动，要做到不怕苦、不怕累、不怕脏。

（8）每天下班前要擦拭机床，保养设备；清理工件、用具，打扫实训工作场地，保持环境卫生。

（9）爱护公物，节约水、电和材料，不践踏绿地，不损坏花木。

（10）爱护劳动用品，实训结束时要及时返还工作服，如有损坏、丢失按价赔偿。

复习题

（1）简述机械工程实训的性质、目的和要求。

（2）简述机械工程实训的安全技术。

第 2 章　铸造实训

2.1　铸造实训安全操作规程

（1）铸造实训时要穿好工作服。

（2）铸造造型时严格禁止用嘴吹型砂，以免迷住眼睛。

（3）搬动砂箱时要轻拿轻放。

（4）浇包在使用前必须烘干，以免金属液体飞溅。

（5）浇注时，吊包、浇注操作要稳，不浇注的同学应远离浇包，以免金属液溅出伤人。

（6）铸造实训时不许用手、脚等身体各部位触及未冷却的铸件，以免烫伤。

（7）清理铸件时，要注意周围环境，以免伤人。

2.2　铸造实训理论知识

2.2.1　铸造简介

1. 铸造的概念

铸造是指熔炼金属，制造铸型，并将熔融金属浇入铸型，凝固后获得一定形状和性能铸件的成形方法。用铸造方法得到的金属件称为铸件。

在材料成形工艺发展的过程中，铸造是历史最悠久的一种工艺，在我国已有六千多年历史。早在殷商时期我国就出现了纯熟的青铜器铸造技术。在河南安阳出土的商代祭器后母戊鼎，如图2.1 所示，重达八百多千克，长、高都超过 1 m，四周饰有精美的蟠龙纹及饕餮。北京明代永乐青铜大钟重达 46.5，钟高 6.75 m，钟唇厚 22 cm，外径 2.3 m，钟体内遍铸经文 22.7 万字。外形和内腔如此复杂、重量如此巨大、质量要求如此高的青铜大钟，若不采用铸造方法和具有精湛的铸造技术，是难以用其他方法制造的。

图 2.1　后母戊鼎

2. 铸造的特点

（1）适用范围广，可铸造不同尺寸、重量及各种形状的工件；也适用于不同材料，如铸铁、铸钢、非铁合金。

（2）可以制成外形和内腔十分复杂的毛坯，如各种箱体、床身、机架等。

（3）原材料来源广泛，还可利用报废的机件或切屑；工艺设备费用小，成本低。

（4）所得铸件与零件尺寸较接近，可节省金属，减少切削加工工作量。

但铸件也有力学性能较差、生产工序多、质量不稳定、工人劳动条件差等缺点。

3．铸造的分类

铸造的方法很多，主要有砂型铸造和特种铸造两大类，分类如图 2.2 所示。

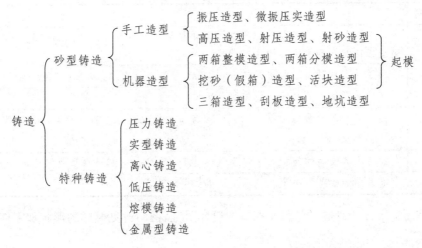

图 2.2　铸造的分类

4．铸造的工艺流程

铸造生产是机械制造业中一项重要的毛坯制造工艺过程，其质量、产量以及精度等直接影响到机械产品的质量、产量和成本。铸造生产的现代化程度，反映了机械工业的水平，反映了清洁生产和节能省材的工艺水准。铸造的工艺流程如图 2.3 所示。

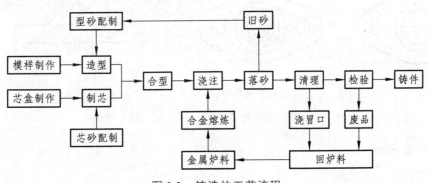

图 2.3　铸造的工艺流程

2.2.2　砂型铸造

1．模样和芯盒的制作

模样是铸造生产中必要的工艺装备。对具有内腔的铸件，铸造时内腔由砂芯形成，因此还要制备造砂芯用的芯盒。制造模样和芯盒常用的材料有木材、金属和塑料。在单件、小批量生产时广泛采用木质模样和芯盒；在大批量生产时多采用金属或塑料模样、芯盒。金属模样与芯盒的使用寿命长达 10 万次 ~ 30 万次,塑料的使用寿命最多为几万次,而木质的仅 1 000 次左右。

为了保证铸件质量,在设计和制造模样和芯盒时,必须先设计出铸造工艺图,然后根据工艺图的形状和大小,制造模样和芯盒。在设计工艺图时需考虑的问题见表 2.1。

表 2.1 设计工艺图时应考虑的问题

应考虑的问题	作　用
分型面的选择	分型面是上、下砂型的分界面,选择分型面时必须使模样能从砂型中取出,并使造型方便和有利于保证铸件质量
拔模斜度	为了易于从砂型中取出模样,凡垂直于分型面的表面,均做出 0.5° ~ 4° 的拔模斜度
加工余量	铸件需要加工的表面,均需留出适当的加工余量
收缩量	铸件冷却时要收缩,模样的尺寸应考虑铸件收缩的影响。通常用于铸铁件的要加大 1%；铸钢件的加大 1.5% ~ 2%；铝合金件的加大 1% ~ 1.5%
铸造圆角	铸件上各表面的转折处,都要做成过渡性圆角,以利于造型及保证铸件质量
芯头	有砂芯的砂型,必须在模样上做出相应的芯头

图 2.4 是压盖零件的铸造工艺图及相应的模样图,从图中可见模样的形状和零件图往往是不完全相同的。

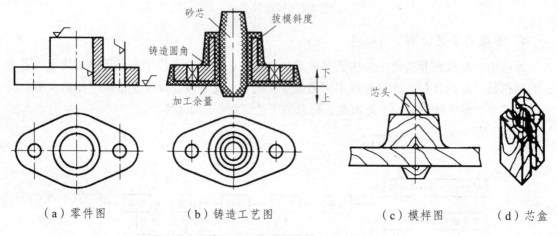

（a）零件图　　　　（b）铸造工艺图　　　　（c）模样图　　　（d）芯盒

图 2.4 压盖零件的铸造工艺图及相应的模样图

2. 型砂的制备

1）型砂的组成及比例

砂型铸造用的造型材料主要是用于制造砂型的型砂和用于制造砂芯的芯砂。通常型砂是由原砂（山砂或河砂）、黏土和水按一定比例混合而成,其中黏土约为 9%,水约为 6%,其余为原砂。有时还加入少量煤粉、植物油、木屑等附加物以提高型砂和芯砂的性能。紧实后的型砂结构如图 2.5 所示。芯砂由于需求量少,一般用手工配制。型芯所处的环境恶劣,所以芯砂性能要求比型砂高,同时芯砂的黏结剂（黏土、油类等）比型砂中的黏结剂的比重要大一些,所以其透气性不及型砂,制芯时要做出透气道（孔）。

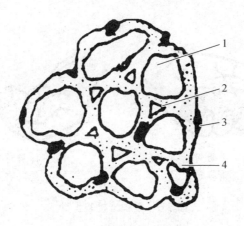

图 2.5　型砂结构示意图

1—砂粒；2—空隙；3—附加物；4—黏土膜

2）型砂的性能

型砂的质量直接影响铸件的质量，型砂质量差会使铸件产生气孔、砂眼、粘砂、夹砂等缺陷。良好的型砂应具备下列性能：

（1）透气性。

型砂能让气体透过的性能称为透气性。高温金属液浇入铸型后，型内充满大量气体，这些气体必须由铸型内顺利排出去，否则将使铸件产生气孔、浇不足等缺陷。铸型的透气性受砂的粒度、黏土含量、水分含量及砂型紧实度等因素的影响。砂的粒度越细，黏土及水分含量越高，砂型紧实度越高，透气性就越差。

（2）强度。

型砂抵抗外力破坏的能力称为强度。型砂必须具备足够高的强度才能在造型、搬运、合箱过程中不塌陷，浇注时也不会破坏铸型表面。型砂的强度也不宜过高，否则会因透气性、退让性的下降使铸件产生缺陷。

（3）耐火性。

指型砂抵抗高温热作用的能力。耐火性差，铸件易产生粘砂。型砂中 SiO_2 含量越多，型砂颗粒就越大，耐火性越好。

（4）可塑性。

指型砂在外力作用下变形，去除外力后能完整地保持已有形状的能力。可塑性好，造型操作方便，制成的砂型形状准确、轮廓清晰。

（5）退让性。

指铸件在冷凝时，型砂可被压缩的能力。退让性不好，铸件易产生内应力或开裂。型砂越紧实，退让性越差。在型砂中加入木屑等物可以提高退让性。

在单件小批生产的铸造车间里，常用手捏法来粗略判断型砂的某些性能。如用手抓起一把型砂，紧捏时感到柔软容易变形；放开后砂团不松散、不黏手，并且手印清晰；把它折断时，断面平整均匀并没有碎裂现象，同时具有一定强度，就认为型砂具有了合适的性能要求，如图 2.6 所示。

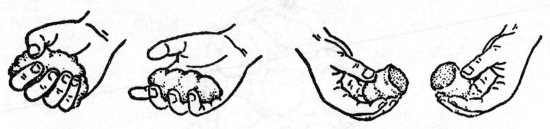

（a）型砂湿度适当时　　（b）手放开后可看出　　（c）折断时断隙没有碎裂状
可用手捏成砂团　　　　清晰的手纹　　　　　同时有足够的强度

图 2.6　手捏法检验型砂

3. 铸型的组成

铸型是根据零件形状用造型材料制成的，铸型可以是砂型，也可以是金属型。砂型是由型砂（型芯砂）做造型材料制成的，它是用于浇注金属液，以获得形状、尺寸和质量符合要求的铸件。

铸型一般由上型、下型、型芯、型腔和浇注系统组成，如图 2.7 所示。铸型组元间的接合面称为分型面。铸型中造型材料所包围的空腔部分，即形成铸件本体的空腔称为型腔。液态金属通过浇注系统流入并充满型腔，产生的气体从出气口等处排出砂型。

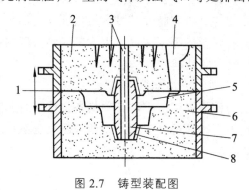

图 2.7　铸型装配图

1—分型面；2—上型；3—出气孔；4—浇注系统；5—型腔；6—下型；7—型芯；8—芯头芯座

4. 浇注系统

浇注系统是为金属液流入型腔而开设于铸型中的一系列通道。其作用是：① 平稳、迅速地注入金属液；② 阻止熔渣、砂粒等进入型腔；③ 调节铸件各部分温度，补充金属液在冷却和凝固时的体积收缩。正确地设置浇注系统，对保证铸件质量、降低金属的消耗量有重要的意义。若浇注系统设置不合理，铸件易产生冲砂、砂眼、渣孔、浇不到、气孔和缩孔等缺陷。典型的浇注系统由外浇口、直浇道、横浇道和内浇道四部分组成，如图 2.8 所示，各部分作用见表 2.2。对形状简单的小铸件可以省略横浇道。

常见的缩孔、缩松等缺陷是由于铸件冷却凝固时体积收缩而产生的。为防止缩孔和缩松，往往在铸件的顶部或厚实部位设置冒口。冒口是指在铸型内特设的空腔及注入该空腔的金属。冒口中的金属液可不断地补充铸件的收缩，从而使铸件避免出现缩孔、缩松。冒口是多余部分，清理时要切除掉。冒口除了补缩作用外，还有排气和集渣的作用。

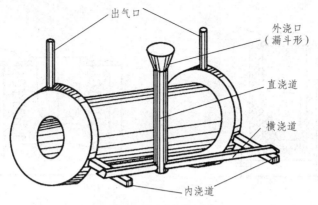

图 2.8　典型浇注系统

表 2.2　浇注系统各部分作用

名称	作　用
外浇口	容纳注入的金属液并缓解液态金属对砂型的冲击。小型铸件通常为漏斗状（称浇口杯），较大型铸件为盆状（称浇口盆）
直浇道	是连接外浇口与横浇道的垂直通道。改变直浇道的高度可以改变金属液的静压力大小和金属液的流动速度，从而改变液态金属的充型能力。如果直浇道的高度或直径太大，会使铸件产生浇不足的现象。为便于取出直浇道棒，直浇道一般做成上大下小的圆锥形
横浇道	是将直浇道的金属液引入内浇道的水平通道，一般开设在砂型的分型面上，其截面形状一般是高梯形，并位于内浇道的上面。横浇道的主要作用是分配金属液进入内浇道和挡渣
内浇道	直接与型腔相连，可调节金属液流入型腔的方向和速度，以及铸件各部分的冷却速度。内浇道的截面形状一般是扁梯形和月牙形，也可为三角形

5. 合金的熔炼

合金熔炼的目的是要获得符合要求的金属熔液。不同类型的金属，需要采用不同的熔炼方法及设备。如钢的熔炼是用转炉、平炉、电弧炉、感应电炉等；铸铁的熔炼多采用冲天炉；而非铁金属如铝、铜合金等的熔炼，则用坩埚炉。

1）铝合金的熔炼

铸铝是工业生产中应用最广泛的铸造非铁合金之一。由于铝合金的熔点低，熔炼时极易氧化、吸气，合金中的低沸点元素（镁、锌等）极易蒸发烧损，故铝合金的熔炼应在与燃料和燃气隔离的状态下进行。

铝合金的熔炼一般是在坩埚炉内进行，根据所用热源不同，有焦炭加热坩埚炉、电加热坩埚炉等不同形式，如图 2.9 所示。通常用的坩埚有石墨坩埚和铁质坩埚两种。石墨坩埚是用耐火材料和石墨混合成型烧制而成。铁质坩埚是由铸铁或铸钢铸造而成，可用于铝合金等低熔点合金的熔炼。

铝合金的熔炼过程如图 2.10 所示。

（1）根据牌号要求进行配料计算和备料。

（2）空坩埚预热到暗红后投金属料并加入烘干后的覆盖剂（以熔融后刚刚能覆盖住铝液表面为宜），快速升温熔化。铝液开始熔成液体后，须停止鼓风，在非阳光直射时观察。若铝液表面呈微暗红色（温度为 680～720 ℃），可以除气。

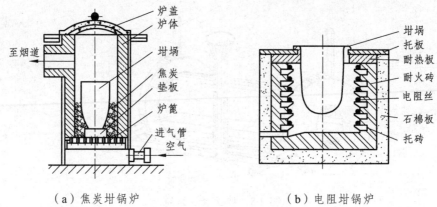

（a）焦炭坩埚炉　　　　　　　　（b）电阻坩埚炉

图 2.9　铝合金熔炼设备

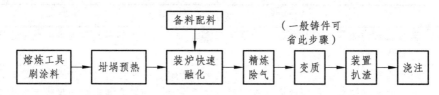

图 2.10　铝合金熔炼过程

（3）精炼。常使用六氯乙烷（C_2Cl_6）精炼。用钟罩（状如反转的漏勺）压入炉料总量 0.2% ~ 0.3%的六氯乙烷（最好压成块状），钟罩压入深度距坩埚底部 100 ~ 150 mm，并做水平缓慢移动。此时，因 C_2Cl_6 和铝液发生下列反应：

$$3C_2Cl_6 + 2Al \xrightarrow{\triangle} 2AlCl_3\uparrow + 3C_2Cl_4\uparrow$$

形成大量气泡，将铝液中的 H_2 及 Al_2O_3 夹杂物带到液面，使合金得到净化。注意，精炼时应通风良好，因为 C_2Cl_6 预热分解的 Cl_2 和 C_2Cl_4 均为强刺激性气体。

除气精炼后立刻除去熔渣，静置 5 ~ 10 min，接着检查铝液的含气量。常用如下办法检测：用小铁勺舀少量铝液，稍降温片刻后，用废钢锯片在液面拨动，如没有针尖突起的气泡，证明除气效果好；如仍有为数不少的气泡，应再进行一次除气操作。

（4）浇注。对于一般要求的铸件在检查其含气量后就可浇注。浇注时视铸件厚薄和铝液温度高低，分别控制不同的浇注速度。浇注时浇包对准浇口杯先慢浇，待液流平稳后，快速浇入，见合金液上升到冒口颈后浇速变慢，以增强冒口补缩能力。如有型芯的铸件，在即将浇入铝液时用火焰在通气孔处引气，可减少或避免"呛火"现象和型芯气体进入铸件的机会。

（5）变质。对要求提高机械性能的铸件还应在精炼后，在 730 ~ 750 ℃ 时，用钟罩压入炉料总量 1% ~ 2%的变质剂。常用变质剂配方为：NaCl 35%+NaF 65%。

（6）获得优质铝液的主要措施是：隔离（隔绝合金液与炉气接触）、除气、除渣、尽量少搅拌、严格控制工艺过程。

2）铸铁的熔炼

在铸造生产中，铸铁件占铸件总重量的 70% ~ 75%，其中绝大多数采用灰铸铁。为获得高质量的铸铁件，首先要熔化出优质铁水。

铸件的熔炼要求为：铁水温度要高；铁水化学成分要稳定在所要求的范围内；提高生产率，降低成本。

冲天炉是铸铁熔炼的设备，如图 2.11 所示。炉身是用钢板弯成的圆筒形，内砌耐火砖炉衬。炉身上部有加料口、烟囱、火花罩，中部有热风胆，下部有热风带，风带通过风口与炉内相通。从鼓风机送来的空气，通过热风胆加热后经风带进入炉内，供燃烧用。风口以下为炉缸，熔化的铁液及炉渣从炉缸底部流入前炉。冲天炉的大小是以每小时能熔炼出铁液的重量来表示，常用的为 1.5 ~ 10 t/h。

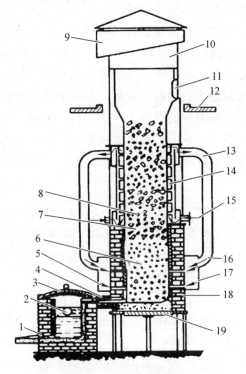

图 2.11　冲天炉的构造

1—出铁口；2—出渣口；3—前炉；4—过桥；5—风口；6—底焦；7—金属料；8—层焦；9—火花罩；10—烟囱；11—加料口；12—加料台；13—热风管；14—热风胆；15—进风口；16—热风；17—风带；18—炉缸；19—炉底门

在冲天炉熔炼过程中，炉料从加料口加入，自上而下运动，被上升的高温炉气预热，温度升高；鼓风机鼓入炉内的空气使底焦燃烧，产生大量的热。当炉料下落到底焦顶面时，开始熔化。铁水在下落过程中被高温炉气和灼热焦炭进一步加热（过热），过热的铁水温度可达 1 600 ℃ 左右，然后经过过桥流入前炉。此后铁水温度稍有下降，最后出铁温度为 1 380 ~ 1 430 ℃。冲天炉内铸铁熔炼的过程并不是金属炉料简单重熔的过程，而是包含一系列物理、化学变化的复杂过程。熔炼后的铁水成分与金属炉料相比较，含碳量有所增加；硅、锰等合金元素含量因烧损会降低；硫含量升高，这是焦炭中的硫进入铁水中所引起的。

6. 铸件的落砂、清理和缺陷分析

1）落砂和清理

铸件落砂和清理的内容包括落砂、去除浇冒口、除芯和铸件表面清理等工作。有些铸件

清理结束后还要进行热处理。落砂和清理是整个铸造生产过程中劳动最繁重、工作条件最差的一个工艺环节，因此采用落砂清理机械代替目前还存在的手工和半机械化操作是十分必要的。

落砂是用手工或机械使铸件和型砂、砂箱分开的操作。铸件在砂型中要冷却到一定温度才能落砂。落砂太早，铸件会因表面急冷而产生硬皮，难于切削加工，还会增大铸造内应力，引起变形和裂纹；落砂太晚，铸件固态收缩受阻，会增大收缩应力，铸件晶粒也粗大，还影响生产率和砂箱的周转。因此，要按合金种类、铸件结构和技术要求等合理掌握落砂时间。形状简单、小于10 kg的铸件，一般在浇注后 0.5~1 h 就可以落砂。

对于中小型铸铁件的浇冒口，一般用手锤或大锤敲掉。对于大型铸铁件的浇冒口，先在其根部锯槽，再重锤敲掉。对于有色金属铸件的浇冒口，一般锯掉。钢铸件的浇冒口，一般用氧气切割。不锈钢及合金钢铸件的浇冒口，可以用等离子弧切割。

除芯是从铸件中去除芯砂和芯骨的操作。除芯的方法有手工和机械除芯两种。

清理是落砂后从铸件上清除表面粘砂、型砂、多余金属（包括浇冒口、飞翅和氧化皮）等过程的总称。常用的表面清理方法有手工、风动工具、滚筒、喷砂或浸渍处理。清理后的铸件应根据其技术要求仔细检验，判断铸件是否合格。技术条件允许焊补的铸件缺陷应进行焊补。必要时，合格的铸件应进行去应力退火或自然时效；变形的铸件应矫正。

2）铸件缺陷分析

在实际生产中，常需对铸件缺陷进行分析，其目的是找出产生缺陷的原因，以便采取措施加以防止。铸件的缺陷很多，常见的铸件缺陷名称、特征及产生的主要原因见表2.3。分析铸件缺陷及其产生原因是很复杂的，有时在同一个铸件上出现多种不同原因引起的缺陷，或同一原因在生产条件不同时会引起多种缺陷。

具有缺陷的铸件是否定为废品，必须按铸件的用途和要求以及缺陷产生的部位和严重程度来决定。一般情况下，铸件有轻微缺陷，可以直接使用；铸件有中等缺陷，可允许修补后使用；铸件有严重缺陷，则只能报废。

表 2.3 常见的铸件缺陷及产生原因

缺陷名称	特征	产生的主要原因
气孔	在铸件内部或表面有大小不等的光滑孔洞	型砂含水过多，透气性差；起模和修型时刷水过多；砂芯烘干不良或砂芯通气孔堵塞；浇注温度过低或浇注速度太快等
缩孔　　补缩冒口	缩孔多分布在铸件厚断面处，形状不规则，孔内粗糙	铸件结构不合理，如壁厚相差过大，造成局部金属积聚；浇注系统和冒口的位置不对，或冒口过小；浇注温度太高，或金属化学成分不合格，收缩过大
砂眼	在铸件内部或表面有充塞砂粒的孔眼	型砂和芯砂的强度不够；砂型和砂芯的紧实度不够；合箱时铸型局部损坏；浇注系统不合理，冲坏了铸型

缺陷名称	特　征	产生的主要原因
粘砂	铸件表面粗糙，粘有砂粒	型砂和芯砂的耐火性不够；浇注温度太高；未刷涂料或涂料太薄
错箱	铸件在分型面有错移	模样的上半模和下半模未对好；合箱时，上、下砂箱未对准
裂缝	铸件开裂，开裂处金属表面氧化	铸件的结构不合理，壁厚相差太大；砂型和砂芯的退让性差；落砂过早
冷隔	铸件上有未完全融合的缝隙或洼坑，其交接处是圆滑的	浇注温度太低；浇注速度太慢或浇注过程有中断；浇注系统位置开设不当或浇道太小
浇不足	铸件不完整	浇注时金属量不够；浇注时液体金属从分型面流出；铸件太薄；浇注温度太低；浇注速度太慢

2.2.3　特种铸造

随着科学技术的发展和生产水平的提高，对铸件质量、劳动生产效率、劳动条件和生产成本有了进一步的要求，铸造方法也有了长足的发展。所谓特种铸造，是指有别于砂型铸造方法的其他铸造工艺。目前特种铸造方法已发展到几十种，常用的有熔模铸造、金属型铸造、离心铸造、压力铸造、低压铸造、陶瓷型铸造，另外还有实型铸造、磁型铸造、石墨型铸造、反压铸造、连续铸造和挤压铸造等。

特种铸造能获得如此迅速的发展，主要是由于这些方法一般都能提高铸件的尺寸精度和表面质量，或提高铸件的物理及力学性能；大多能提高金属的利用率（工艺出品率），减少原砂消耗量；有些方法更适宜于高熔点、低流动性、易氧化合金铸件的铸造；有的能明显改善劳动条件，并便于实现机械化和自动化生产而提高生产率。

1. 压力铸造

压力铸造是在高压作用下将金属液以较高的速度压入高精度的型腔内，力求在压力下快速凝固，以获得优质铸件的高效率铸造方法。它的基本特点是高压（5~150 MPa）和高速（5~100 m/s）。

压力铸造的基本设备是压铸机。压铸机可分为热室压铸机和冷室压铸机两大类，冷室压铸机又可分为立式和卧式等类型，但它们的工作原理基本相似。图 2.12 为卧式冷室压铸机，它是用高压油驱动，合型力大，充型速度快，生产率高，应用较广泛。

图 2.12　卧式冷室压铸机

压铸型是压力铸造生产铸件的模具，主要由活动半型和固定半型两个大部分组成。固定半型固定在压铸机的定型座板上，由浇道将压铸机压室与型腔连通。活动半型随压铸机的动型座板移动，完成开合型动作。完整的压铸型组成中包括型体部分、导向装置、抽芯机构、顶出铸件机构、浇注系统、排气和冷却系统等部分。压铸工艺过程见图 2.13。

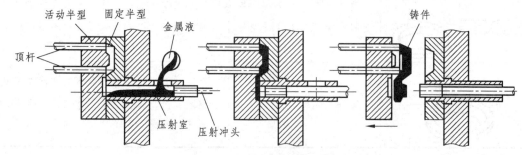

图 2.13　压铸工艺过程示意图

压铸工艺的优点是压铸件具有"三高"：铸件精度高（IT11 ~ IT13、$Ra3.2 ~ 0.8\ \mu m$），强度与硬度高（σ_b 比砂型铸件高 20% ~ 40%），生产率高（50 ~ 150 件/小时）。缺点是无法克服皮下气孔，且塑性差；设备投资大，应用范围较窄，适于低熔点的合金和较小的、薄壁且均匀的铸件。适宜的壁厚：锌合金 1 ~ 4 mm，铝合金 1.5 ~ 5 mm，铜合金 2 ~ 5 mm。

2. 实型铸造

实型铸造是使用泡沫聚苯乙烯塑料制造模样（包括浇注系统），在浇注时，迅速将模样燃烧气化直到消失掉，金属液充填了原来模样的位置，冷却凝固后而成铸件的铸造方法。其工艺过程如图 2.14 所示。

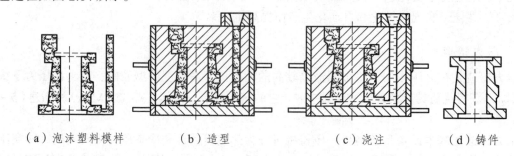

（a）泡沫塑料模样　　（b）造型　　（c）浇注　　（d）铸件

图 2.14　实型铸造工艺过程

3. 离心铸造

离心铸造指将液态合金液浇入高速旋转（250～1 500 r/min）的铸型中，使其在离心力作用下填充铸型和结晶的铸造方法。图 2.15 为 SⅡ 816 半自动离心铸造机。

图 2.15　SⅡ 816 型半自动离心铸造机

两种方式的离心铸造如图 2.16 所示。用离心浇注生产中空圆筒形铸件质量较好，且不需要型芯，没有浇冒口，可简化工艺，出品率高，具有较高的劳动生产效率。

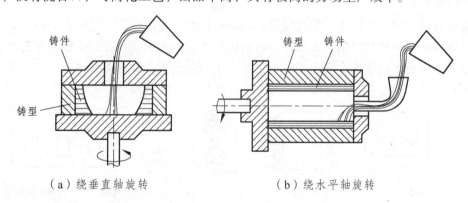

（a）绕垂直轴旋转　　　　　　　（b）绕水平轴旋转

图 2.16　离心铸造的方式

4. 低压铸造

低压铸造是使液体金属在压力作用下充填型腔，以形成铸件的一种方法。由于所用的压力较低，所以叫做低压铸造。低压铸造是介于重力铸造和压力铸造之间的一种铸造方法。浇注时压力和速度可人为控制，故可适用于各种不同的铸型；充型压力及时间易于控制，充型平稳；铸件在压力下结晶，自上而下定向凝固，铸件致密，力学性能好，金属利用率高，铸件合格率高。

图 2.17 为 J45 低压铸造机，其工艺过程（如图 2.18 所示）是：在密封的坩埚（或密封罐）中，通入干燥的压缩空气，金属液在气体压力的作用下，沿升液管上升，通过浇口平稳地进入型腔，保持坩埚内液面上的气体压力，直到铸件完全凝固为止。然后解除液面上的气体压力，使升液管中未凝固的金属液回流入坩埚，再由气缸开型并推出铸件。

低压铸造独特的优点有：① 液体金属充型比较平稳；② 铸件成型性好，有利于形成轮廓清晰、表面光洁的铸件，对于大型薄壁铸件的成型更为有利；③ 铸件组织致密，机械性能高；④ 提高了金属液的工艺收缩率，一般情况下不需要冒口，使金属液的收缩率大大提高，收缩率一般可达 90%。此外，劳动条件好，设备简单，易实现机械化和自动化，也是低压铸造的突出优点。

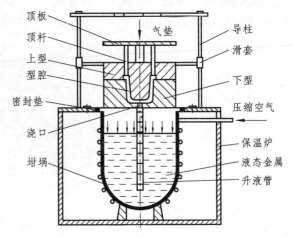

图 2.17　J45 型低压铸造机　　　图 2.18　低压铸造工艺示意图

5. 熔模铸造

用易熔材料（蜡或塑料等）制成精确的可熔性模型，并涂以若干层耐火涂料，经干燥、硬化成整体型壳，加热型壳熔失模型，经高温焙烧而成耐火型壳，在型壳中浇注铸件。铸件尺寸精度高，表面粗糙度低，适用于各种铸造合金和批量生产。但熔模铸造生产工序繁多，生产周期长，铸件不能太大。熔模铸造的工艺过程如图 2.19 所示。

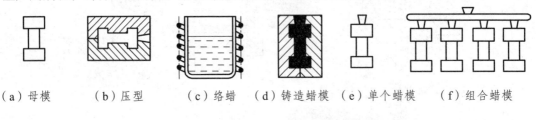

（a）母模　　（b）压型　　（c）络蜡　　（d）铸造蜡模　（e）单个蜡模　　（f）组合蜡模

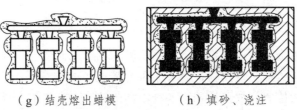

（g）结壳熔出蜡模　　　　　（h）填砂、浇注

图 2.19　熔模铸造工艺过程示意图

6. 金属型铸造

用铸铁、碳钢或低合金钢等金属材料制成铸型，铸型可反复使用。金属型铸造是将液态金属在重力作用下浇入金属铸型内获得铸件的方法，如图 2.20 所示。金属型散热快、铸件组织致密、力学性能好、精度和表面质量较好、液态金属耗用量少、劳动条件好，适用于大批生产有色合金铸件。其主要缺点是：制造成本高、制造周期长；导热性好，降低了金属液的流动性，因而不宜浇注过薄、过于复杂的铸件；无退让性，冷却收缩时产生内应力会造成铸件的开裂；型腔在高温下易损坏，因而不宜铸造高熔点合金。

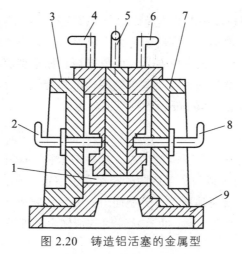

图 2.20　铸造铝活塞的金属型

1—型腔；2—销孔型芯；3—左半型；4—左侧型芯；5—中间型芯；6—右侧型芯；7—右半型；8—销孔型芯；9—底板

2.3　铸造实训内容

用型砂及模样等工艺装备制造铸型的过程称为造型。造型方法可分为手工造型和机器造型两大类，手工造型操作灵活，使用如图 2.21 所示的造型工具可进行整模造型、分模造型、挖砂造型、活块造型及三箱造型等。造型方法根据铸件的形状、大小和生产批量选择。

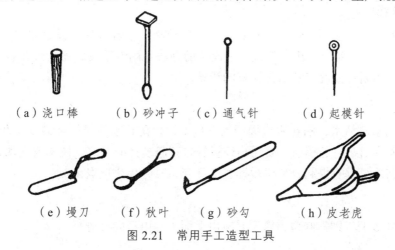

（a）浇口棒　　（b）砂冲子　　（c）通气针　　（d）起模针

（e）墁刀　　（f）秋叶　　（g）砂勾　　（h）皮老虎

图 2.21　常用手工造型工具

2.3.1　手工造型操作基本要求

1. 安放模样

用木材、金属或其他材料制成的铸件原形统称为模样，它是用来形成铸型的型腔。造型前先准备好造型工具，选择平整的底板和大小适当的砂箱。放稳底板后，清除板上散砂，将擦净的模样放在底板上适当位置，放好下箱，填砂并使模样在箱内的位置适当。

2. 舂砂

舂砂时必须分次加入型砂，小砂箱每次加砂厚 50～70 mm。第一次加砂时须用手将木模周围的型砂按紧，以免木模在砂箱内的位置移动。舂砂应按一定的路线进行，切不可东一下、西一下乱舂，以免各部分松紧不一。舂砂用力大小应该适当，不要过大或过小。同一砂型各部分的松紧是不同的，靠近砂箱内壁应舂紧，以免塌箱。靠近型腔部分，砂型应稍紧些，以承受液体金属的压力。远离型腔的砂层应适当松些，以利透气。舂砂时应避免舂砂锤撞击木模，一般舂砂锤与木模相距 20～40 mm，否则易损坏木模。

3. 撒分型砂

在造上砂型之前，为防止上、下砂箱粘在一起开不了箱，应在分型面上撒一层细粒无粘土的干砂（即分型砂）。撒分型砂时，手应距砂箱稍高，一边转圈、一边摆动，使分型砂经指缝缓慢而均匀地散落下来，薄薄地覆盖在分型面上。最后应将木模上的分型砂吹掉，以免在造上砂型时，分型砂粘到上砂型表面，而在浇注时被液体金属冲下来落入铸件中产生缺陷。

4. 扎通气孔

为方便浇注时气体易于逸出，还要在已舂紧和刮平的型砂上，用通气针扎出通气孔，通气孔要垂直而且均匀分布。

5. 开外浇口

外浇口应挖成 60°的锥形，浇口面应修光，与直浇道连接处应修成圆弧过渡，以引导液体金属平稳流入砂型。

6. 做合箱线

合箱时，上下砂型必须对准，以免铸件产生错箱缺陷。若砂箱上没有定位装置，则应在上下箱打开之前，在砂箱上划出合箱线。最简单的办法是用粉笔或砂泥涂敷在砂箱的前、左、右三个侧面上，用划针或墁刀划出细而直的线条。

7. 起模

起模前要用水笔沾水，刷在木模周围的型砂上，以防止起模时损坏砂型型腔。刷水时应一刷而过，且不易过多。起模前，要用小锤轻轻敲打起模针的下部，使木模松动，便于起模。起模时，慢慢将木模垂直提起，待木模即将全部起出时，再快速取出。

8. 修型

起模若损坏砂型，则需修型，修型时应由上而下、由里向外进行。

9. 合箱

合箱是造型的最后一道工序，它对砂型的质量起着重要的作用。应仔细检查砂型的各个部分是否有损坏，应将型腔中散落的灰、砂去掉，对带孔的铸件要检查芯子的尺寸和安放的位置是否正确。合型时应注意使上型保持水平下降，并对准合箱线。必要时，合型后再将上型吊起来，检查合型时有无被压坏的部分。

2.3.2 整模造型

整模造型的模样是一个整体，造型时模样全部在一个砂箱内，分型面多为平面。齿轮坯整模造型过程如图 2.22 所示。整模造型操作简单，适用于形状简单的铸件如盘、盖类。

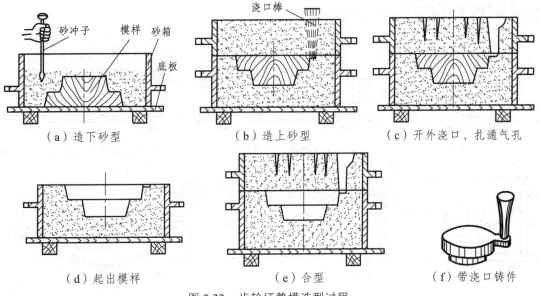

图 2.22　齿轮坯整模造型过程

2.3.3　分模造型

分模造型是把模样沿最大截面处分成两个半模，并将两个半模分别放在上、下箱进行造型，依靠销钉定位。分模造型过程与整模造型基本相似，适用于形状复杂的铸件，如套筒、管子和阀体等。套筒的分模造型过程如图 2.23 所示。

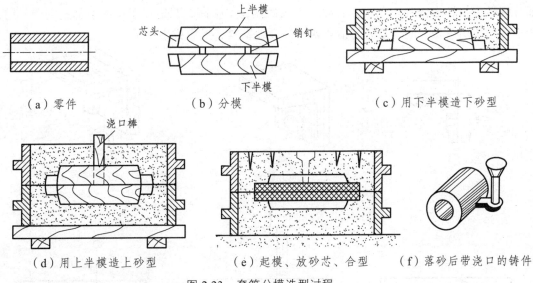

图 2.23　套筒分模造型过程

2.3.4　挖砂造型

铸件若按其结构形状需要采用分模造型，但为了制造模样方便，或者将模样做成分开模后很容易损坏或变形，这时仍将模样做成整体。为了使模样能从砂型中取出来，可采用挖砂造型。挖砂造型要求工人的操作水平较高，且操作麻烦，生产率低，只适用于单件小批量生产。手轮的挖砂造型过程如图 2.24 所示。

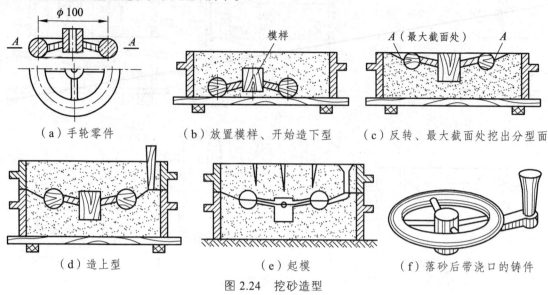

（a）手轮零件　　　　　（b）放置模样、开始造下型　　　（c）反转、最大截面处挖出分型面

（d）造上型　　　　　　　（e）起模　　　　　　　　（f）落砂后带浇口的铸件

图 2.24　挖砂造型

2.3.5　活块造型

模样上可拆卸或能活动的部分叫活块。当模样上有妨碍起模的侧面伸出部分（如小凸台）时，常将该部分做成活块。起模时，先将模样主体取出，再将留在铸型内的活块单独取出，这种方法称为活块造型，如图 2.25 所示。活块造型操作难度较大，取出活块费工费时。活块部分的砂型损坏后修补较困难，且要求工人的操作水平高，只适用于单件小批量生产。用钉子连接的活块造型，应注意先将活块四周的型砂塞紧，然后拔出钉子。

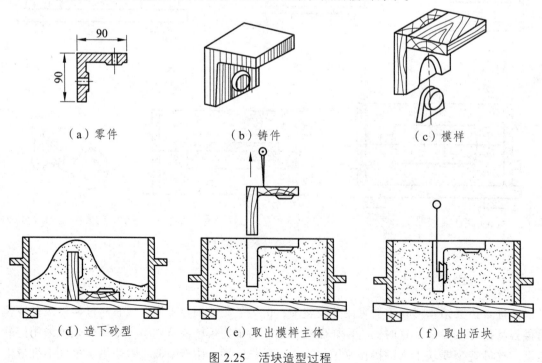

（a）零件　　　　　　　（b）铸件　　　　　　　　（c）模样

（d）造下砂型　　　　　（e）取出模样主体　　　　　（f）取出活块

图 2.25　活块造型过程

2.3.6　三箱造型

用三个砂箱制造铸型的过程称为三箱造型。有些铸件两端截面尺寸大于中间截面时，需要用三个砂箱，从两个方向分别起模。三箱造型要求中箱高度与模样的相应尺寸一致，造型过程复杂，生产率低，易产生错箱缺陷，只适用于单件小批量生产。图 2.26 为槽轮的三箱造型过程。

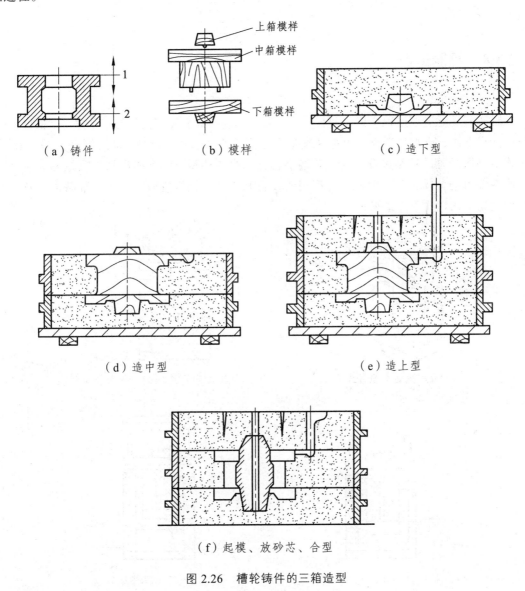

图 2.26　槽轮铸件的三箱造型

2.3.7　地坑造型

直接在铸造车间的砂地上或砂坑内造型的方法称为地坑造型。大型铸件单件生产时，为节省砂箱，降低铸型高度，便于浇注操作，多采用地坑造型。图 2.27 为地坑造型结构。

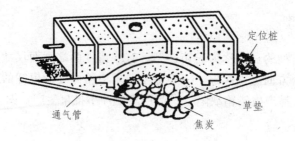

图 2.27　地坑造型结构

2.3.8　机器造型

1. 振压造型

　　机器造型是把造型过程中的主要操作——紧砂与起模，实现机械化的造型方法。根据紧砂和起模方式不同，有振压造型、微振压实造型、高压造型、射压造型、射砂造型。图 2.28 为振压式造型机的紧砂造型过程。与手工造型相比，机器造型可显著提高铸件质量和铸造生产率，改善工人的劳动条件，但机器造型用的设备和工装模具投资较大，生产准备周期长，对产品变化的适用性比手工造型差。

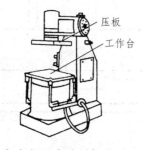

（a）振压式造型机外形图

（b）加砂后进气，工作台被举起

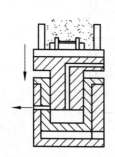

（c）排气口打开，工作台落下

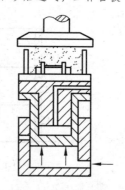

（d）压实顶部型砂

图 2.28　振压式造型机和振压紧砂过程

2. 射压造型

　　在造型、下芯、合型及浇注过程中，铸型的分型面呈垂直状态（垂直于地面）的无箱射压造型法称为垂直分型无箱射压造型，其工艺过程见图 2.29。它主要适用于中小铸件的大批量生产。

垂直分型无箱射压造型工艺的优点：① 采用射砂填砂又经高压压实，砂型硬度高且均匀，铸件尺寸精确，表面粗糙度低；② 无需砂箱，从而节约了有关砂箱的费用；③ 一块砂型两面成形，既节约了型砂，生产效率又高；④ 可使造型、浇注、冷却、落砂等设备组成简单的直线流水线，占地省。

其主要缺点：① 下芯不如水平分型时方便，下芯时间不允许超过 7~8 s，否则将严重降低造型机的生产效率；② 模板、芯盒及下芯框等工装费用高。

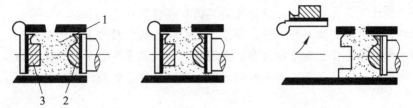

（a）正反压模板组成造型室，射砂　（b）正压模板实型砂　（c）反压模板退出，完成起模 Ⅰ

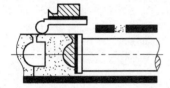 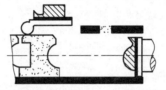 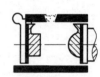

（d）正压模板将砂型推出，合型　（e）正压模板退回，完成起模 Ⅱ　（f）反压模板复位，关闭造型室

图 2.29　DISA 垂直分型无箱射压造型机工艺过程

1—射砂板；2—压实模板；3—反压模板

✗ 复习题

（1）在机械制造业中，为什么铸件的应用十分广泛？试举例指出常见的铸件以及不适宜铸造生产的零件。

（2）型砂反复使用后，为什么性能会恶化？怎样减少型砂的消耗？

（3）能不能用铸件代替模样造型？为什么？

（4）为什么造型时型腔应尽量放在下箱？放在上箱行不行，为什么？

（5）列表对整模造型、分模造型、挖砂造型、活块造型以及三箱造型的特点及其应用进行分析比较。

（6）图 2.30（a）所示铸铁蜗杆和图 2.30（b）所示三通铸件分别有哪些分型方案？试进行分析比较。

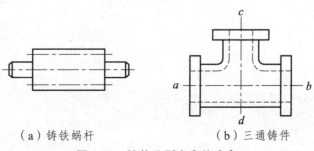

（a）铸铁蜗杆　　　　（b）三通铸件

图 2.30　铸件分型方案的确定

（7）确定浇注位置应注意哪些问题？如果确定的浇注位置与选择的分型面发生矛盾，又该怎么办？

（8）机器造型有何特点？它对铸件结构和造型工艺有哪些特殊要求？

（9）能不能用型砂代替芯砂造芯？为什么？

（10）生产中空的铸件一定要造芯吗？如果不造芯又该怎么办？

（11）液态金属浇注时，型腔中的气体是从哪里来的？采取哪些措施可以防止铸件产生气孔？为什么小铸件的型腔上可以不开排气道？

（12）冒口的作用是什么？它应设置在铸件的什么位置？

（13）零件、铸件和模样之间有什么联系？它们在形状、尺寸上有何差异？

（14）铸件的壁厚为什么既不能过薄，又不能过厚，且要尽量做到厚薄均匀？

（15）如何识别缩孔、气孔、渣孔和砂眼？如何防止这些缺陷的产生？

第3章　锻造实训

3.1　锻造实训安全操作规程

（1）车间所有机械及电气设备，未经允许一律不得启动。

（2）不可直接用手或身体其他部位去接触金属，以防烫伤。

（3）严格按规定着装，要穿戴好工作服、帽、手套等。

（4）随时检查锤柄是否松动，锤头及工具是否有裂纹或其他损坏现象。

（5）切断料头时，在飞出方向不应站人，夹钳柄要置于身侧。

（6）清理炉子、取放工件应在关闭风门后进行。

（7）锻件要按规定摆放，严禁乱扔乱放，以免不知情者被烫伤。

3.2　锻造实训理论知识

3.2.1　锻造简介

锻压是锻造和板料冲压的总称，指金属材料在一定外力作用下产生塑性变形，从而获得一定尺寸、形状及具有一定力学性能毛坯或零件的加工方法。锻压属于塑性加工，是机械制造领域的重要加工方法。

锻造是利用锻造设备，通过工具或模具使金属毛坯产生塑性变形，从而获得具有一定形状、尺寸和内部组织的工件的一种塑性加工方法。锻造的主要特点是经锻压的金属材料内部组织得到改善，提高了机械性能，另外经锻压后的金属坯料成型度高，有较高的生产率和经济效益。但锻压成型的产品形状不能太复杂，尺寸精度不太高，生产现场劳动条件也较差。锻压主要用于生产各种机器零件的毛坯或成品。根据变形温度不同，锻造可分为热锻（高温）、温锻（300~200 ℃）、冷锻、液态锻（流动、凝固、塑性）；按作用力来源可分为手工锻和机锻；按工艺方法可分为自由锻、模锻、胎模锻。用于锻造的金属必须具有良好的塑性，在锻造时不致破裂。常用的锻造材料有钢、铜、铝及其合金，铸铁塑性很差，不能进行锻造。

使板料经分离和变形而得到制件的工艺方法统称为冲压。冲压通常在常温下进行，因此又称冷冲压，只有板料厚度超过 8 mm 时，才采用热冲压。用于冲压件的材料多为塑性良好的低碳钢板、紫铜板、黄铜及铝板等。冲压件有质量轻、刚度大、强度高、互换性好、成本低、生产过程易于实现自动化及生产效率高等优点，在汽车、仪表、航空及日用工业等部门得到广泛的应用。

锻造和板料冲压同金属的切削加工、铸造、焊接等加工方法相比，它具有材料利用率高和成形零件力学性能好的特点。一方面，金属塑性成形是依靠金属材料在塑性状态下形状的改变和体积转移来实现的，因此材料利用率高，可节约大量金属材料；另一方面，在塑性成形过程中，金属内部组织得到改善，使工件获得良好的力学性能和物理性能。一般对于受力较大的重要机器零件，大多采用锻造方法制造。

3.2.2 坯料的加热

锻坯加热是为了提高其塑性和降低变形抗力，以便锻造时省力，同时在产生较大的塑性变形时不致破裂。一般地说，金属材料在一定温度范围内随着加热温度的升高，塑性增加，变形抗力降低，可锻性得以提高，用较小的变形力就能使坯料稳定地改变形状而不出现破裂。

各种金属材料在锻造时所允许的最高加热温度，称为该材料的始锻温度。加热温度过高会产生组织晶粒粗大和晶粒低熔点物质熔化，使锻件质量下降，甚至报废。金属材料终止锻造的温度，称为该材料的终锻温度。坯料在锻造过程中，随着热量的散失，温度不断下降，因而塑性越来越差，变形抗力越来越大。温度下降到一定程度后难以继续变形，且易产生断裂，必须及时停止锻造重新加热。

始锻温度和终锻温度之间的间隔，称为锻造温度范围。确定锻造温度范围的原则是：在保证不出现加热缺陷的前提下，始锻温度应尽量取高一些；在保证塑性足够的前提下，终锻温度应尽可能定低一些，以降低消耗，提高生产率。几种常用金属材料的锻造温度范围如表3.1所示。

表 3.1　常用金属材料的锻造温度范围

材　　料	始　锻/°C	终　锻/°C
低碳钢 Q235	1 250	750
中碳钢 45	1 200	800
高碳钢 T8	1 150	850
合金钢 W18Cr4V	1 100	900
弹簧钢 65Mn	1 200	830

实际生产中，随温度的不同，钢材对外表现出不同的颜色，锻造时可以根据钢材的颜色大致估计其温度，称为"看火色"。钢材火色和温度的关系如表3.2所示。

表 3.2　钢材火色和温度的关系

温度/°C	1 300	1 200	1 100	900	800	700	小于 600
火色	白色	亮黄	黄色	樱红	赤红	暗红	黑色

3.2.3 加热方式

根据所采用的热源不同，金属毛坯的加热方法分为火焰加热和电加热。

火焰加热是利用燃料（如煤、焦炭、油等）在加热炉内燃烧，产生含有大量热能的高温气体（火焰），通过对流、辐射，把热能传递到毛坯表面，再由表面向中心传导，使金属毛坯加热。火焰加热方法广泛用于各种毛坯的加热。其优点是原料来源方便，加热炉修造简单，加热费用低，对毛坯适应性广。但火焰加热的劳动条件差，加热速度慢，效率低，加热过程难以控制。

电加热是利用电流通过特种材料制成的电阻体产生的热量，再以辐射传热方式将金属坯料加热。电加热方法主要有电阻加热法、感应加热法、电接触加热法和盐浴加热法。感应加热法常在工程实训中使用。

3.2.4　加热缺陷

过热和过烧：加热温度超过该材料的始锻温度，或在高温下保温过久，金属材料内部的晶粒会变得粗大，使得锻坯的塑性下降，可锻性变差。

氧化和脱碳：加热时钢料与高温的氧、二氧化碳和水蒸气接触，使坯料表面产生氧化皮和脱碳层。它造成坯料体积损失，表面质量下降，强度和耐磨性下降。

心部裂纹：装炉温度过高或加热速度过快，坯料表层和心部会出现比较大的温差并引起温度应力，使坯料中心部位受到拉应力的作用而被拉裂。

3.2.5　板料冲压

板料冲压是利用冲模使板料产生分离或变形的加工方法。因多数情况下板料无须加热亦称冷冲压，又简称冷冲或冲压。冲压的原材料必须具有足够的塑性，常用的板材为低碳钢、不锈钢、铝、铜及其合金等。冲压的生产率高，可以冲出尺寸精确、表面光洁以及形状较复杂的零件，且重量轻，刚性好。板料冲压易实现机械化和自动化，广泛用于汽车、拖拉机、仪表、电器、日用品和航空等制造业中。

1. 冲压设备

1）冲床

冲压是在各种类型的冲床上进行。冲床有很多种类型，常用的开式冲床如图 3.1 所示。电动机 4 通过 V 形带 10 带动飞轮 9 转动，当踩下踏板 12 后，离合器 8 使飞轮与曲轴相连而旋转，再经连杆 5 使滑块 11 沿导轨 2 做上下往复运动，进行冲压加工。当松开踏板时，离合器脱开，制动器 6 立即制止曲轴转动，使滑块停止在最高位置上。

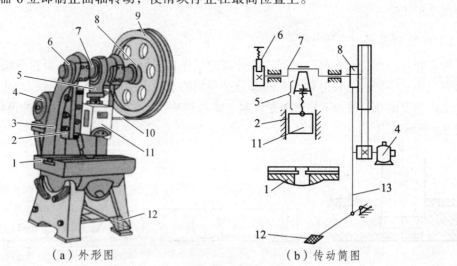

（a）外形图　　　　　　　　　（b）传动简图

图 3.1　开式冲床

1—工作台；2—导轨；3—床身；4—电动机；5—连杆；6—制动器；7—曲轴；8—离合器；9—飞轮；
10—V 形带；11—滑块；12—踏板；13—拉杆

2）冲模

冲模是使板料产生分离或变形的工具。图 3.2 为一种冲模的结构，它由上模和下模两部分组成。上模的模柄固定在冲床的滑块上，下模用螺钉紧固在工作台上。冲模的工作部分是冲头和凹模，冲头用冲头压板固定在上模板上，凹模用压板固定在下模板上。上、下模板分别装有导套和导柱，用以将上、下模对准。

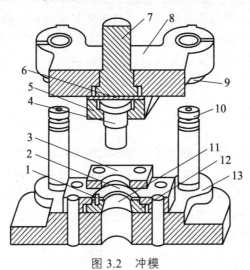

图 3.2 冲模

1—定位销；2—导板；3—卸料板；4—冲头；5—冲头压板；6—模垫；7—模柄；8—上模；
9—导套；10—导柱；11—凹模；12—凹模压板；13—下模板

2. 冲压工序

一个冲压件需经过一道或多道工序加工完成，这种工序叫冲压工序。冲压工序可分为分离工序和变形工序两大类，冲孔、落料、切口、修边等属分离工序；拉深、弯曲、卷边、整形等属变形工序。

1）冲孔和落料

冲孔和落料都是使板料沿封闭轮廓分离的工序，它们的操作方法和板料分离过程完全一样，只是用途不同。落料时被冲下的部分是有用的工件，冲剩的料是废料；冲孔则是在工件上冲出所需要的孔，被冲下的部分是废料。落料和冲孔统称为冲裁，所用的冲模称为冲裁模，如图 3.3 所示。

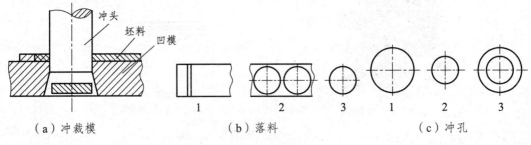

（a）冲裁模　　　　　　（b）落料　　　　　　（c）冲孔

图 3.3 冲裁过程

1—坯料；2—余料；3—产品

2）弯曲

弯曲是使工件获得各种不同形状的弯角。弯曲时，板料内层的金属被压缩，容易起皱，外层受拉伸，容易拉裂。弯曲模上使工件弯曲的工作部分要有适当的圆角半径，以避免工件外表面弯裂。

3）拉深

拉深是将平板坯料在拉深模的作用下，制成杯形或盒形件的加工过程，如图 3.4 所示。拉深模的工作部分冲头和凹模边缘应做成圆角以避免工件被拉裂。冲头与凹模之间要有比板料厚度稍大一点的间隙（一般为板厚的 1.1 ~ 1.2 倍），以减少摩擦力，保证拉伸时板料顺利通过。深度大的拉深件需经多次拉深才能完成，由于拉深过程中金属产生加工硬化，因此拉深工序之间有时要进行退火，以消除硬化，恢复塑性。

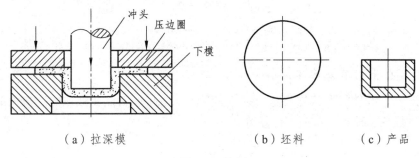

（a）拉深模　　　　　　　（b）坯料　　　（c）产品

图 3.4　拉深

3.3　锻造实训内容

3.3.1　自由锻

用简单、通用的工具在自由锻设备的上、下砧铁间直接使坯料变形获得锻件的生产方法称为自由锻。自由锻的优点是操作灵活，使用工具简单，通过局部成形组合出所需锻件的形状、尺寸。但自由锻锻件的精度低，生产率低，对工人技术水平要求高，劳动强度大。

1. 空气锤

空气锤的结构如图 3.5 所示，由锤身、压缩缸、工作缸、传动机构、操纵机构、落下部分及砧座等组成。空气锤的公称规格是以落下部分的质量来表示的。落下部分包括了工作活塞、锤杆、锤头和上砧铁。例如 65 kg 空气锤，是指其落下部分质量为 65 kg，而不是指它的打击力。

空气锤的工作原理：电动机通过减速机构、曲柄和连杆带动压缩气缸的压缩活塞上下运动，产生压缩空气。当压缩气缸的上下气道与大气相通时，压缩空气不进入工作缸，电机空转，锤头不工作，通过手柄或脚踏杆操纵上下旋阀，使压缩空气进入工作气缸的上部或下部，推动工作活塞上下运动，从而带动锤头及上砧铁的上升或下降，完成各种打击动作。旋阀与两个气缸之间有四种连通方式，可以产生提锤、连打、下压、空转四种动作。

通过踏杆或手柄操纵配气机构，可实现空转、悬空、压紧、连续打击和单次打击等操作，以满足工艺上的要求。

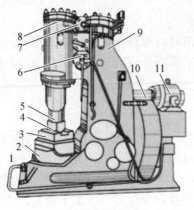
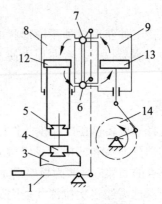

（a）外形图　　　　　　　　　　（b）传动简图

图 3.5　空气锤

1—踏杆；2—砧座；3—砧垫；4—下砧铁；5—上砧铁；6—下旋阀；7—上旋阀；8—工作缸；9—压缩缸；
10—减速装置；11—电动机；12—工作活塞；13—压缩活塞；14—连杆

2. 空气锤自由锻的基本工序

自由锻造时，锻件的形状是通过一些基本变形工序将坯料逐步锻成的。自由锻造的基本工序有镦粗、拔长、冲孔、弯曲和切断等。

1）镦粗

镦粗是沿坯料轴向锻打，使其高度减小、横截面增大的操作过程，常用于锻造齿轮坯、凸缘和其他圆盘形零件。镦粗分为全部镦粗和局部镦粗两种，如图 3.6 所示。

镦粗时应注意镦粗部分的长度与直径之比应小于 2.5，否则容易镦弯。镦粗前坯料端面要平整且与轴线垂直，锻打用力要正，否则容易锻歪。坯料镦粗部分的加热必须均匀。

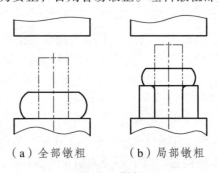

（a）全部镦粗　　（b）局部镦粗

图 3.6　镦粗

2）拔长

拔长是垂直于工件轴向进行锻打，使坯料的长度增加、截面减小的锻造工序，通常用来生产轴类件的毛坯，如车床主轴、连杆等。锻打时，工件应沿砧铁的宽度方向送进，每次的送进量 L 应为砧铁宽度 B 的 0.3 ~ 0.7 倍，如图 3.7 所示。送进量太小容易产生夹层；送进量太大，锻件主要向宽度方向流动，使拔长的效率降低。

坯料在拔长过程中应做 90°翻转，较重锻件常采用锻打完一面再翻转 90°锻打另一面的方法；较小锻件则采用来回翻转 90°的锻打方法，如图 3.8 所示。

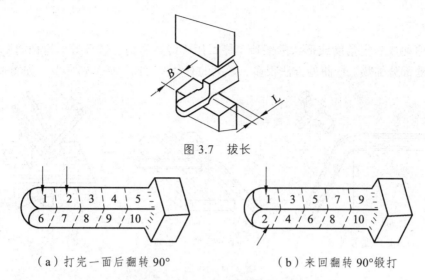

图 3.7　拔长

（a）打完一面后翻转 90°　　　　（b）来回翻转 90° 锻打

图 3.8　拔长时坯料的翻转方法

圆形截面坯料拔长时，先锻成方形截面，在拔长到方形边长接近锻件所要求的直径时，将方形锻成八角形截面，最后倒棱滚打成圆形截面，如图 3.9 所示。这样拔长效率高，且能避免引起中心裂纹。拔长时，工件要放平，并使侧面与砧面垂直，锻打要准，力的方向要垂直，以免产生菱形。

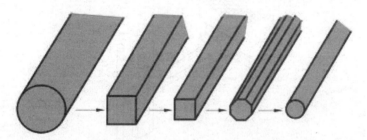

图 3.9　圆形坯料拔长时的过渡截面形状

3）冲孔

冲孔是在坯料上用冲子冲出通孔或不通孔的锻造工序。由于冲孔时锻件的局部变形量很大，为了提高塑性，防止冲裂和损坏冲子，应将坯料加热到允许的最高温度，而且均匀热透。为了保证冲出孔的位置准确，需在镦粗平整的坯料表面孔的位置上先试冲，如果位置不正确可做修正，然后冲出浅坑，放少许煤粉，再继续冲至约 3/4 深度时，借助于煤粉燃烧的膨胀气体取出冲子，翻转坯料，从反面将孔冲透，如图 3.10 所示。

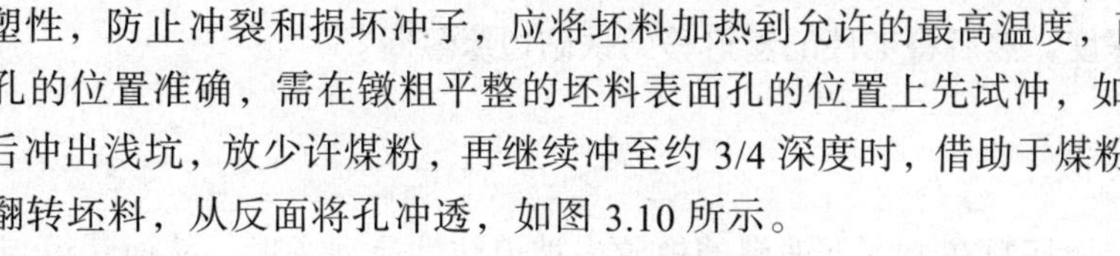

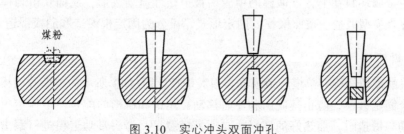

图 3.10　实心冲头双面冲孔

4）弯曲

将坯料弯曲成一定角度或形状的锻造工序，用于锻造吊钩、链环等。弯曲时一般是将坯料需要弯曲的部分加热。弯曲的方法很多，常见的有角度弯曲、成形弯曲等，如图 3.11 所示。

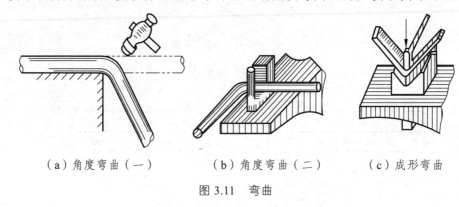

（a）角度弯曲（一）　　　　（b）角度弯曲（二）　　　　（c）成形弯曲

图 3.11　弯曲

5）扭转

扭转是将坯料的一部分相对另一部分绕其共同轴线旋转一定角度的锻造工序，如图 3.12 所示。为防止扭转部分因剧烈变形产生裂纹，扭转前应将工件加热到始锻温度，受扭部分必须表面光滑，扭转后的锻件应缓慢冷却。

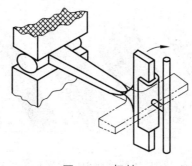

图 3.12　扭转

6）切割

切割是把坯料切断、劈开或切除工件料头的锻造工序。切断时，工件放在砧板上，用錾子錾入一定的深度，然后将工件的錾口移到铁砧边缘錾断。

3.3.2　模锻

模锻是使金属坯料在上、下锻模的模腔内被迫塑性流动成形，从而获得与模腔形状相符的锻件，全称为模型锻造。按照锻模的固定形式，可分为固定模锻造和胎模锻造。

1．固定模锻造

固定模锻的锻模结构有单模腔锻模和多模腔锻模。图 3.13 所示为单模腔锻模，它用燕尾槽和斜楔配合固定锻模，防止其脱出和左右移动；用键和键槽的配合使锻模定位准确，并防止它前后移动。锻造时，加热好的坯料放在下模模腔里，锤头带动上模进行锻击，使金属流动并充满模腔而形成锻件，多余的金属被压入飞边槽内形成飞边，模锻后再将它切除。模锻形状复杂的零件时，需要用开有几个模膛的多模膛进行模锻，使坯料在几个模膛内逐步成形，最后在终锻模膛锻成所需形状。

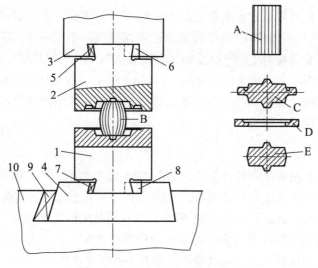

图 3.13　单模膛锻模及其固定

1—下模；2—上模；3—锤头；4—模座；5—上模用楔；6—上模用键；7—下模用楔；8—下模用键；9—模座楔；
10—砧座；A—坯料；B—变形；C—带飞边的锻件；D—切下的飞边；E—锻件

固定模锻可以在多种设备上进行。在工业生产中，锤上模锻大都采用蒸汽-空气锤，公称压力为 5～300 kN。固定模锻具有生产率高、锻件质量好、锻件形状较复杂以及节省金属材料等优点，但它需要昂贵的模锻设备和锻模，锻件的大小受到模锻设备规格的限制，仅适用于大批量生产中、小型锻件。

2. 胎模锻造

胎模锻造使用的模具简称为胎模，胎模不固定在锤头或砧铁上，只是在使用时放在自由锻设备下砧铁上进行锻造。胎模锻造一般先采用自由锻的墩粗或拔长工序制坯，然后在胎模内终锻成形。与自由锻相比，胎模锻具有锻件尺寸较精确、生产效率高和节约金属等优点。与模锻相比，胎模锻具有操作较灵活、胎模模具简单、易制造、成本低和周期短等优点。胎模的种类主要有以下三种，如图 3.14 所示。

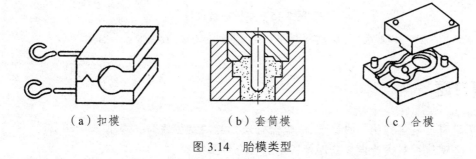

（a）扣模　　　　　　（b）套筒模　　　　　　（c）合模

图 3.14　胎模类型

1）扣模

扣模用于锻造非回转体锻件，具有敞开的模膛，如图 3.14（a）所示。锻造时，工件一般不翻转，不产生毛边，既用于制坯，也用于成形。

2）套筒模

套筒模主要用于回转体锻件，有开式和闭式两种。开式套筒模一般只有下模（套筒和垫块），没有上模（锤砧代替上模）。其结构简单，可以得到很小或不带模锻斜度的锻件，取件时一般要翻转 180°。套筒模对上、下砧铁的平行度要求较严，否则易使毛坯偏斜或填充不满。闭式套筒模一般由上模、套筒等组成，如图 3.14（b）所示。锻造时金属在模腔的封闭空间中变形，不形成毛边。由于导向面间存在间隙，往往在锻件端部间隙处形成横向毛刺，需进行修整。该方法要求坯料尺寸精确。

3）合模

合模一般由上、下模及导向装置组成，如图 3.14（c）所示，用来锻造形状复杂的锻件，锻造过程中多余金属流入飞边槽形成飞边。合模成形与带飞边的固定模模锻相似。

齿轮坯锻件的胎模锻造过程如图 3.15 所示，其所用的胎模为套筒模，由模筒、模垫和冲头三部分组成。加热的坯料经自由锻，将模垫和模筒放在砧座上，再将镦粗的坯料平放在模筒内，压上冲头，锻打成形，最后取出锻件并将孔中的连皮冲掉。

胎模锻造主要适用于没有模锻设备的中小型工厂的中、小批量小型锻件的生产。

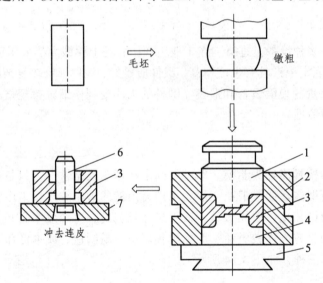

图 3.15　胎模锻造过程

1—冲头；2—模筒；3—锻件；4—模垫；5—砧座；6—凸模；7—凹模

复习题

（1）说明"趁热打铁"的道理。"趁热打铁"打的是生铁吗？

（2）合理地控制锻造温度范围对锻造过程有何影响？

（3）对碳钢而言，愈难锻造的钢种，其始锻温度是否应愈高？为什么？

（4）锻件镦粗时，镦歪及夹层是怎么产生的？应如何防止与纠正？

（5）截面为圆形与方形的两种锻坯，哪种镦粗较容易？为什么？

（6）如何锻造长筒件与圆环件？

（7）自由锻件与模锻件在结构上有何要求？为什么？

（8）冲裁模与拉深模在结构上有何不同？为什么？

（9）弯曲件的裂纹是如何产生的？如何避免或减少裂纹的产生？

（10）弯曲件弯曲后会产生什么现象？如何避免？

（11）拉深件产生拉裂与皱褶的原因是什么？如何防止？

（12）用两个例子来说明特种锻压工艺的特点及应用。

（13）如何实现锻压生产中的机械化、自动化和柔性化？

第4章 焊接实训

4.1 焊接实训安全操作规程

（1）进入车间前要穿好工作服、工作鞋，戴好工作帽、手套、面罩等防护用品。实习过程中听从指挥，在指定位置操作。

（2）焊接前应检查电焊机外壳是否接上地线，焊钳手把和导线电缆的绝缘是否完好，防止触电。

（3）焊钳任何时候都不得放在工作台上，以免短路烧坏电焊机。

（4）电焊机或线路发热烫手时，应立即停止工作。

（5）焊后敲击、清理焊渣时，要注意敲渣方向，以免高温焊渣飞入眼内或烫伤皮肤。

（6）刚焊好的焊件不许用手触摸，防止烫伤。

（7）氧气瓶不得撞击和高温烘、晒，不得沾上油脂或其他易燃物品。

（8）乙炔瓶和氧气瓶附近严禁烟火。不要踩踏地上的橡皮管，使其过度弯曲。

（9）工作前要检查回火防止器的水位，回火时要立即关闭乙炔阀门，检查原因，采取防止措施。

（10）点火时先开乙炔阀门，再开氧气阀门。熄火时必须先关乙炔阀门，再关氧气阀门。

（11）气体保护焊焊接时注意室内通风，指导教师调整好设备后学生方可进行焊接。

（12）气焊时，不要把火焰喷到身上和橡皮管上。

（13）焊接操作时，周围不能有易燃易爆物品。

（14）操作完毕及下班时，要检查工作场地，交回焊接工具等，并拉掉电闸。

4.2 焊接实训理论知识

4.2.1 焊接简介

1. 焊接的概念

焊接是指通过适当的物理化学过程如加热、加压或二者并用等方法，使两个或两个以上分离的物体产生原子（分子）间的结合力而连接成一体的连接方法，是一种重要的金属加工工艺。广泛应用于机械制造、造船、石油化工、汽车制造、桥梁、锅炉、航空航天、原子能、电子电力、建筑等领域。

2. 焊接的分类

焊接方法的种类很多，一般根据焊接时被焊材料所处的状态不同，把焊接分为熔焊、压力焊和钎焊三大类，如图4.1所示。

熔焊是在焊接的过程中，利用一定的热源将焊件接头处加热至熔化状态，在常压下冷却结晶成为一体的焊接方法。在加热的条件下，焊件连接处熔化形成液态熔池，原子之间充分扩散和紧密接触，冷却凝固后形成牢固的焊接接头。熔焊的关键点是要有一个能量集中且温度足够高的热源，一般情况下以热源的种类作为熔焊的名称，如以电子束为热源的称为电子束焊，以气体火焰为热源的称为气焊，以激光束为热源的称为激光焊，以电弧为热源的称为电弧焊等。

压力焊是在焊接过程中对焊接的材料施加一定的压力，在加热或不加热的状态下，将焊件结合起来的一种连接加工方法。如摩擦焊、电阻焊等是将被焊材料的接触部分加热至塑性状态或局部熔化状态，然后施加压力使之相互结合而形成牢固的接头。冷压焊、爆炸焊等则是在不加热的状态，在被焊材料上施加巨大的压力，借助塑性变形而形成压挤接头。

钎焊是指采用比母材熔点低的材料作为钎料，将焊件和钎料加热至高于钎料熔点，但低于母材熔点的温度，利用毛细作用使液态钎料充满焊件接头间隙，液态钎料润湿母材表面，并使其与母材相互扩散、冷却后结晶形成冶金结合的一种焊接方法。焊接时，被焊焊件只适当进行加热，处于固体状态，且没有受到压力的作用，其过程只是钎料的熔化和凝固，形成一个过渡的连接层。

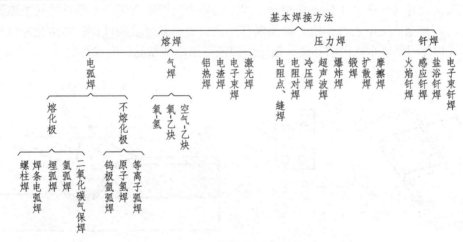

图 4.1　焊接的基本方法

3. 焊接的特点

焊接是目前应用非常广泛的一种永久性连接方法，有着其他加工方法不可替代的优势。焊接的主要特点如下：

1）节省材料，减轻质量

焊接与其他连接方法（螺纹连接、铆接、键连接等）相比，不用钻孔，材料截面能得到充分的利用，也不需要辅助材料，因此可以节省大量材料，大大减轻结构的质量；不需要机械加工设备，以及相关的工序，简化了加工和装配的工作量，提高了工作效率。焊接能达到很高的密封性，这是压力容器特别是高温、高压容器不可缺少的性能。

2）简化复杂零件和大型零件的制造

焊接方法灵活，可将大型工件化大为小，以简拼繁，不必像铸件那样受工艺限制。容易加大尺寸，增加肋板和大圆角，加工快、效率高、生产周期短，且质量易于保证。

3）适应性好

多种焊接方法几乎可以焊接所有的金属材料和部分非金属材料，可焊范围非常广泛，而且连接性能好，焊接接头可达到与工件等强度或相应的特殊性能。

4）可以满足特殊要求

焊接具有一些工艺方法难以达到的优点，可以使零件的各部分具备不同的性能，以适应各自的受力情况和工作环境，例如车刀工作部分和车刀刀柄的焊接。

4.2.2 焊条电弧焊

1. 焊条电弧焊的原理

焊条电弧焊是用手工操纵焊条来进行焊接的，俗称手工电弧焊，是利用焊条和焊件之间稳定燃烧产生的电弧热，使金属和母材熔化凝固后形成牢固的焊接接头的一种焊接方法。

焊条电弧焊焊接连线和焊接过程如图 4.2、图 4.3 所示，焊机电源两输出端通过电缆、焊钳和地线夹头分别与焊条和被焊零件相连。焊接过程中，产生在焊条和零件之间的电弧将焊条和零件局部熔化，受电弧力作用，焊条端部熔化后的熔滴过渡到母材，和熔化的母材融合在一起形成熔池，随着电弧向前移动，熔池金属液逐渐冷却结晶，形成焊缝。

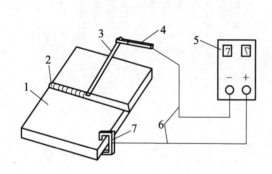 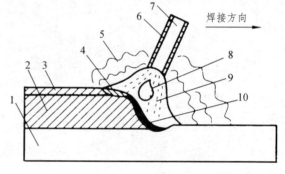

图 4.2　焊接连线　　　　　　　　　　　　图 4.3　焊接过程

1—零件；2—焊缝；3—焊条；4—焊钳；　　　1—焊件；2—焊缝；3—渣壳；4—焊渣；5—气体；
5—焊接电源；6—电缆；7—地线夹头　　　　6—药皮；7—焊芯；8—熔滴；9—电弧；10—熔池

焊条电弧焊使用设备简单，适应性强，可用于焊接板厚 1.5 mm 以上的各种结构件，并能焊接空间位置不规则焊缝，适用于碳钢、低合金钢、不锈钢、铜及铜合金等金属材料的焊接。由于是手工操作，焊条电弧焊也存在缺点，如生产率低，产品质量一定程度上取决于焊工操作技术，焊工劳动强度大等，现在多用于焊接单件、小批量产品和难以实现自动化加工的焊缝。

2. 焊接设备与焊条

1）交流弧焊机

交流弧焊电源由交流弧焊机提供。交流弧焊机实际上是一种特殊的降压变压器，也称为弧焊变压器，一般有动圈式和动铁式两种。它将电网输入的 220 V（或 380 V）交流电变成适宜于电弧焊的低压交流电。交流弧焊机具有结构简单、价格便宜、使用可靠、维护方便等优点，但在电弧稳定性方面存在不足。

　　BX1-315 型交流弧焊机外形如图 4.4（a）所示。其型号中的"B"代表弧焊变压器，"X"代表下降外特性，"1"代表动铁系列，"315"代表额定焊接电流。此弧焊机是动铁式弧焊机，它由一个口字形固定铁心（Ⅰ）和一个梯形活动铁心（Ⅱ）组成，如图 4.4（b）、（c）所示。活动铁心构成一个磁分路，以增强漏磁使焊机获得陡降外特性。它的一次侧绕组和二次侧绕组各自分成两半，分别绕在变压器固定铁心上；一次侧绕组两部分串联接电源，二次侧绕组两部分并联接焊接回路。

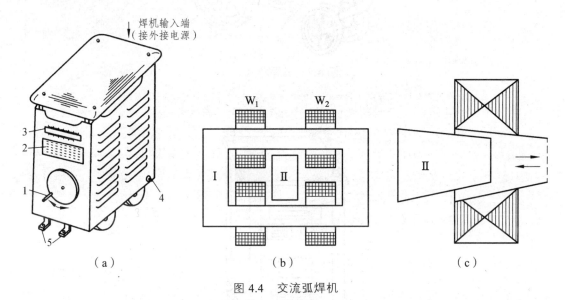

图 4.4　交流弧焊机

1—调节手柄；2—焊机铭牌；3—电流指示器；4—接地螺栓；5—焊接电源两极

　　BX1-315 型焊机焊接电流调节方便，仅需移动铁心就可以满足电流调节要求，其调节范围为 70 ~ 315 A。当移动铁心由里向外移动而离开固定铁心时，磁漏减少，则焊接电流增大；反之焊接电流减少。

　　2）直流弧焊机

　　直流弧焊电源由直流弧焊机提供。直流弧焊机是一种将交流电变压、整流转换成直流电的设备，也称为弧焊整流器。弧焊发电机是直流弧焊机的一种，它由一台三相感应电动机和一台直流发电机组成，并由发电机供给焊接所需的直流电。图 4.5 所示为一台弧焊发电机，它的特点是能够得到稳定的直流电，引弧容易、电弧稳定、焊接质量较好。但这种直流弧焊机结构复杂，硅钢片和钢导线的需要量大，价格比交流弧焊机高得多，且后期维护成本高，使用时噪声大，目前使用得越来越少。

　　整流式直流弧焊机是近年来发展起来的一种弧焊机。它的结构相当于在交流弧焊机上加上硅整流元件，从而把交流电变成直流电。它既弥补了交流弧焊机电弧稳定性不好的缺点，又比弧焊发电机的结构简单，且维修方便、后期维护成本低、噪声小，目前应用比较广泛。整流式直流弧焊机如图 4.6 所示。

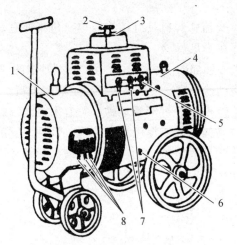

图 4.5　弧焊发电机

1—交流发电机；2—调节手柄；3—电流指示盘；4—直流发电机；5—正极抽头；
6—接地螺钉；7—焊接电源两极；8—外接电源

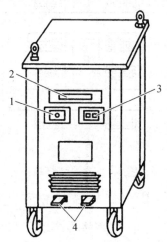

图 4.6　整流弧焊机

1—电流调节器；2—电流指示盘；3—电源开关；4—焊接电源两极

直流弧焊机是供给焊接电流的电源设备，其输出端有固定的正极和负极之分，而电弧在阳极区和阴极区的温度不同，因此在焊接时有两种连接方法，即正接法和反接法。正接法就是工件接直流弧焊机的正极，焊条接负极，如图 4.7 所示；反接法则与之相反，如图 4.8 所示。在具体使用中一般根据焊条的性质和工件所需热量的情况选择连接方法。在使用酸性焊条焊接较厚的钢板时，可利用阳极区温度较高的特性，选择正接法，加快工件的熔化、增加熔深，保证焊缝根部熔透。而焊接较薄的钢板，或对铸铁、高碳钢及非铁金属等材料进行焊接时，为防止烧穿则利用阴极区温度较低的特性，采用反接法。另外使用碱性焊条时为保证电弧的燃烧稳定性，必须按规定采用直流反接法。

3）辅助设备及工具

手工电弧焊的辅助设备和工具有：焊钳、接地钳、焊接电缆、面罩、敲渣锤、焊条保温筒等。

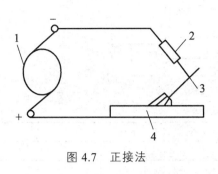
图 4.7　正接法

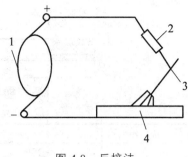
图 4.8　反接法

1—焊机；2—焊钳；3—焊条；4—工件

焊钳是用来夹持焊条并传导电流以进行焊接的工具，具有良好的导电性、可靠的绝缘性和隔热性能。常用的焊钳有 300 A 和 500 A 两种。

接地钳是将焊接导线或接地电缆接到工件上的工具。低负载率时比较适合用弹簧夹钳，大电流时宜用螺纹夹钳以获得良好的连接。

焊接电缆主要由多股细铜线电缆组成，一般可选用 YHH 型电焊橡皮套电缆或 YHHR 型电焊橡皮套特软电缆。

面罩是为了防止焊接时飞溅物、弧光及其他辐射对人体面部及颈部灼伤的一种防护工具，一般有手持式和头盔式两种。面罩上的护目玻璃主要起到减弱电弧光，过滤红外线、紫外线的作用。焊接时，通过护目玻璃观察熔池情况，从而控制焊接过程，避免灼伤眼睛。

焊条保温筒主要是将烘干的焊条放在保温筒内供现场使用，起到防粘泥土、防潮、防雨淋等作用，能够避免焊接过程中焊条药皮的含水率上升，防止焊条的工艺性能变差和焊缝质量降低。

防护服可以防止焊接时触电及被弧光和金属飞溅物灼伤。焊接操作时，必须戴好皮革手套，穿好工作服、脚盖、绝缘鞋等。敲焊渣时应佩戴护目镜。

常用的焊接手工工具有清渣用的敲渣锤、錾子、钢丝刷、手锤、钢丝钳、夹持钳等，如图 4.9 所示。

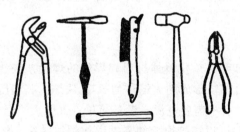
图 4.9　常见焊接手工工具

4）焊条

焊条电弧焊所用的焊接材料，主要由焊芯和药皮两部分组成，如图 4.10 所示。焊芯一般是一个具有一定长度及直径的金属丝。焊接时，焊芯有两个功能：一是传导焊接电流，产生电弧；二是焊芯本身熔化作为填充金属与熔化的母材熔合形成焊缝。我国生产的焊条，基本上由含碳、硫、磷较低的专用钢丝（H08A）做焊芯制成。焊条规格用焊芯直径代表，焊条长度根据焊条种类和规格，有多种尺寸，见表 4.1。

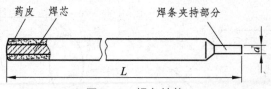

图 4.10　焊条结构

表 4.1　焊条规格

焊条直径（d）/mm	焊条长度（L）/mm		
2.0	250	300	
2.5	250	300	
3.2	350	400	450
4.0	350	400	450
5.0	400	450	700
5.8	400	450	700

　　焊条药皮又称涂料，在焊接过程中起着极为重要的作用。首先，它可以起到积极保护作用，利用药皮熔化放出的气体和形成的熔渣，起机械隔离空气作用，防止有害气体侵入熔化金属；其次可以通过熔渣与熔化金属发生冶金反应，去除有害杂质，添加有益的合金元素，起到冶金处理作用，使焊缝获得合乎要求的力学性能；最后，还可以改善焊接工艺性能，使电弧稳定、飞溅小、焊缝成形好、易脱渣和熔敷效率高等。

　　焊条分结构钢焊条、耐热钢焊条、不锈钢焊条、铸铁焊条等十大类。根据其药皮组成又分为酸性焊条和碱性焊条。酸性焊条电弧稳定，焊缝成形美观，焊条的工艺性能好，可用于交流或直流电源施焊，但焊接接头的冲击韧性较低，用于普通碳钢和低合金钢的焊接；碱性焊条多为低氢型焊条，所得焊缝冲击韧性高，力学性能好，但电弧稳定性比酸性焊条差，采用直流电源施焊，反极性接法，多用于重要的结构钢、合金钢的焊接。

4.2.3　气焊与气割

　　气焊和气割都是利用可燃气体和助燃气体混合燃烧产生的气体火焰的热量作为热源，对金属进行焊接或切割的加工工艺方法。

1. 气焊概述

　　气焊是利用气体火焰加热并熔化母体材料和焊丝的焊接方法。气焊时最常用的气体是氧气和乙炔。乙炔和氧气混合燃烧形成的火焰称为氧-乙炔焰，其温度可达 3 150 ℃。

　　与电弧焊相比，气焊具有不需要电源，设备简单；气体火焰温度比较低，熔池容易控制，易实现单面焊双面成形，并可以焊接很薄的零件；在焊接铸铁、铝及铝合金、铜及铜合金时焊缝质量好等优点。气焊也存在热量分散，接头变形大，不易自动化，生产效率低，焊缝组织粗大，性能较差等缺陷。

　　气焊常用于薄板的低碳钢、低合金钢、不锈钢的对接、端接，在熔点较低的铜、铝及其合金的焊接中仍有应用，也比较适合焊接需要预热和缓冷的工具钢、铸铁。

2. 气焊设备

　　气焊所用的设备主要有氧气瓶、乙炔瓶、减压器、回火防止器、焊炬和橡胶管等，如图4.11 所示。

　　氧气瓶是存储和运输氧气的高压容器，其外表涂成天蓝色，瓶体上用黑漆标注"氧气"字样。最常用的氧气瓶容积为 40 L，在瓶内 15 MPa 工作压力下，可以储存标准状态下 6 m³ 的氧气。

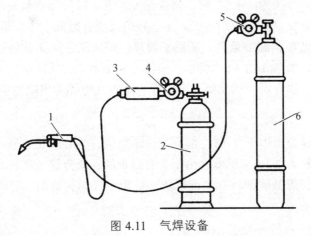

图 4.11　气焊设备

1—焊炬；2—乙炔瓶；3—回火防止器；4—乙炔减压器；5—氧气减压器；6—氧气瓶

　　乙炔瓶是一种储存和运输乙炔的容器，其外表涂成白色，瓶体上用红漆标注"乙炔"和"不可近火"字样。因乙炔不能用高压压入瓶内储存，所以乙炔瓶的内部构造比氧气瓶复杂，乙炔瓶内装有浸满丙酮的多孔性填料，利用乙炔易溶解于丙酮的特点，使乙炔稳定而又安全地储存在瓶内。瓶内压力最高为 1.5 MPa。

　　气焊时所需的气体工作压力一般都比较低，氧气压力通常为 0.2～0.3 MPa，乙炔压力最高不超过 0.15 MPa。因此，必须将气瓶内输出的气体减压后才能使用。减压器又称压力调节器，是将瓶内储存的高压气体降低到工作用的低压气体，并能调节气体压力和保持工作时气体压力稳定的调节装置。减压器按用途分为氧气减压器、乙炔减压器等。

　　回火是火焰进入喷嘴逆向燃烧的一种现象，其根本原因是混合气体从焊炬喷嘴内喷出的速度小于其燃烧的速度。回火可能烧坏焊炬和管路，如不及时处理还有可能引起可燃气体源（乙炔瓶）的爆炸。回火防止器装在乙炔瓶和焊炬之间，是防止回烧火焰向乙炔瓶回烧的安全装置。其作用就是截住回火气体，防止火焰逆向燃烧到气体源，保证气源的安全。

　　焊炬是气焊时用于控制火焰进行焊接的工具，其作用是将乙炔和氧气按一定比例均匀混合，由焊嘴喷出后，点火燃烧，产生气体火焰。按乙炔与氧气在焊炬中的混合方式，焊炬分为射吸式和等压式两种。射吸式焊炬应用最为广泛，其外形如图 4.12 所示，常用的型号有 H01-3 和 H01-6。其中，"H"代表焊炬，"0"代表手工操作，"1"则代表焊炬为射吸式，"3"和"6"表示可焊接低碳钢最大厚度为 3 mm 和 6 mm。

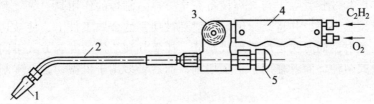

图 4.12　射吸式焊炬

1—焊嘴；2—混合气管；3—乙炔阀门；4—手柄；5—氧气阀门

3. 气焊火焰

1）中性焰

当氧气与乙炔的混合比为 1~1.2 时，燃烧充分，燃烧过后无剩余氧或乙炔，热量集中，温度可达 3 050~3 150 ℃。火焰由焰心、内焰、外焰三部分组成，焰心是呈亮白色的圆锥体，温度较低；内焰呈暗紫色，温度最高，适用于焊接；外焰颜色从淡紫色逐渐向橙黄色变化，温度下降，热量分散，如图 4.13（a）所示。中性焰应用最广，低碳钢、中碳钢、铸铁、低合金钢、不锈钢、紫铜、锡青铜、铝及铝合金、镁合金等气焊都使用中性焰。

2）碳化焰

当氧气与乙炔的混合比小于 1 时，部分乙炔未燃烧，焰心较长，呈蓝白色，温度最高达 2 700~3 000 ℃，如图 4.13（b）所示。由于含有过剩的乙炔分解的碳粒和氢气的原因，有还原性，焊缝含氢增加，焊低碳钢时有渗碳现象，适用于气焊高碳钢、铸铁、高速钢、硬质合金、铝青铜等。

3）氧化焰

当氧气与乙炔的混合比大于 1.2 时，燃烧过后的气体仍有过剩的氧气，焰心短而尖，内焰区氧化反应剧烈，火焰挺直发出"嘶嘶"声，温度可达 3 100~3 300 ℃，如图 4.13（c）所示。由于火焰具有氧化性，焊接碳钢易产生气体，并出现熔池沸腾现象，很少用于焊接，轻微氧化的氧化焰适用于气焊黄铜、锰黄铜、镀锌铁皮等。

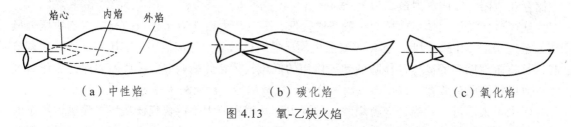

（a）中性焰　　　　　　　　（b）碳化焰　　　　　　　　（c）氧化焰

图 4.13　氧-乙炔火焰

4. 气割概述

气割是氧气切割的简称，其实质是利用某些金属在纯氧中燃烧的原理实现切割金属的一种方法。气割最突出的优点是设备简单、使用灵活、切割效率高，但会对切口两侧的金属成分和组织产生一定影响，并引起切割工件的变形，且尺寸精度较低，对材料有一定要求。

气割原理是利用金属在纯氧中的燃烧来切割金属，整个气割过程中被割金属并不熔化，其过程是预热→燃烧→吹渣。

气割设备与气焊设备相比，除用割炬代替焊炬外，其他部分（氧气瓶、乙炔瓶、减压器、回火防止器、焊炬和橡胶管等）与气焊设备完全一样。割炬的作用是：氧气和乙炔按比例进行混合后，形成预热火焰，并将高压纯氧喷射到被切割的金属工件上，使被切割金属在氧射流中燃烧，高压氧射流同时吹走熔渣形成割缝。按氧气和乙炔的混合方式不同，割炬一般分为射吸式和等压式两种，前者多用于手工切割，而后者多用于机械切割。气割割炬的结构如图 4.14 所示。

气割时，先稍微打开氧气阀门，再稍微打开乙炔阀门，随后点燃火焰，然后逐渐调节氧气和乙炔阀门，将火焰调整到所需预热火焰，对准工件进行预热，当起割部位预热至燃点时，立刻开启切割氧气阀门，使金属在氧气流中燃烧，并用高压氧气流将割缝处的熔渣吹走，不断向待切割金属方向移动割炬形成新的割口。

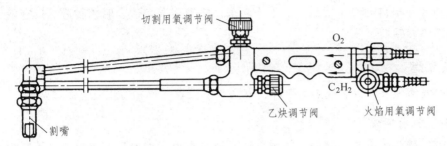

图 4.14　气割割炬

4.2.4　其他焊接方法

1. CO_2 气体保护焊

CO_2 气体保护焊是一种用 CO_2 气体作为保护气的熔化极气体电弧焊方法。工作原理如图 4.15 所示，弧焊电源采用直流电源，电极的一端与零件相连，另一端通过导电嘴将电馈送给焊丝，焊丝端部与零件熔池之间建立电弧，焊丝在送丝机滚轮驱动下不断送进，零件和焊丝在电弧热作用下熔化并最后形成焊缝。

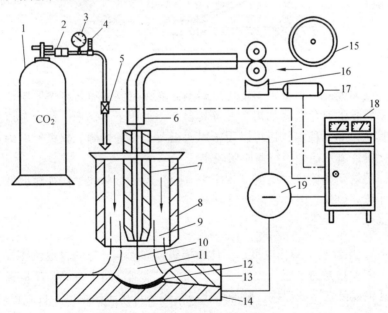

图 4.15　CO_2 气体保护焊示意图

1—CO_2 气瓶；2—干燥预热器；3—压力表；4—流量计；5—电磁气阀；6—软管；7—导电嘴；8—喷嘴；
9—CO_2 保护气体；10—焊丝；11—电弧；12—熔池；13—焊缝；14—零件；15—焊丝盘；
16—送丝机构；17—送丝电动机；18—控制箱；19—直流电源

CO_2 气体保护焊工艺具有生产率高、焊接成本低、适用范围广、焊缝质量好等优点。其缺点是焊接过程中飞溅较大，焊缝成形不够美观。

CO_2 气体保护焊设备可分为半自动焊和自动焊两种类型，其工艺适用范围广，粗丝

（$\phi \geqslant 2.4$ mm）可以焊接厚板，中细丝用于焊接中厚板、薄板及全位置焊缝。

CO_2气体保护焊主要用于焊接低碳钢及低合金高强钢，也可以用于焊接耐热钢和不锈钢，可进行自动焊及半自动焊。目前广泛用于汽车、轨道客车制造、船舶制造、航空航天、石油化工机械等诸多领域。

2. 氩弧焊

以惰性气体氩气作保护气的电弧焊，方法有钨极氩弧焊和熔化极氩弧焊两种。

1）钨极氩弧焊

它是以钨棒作为电弧一极的电弧焊方法，钨棒在电弧焊中是不熔化的，故又称不熔化极氩弧焊，简称 TIG 焊。焊接过程中可以用从旁送丝的方式为焊缝填充金属，也可以不加填丝；可以手工焊，也可以进行自动焊；可以使用直流，也可以使用交流和脉冲电流进行焊接。工作原理如图 4.16 所示。

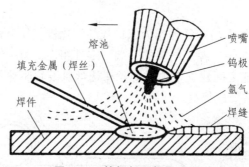

图 4.16　钨极氩弧焊示意图

由于被惰性气体隔离，焊接区的熔化金属不会受到空气的有害作用影响，所以钨极氩弧焊可用于焊接易氧化的有色金属如铝、镁及其合金，也用于不锈钢、铜合金以及其他难熔金属的焊接。因其电弧非常稳定，还可以用于焊薄板及全位置焊缝。钨极氩弧焊在航空航天、原子能、石油化工、电站锅炉等行业应用较多。

钨极氩弧焊的缺陷是钨棒的电流负载能力有限，焊缝熔深浅，焊接速度低，厚板焊接要采用多道焊和加填充焊丝，生产效率受到影响。

2）熔化极氩弧焊

又称 MIG 焊，用焊丝本身作电极，相比钨极氩弧焊而言，电流及电流密度大大提高，因而母材熔深大，焊丝熔敷速度快，提高了生产效率，特别适用于中等和厚板铝及铝合金、铜及铜合金、不锈钢以及钛合金焊接，脉冲熔化极氩焊还可用于碳钢的全位置焊。

3. 电阻焊

电阻焊是将零件组合后通过电极施加压力，利用电流通过零件的接触面及临近区域产生的电阻热将其加热到熔化或塑性状态，使之形成金属结合的方法。根据接头形式电阻焊可分成点焊、缝焊、凸焊和对焊四种，如图 4.17 所示。

与其他焊接方法相比，电阻焊具有不需要填充金属，冶金过程简单，焊接应力及应变小，接头质量高，操作简单，易实现机械化和自动化，生产效率高等一些优点。其缺点是接头质量难以用无损检测方法检验，焊接设备较复杂，一次性投资较高。电阻点焊低碳钢、普通低合金钢、不锈钢、钛及合金材料时可以获得优良的焊接接头。电阻焊目前广泛应用于汽车拖拉机、航空航天、电子技术、家用电器、轻工业等行业。

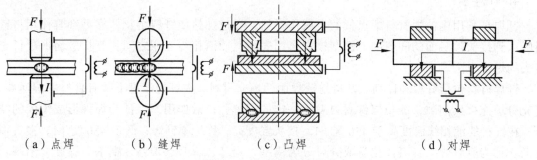

（a）点焊　　　（b）缝焊　　　　　（c）凸焊　　　　　（d）对焊

图 4.17　电阻焊基本方法

1）点焊

点焊方法如图 4.17（a）所示，将零件装配成搭接形式，用电极将零件夹紧并通以电流，在电阻热作用下，电极之间零件接触处被加热熔化形成焊点。零件的连接可以由多个焊点实现。其焊接循环如图 4.18（a）所示。点焊大量应用在小于 3 mm 不要求气密的薄板冲压件、轧制件接头，如汽车车身焊装、电器箱板组焊。一个点焊过程主要由预压—焊接—维持—休止 4 个阶段组成。

2）缝焊

缝焊工作原理与点焊相同，但用滚轮电极代替了点焊的圆柱状电极，滚轮电极施压于零件并旋转，使零件相对运动，在连续或断续通电下，形成一个个熔核相互重叠的密封焊缝，如图 4.17（b）所示。其焊接循环如图 4.18（b）所示。缝焊一般应用在有密封性要求的接头制造上，适用材料板厚为 0.1~2 mm，如汽车油箱、暖气片、罐头盒的生产。

3）凸焊

电加热后突起点被压塌，形成焊接点的电阻焊方法，如图 4.17（c）所示，突起点可以是凸点、凸环或环形锐边等形式。凸焊焊接循环与点焊一样，如图 4.18（c）所示。凸焊主要应用于低碳钢、低合金钢冲压件的焊接，另外螺母与板焊接、线材交叉焊也多采用凸焊的方法及原理。

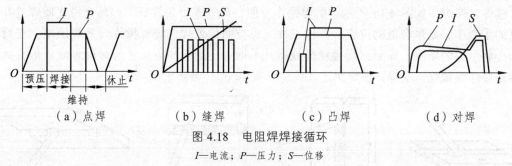

（a）点焊　　　　（b）缝焊　　　　　（c）凸焊　　　　　（d）对焊

图 4.18　电阻焊焊接循环

I—电流；P—压力；S—位移

4）对焊

对焊方法主要用于断面小于 250 mm 的丝材、棒材、板条和厚壁管材的连接。工作原理如图 4.17（d）所示，将两零件端部相对放置，加压使其端面紧密接触，通电后利用电阻热加热零件接触面至塑性状态，然后迅速施加大的顶锻力完成焊接。电阻对接焊接循环如图 4.18（d）所示，特点是在焊接后期施加了比预压大的顶锻力。

4. 钎焊

钎焊是利用比被焊材料熔点低的金属作钎料，经过加热使钎料熔化，靠毛细管作用将钎料吸入到接头接触面的间隙内，润湿被焊金属表面，使液相与固相之间相互扩散而形成钎焊接头的焊接方法。

钎焊材料包括钎料和钎剂。钎料是钎焊用的填充材料，在钎焊温度下具有良好的湿润性，能充分填充接头间隙，能与焊件材料发生一定的溶解、扩散作用，保证和焊件形成牢固的结合。在钎料的液相线温度高于 450 ℃ 时，接头强度高，称为硬钎焊；低于 450 ℃ 时，接头强度低，称为软钎焊。钎料按化学成分可分为锡基、铅基、锌基、银基、铜基、镍基、铝基、镓基等多种。

钎剂的主要作用是去除钎焊零件和液态钎料表面的氧化膜，保护母材和钎料在钎焊过程中不进一步氧化，并改善钎料对焊件表面的湿润性。钎剂种类很多，软钎剂有氯化锌溶液、氯化锌氯化铵溶液、盐酸、松香等，硬钎剂有硼砂、硼酸、氯化物等。

根据热源和加热方法的不同钎焊也可分为火焰钎焊、感应钎焊、炉中钎焊、浸沾钎焊、电阻钎焊等。钎焊具有以下优点：钎焊时由于加热温度低，对零件材料的性能影响较小，焊接的应力变形比较小；可以用于焊接碳钢、不锈钢、高合金钢、铝、铜等金属材料，也可以用于连接异种金属、金属与非金属；可以一次完成多个零件的钎焊，生产率高。钎焊的缺点是接头的强度一般比较低，耐热能力较差，适于焊接承受载荷不大和常温下工作的接头。另外钎焊之前对焊件表面的清理和装配要求比较高。

4.3 焊接实训内容

4.3.1 焊条电弧焊实训

1. 焊接位置

在实际生产中，由于焊接结构和零件移动的限制，焊缝在空间的位置除平焊外，还有立焊、横焊、仰焊，如图 4.19 所示。平焊操作方便，焊缝成形条件好，容易获得优质焊缝并具有高的生产率，是最合适的位置；其他三种又称空间位置焊，焊工操作较平焊困难，受熔池液态金属重力的影响，需要对焊接规范控制并采取一定的操作方法才能保证焊缝成形，其中焊接条件仰焊最差，立焊、横焊次之。

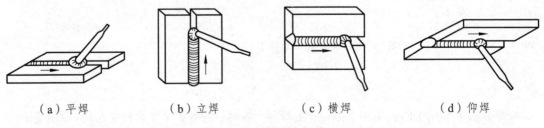

（a）平焊　　　　　（b）立焊　　　　　（c）横焊　　　　　（d）仰焊

图 4.19　焊缝的空间位置

2. 焊接接头与坡口形式

焊接接头是指用焊接的方法连接的接头，它由焊缝、熔合区、热影响区及其邻近的母材组成，如图 4.20 所示。根据接头的构造形式不同，可分为对接接头、搭接接头、角接接头、T 形接头、卷边接头等 5 种类型，前 4 类如图 4.21 所示。对接接头是指两焊件表面构成 135°～180° 夹角的接头形式；搭接接头是指两焊件部分重叠构成的接头形式；角接接头是指两焊件端部构成 30°～135°夹角的接头形式；T 形接头是指一焊件断面与另一焊件表面构成直角或近似直角的接头形式。其中，对接接头具有受力均匀，应力集中较小，节约材料，易于保证焊接质量等优点，尽管对焊件边缘加工及组装要求较高，依然是目前应用较多的接头形式，而且重要的受力焊缝一般选用这种形式。卷边接头用于薄板焊接。

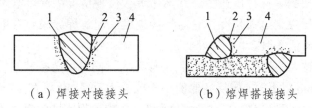

（a）焊接对接接头　　　　　（b）熔焊搭接接头

图 4.20　焊接接头组成

1—焊缝；2—熔合区；3—热影响区；4—母材

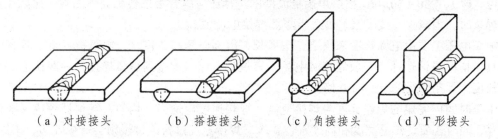

（a）对接接头　　（b）搭接接头　　（c）角接接头　　（d）T 形接头

图 4.21　焊接接头形式

焊接时，为了使焊件能够焊透，获得足够的焊接强度和致密性，在工件接头处加工出一定几何形状的沟槽，称为坡口。坡口使得电弧能深入接头根部，保证根部能够焊透，以及便于清除熔渣，最后获得较好的焊缝成形，保证良好的焊缝质量，同时还可以改变坡口尺寸，调节焊缝金属中母材金属和填充金属的比例。

焊接坡口形式有 I 形坡口、V 形坡口、U 形坡口、双 V 形坡口、双 U 形坡口等多种，坡口形式应根据工件的结构和厚度、焊接方法、焊接位置及焊接工艺等进行选择，同时，还应考虑保证焊缝能焊透，坡口容易加工、节省焊条、焊后变形较小及提高生产效率等问题。对接接头的坡口形式及适用厚度如图 4.22 所示。

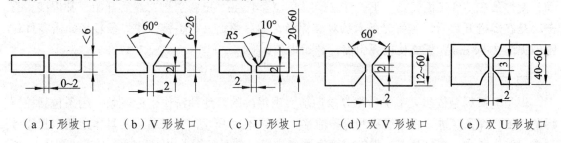

（a）I 形坡口　　（b）V 形坡口　　（c）U 形坡口　　（d）双 V 形坡口　　（e）双 U 形坡口

图 4.22　对接接头的坡口形式及适用厚度

对焊件厚度小于 6 mm 的焊缝，可以不开坡口或开 I 形坡口；中厚度和大厚度板对接焊，为保证熔透，必须开坡口。V 形坡口便于加工，但零件焊后易发生变形；双 V 形坡口可以避免 V 形坡口的一些缺点，同时可减少填充材料；U 形及双 U 形坡口，其焊缝填充金属量更小，焊后变形也小，但坡口加工困难，一般用于重要焊接结构。

3. 焊接工艺参数的选择

焊接时，为保证焊接质量而选定的各物理量称为焊接工艺参数。焊条电弧焊的焊接工艺参数主要包括焊条直径、焊接电流、电弧电压、焊接速度和焊接层数等。焊接工艺参数选择得正确与否，将直接影响焊缝的形状、尺寸、焊接质量和生产效率。

焊条型号应主要根据零件材质选择，并参考焊接位置情况决定。电源种类和极性又由焊条牌号而定。焊接电压决定电弧长度，它与焊接速度一起对焊缝成形有重要影响作用，一般由焊工根据具体情况灵活掌握。

一般焊件的厚度越大，选用的焊条直径 d 应越大，同时可选择较大的焊接电流，以提高工作效率。板厚在 3 mm 以下时，焊条 d 取值小于或等于板厚；板厚在 4～8 mm 时，d 取 3.2～4 mm；板厚在 8～12 mm 时，d 取 4～5 mm。此外，在中厚板零件的焊接过程中，焊缝往往采用多层焊或多层多道焊完成。低碳钢平焊时，焊条直径 d 和焊接电流 I 的对应关系有经验公式做参考，即 $I=(30～50)d$。当然焊接电流值的选择还应综合考虑各种具体因素，比如在使用碱性焊条时，为减少焊接飞溅，可适当降低焊接电流值。

电弧电压主要由电弧长度来决定，电弧长，电弧电压高，反之，电弧电压低，焊接时应根据具体情况灵活选择。一般焊接时电弧不宜过长，应力求做到短弧焊接，一般认为短弧的电弧长度为焊条直径的 0.5～1.0 倍。

单位时间内完成的焊缝长度为焊接速度。焊接速度应适当、均匀，既保证焊透又要保证不烧穿，同时还要使焊缝宽度和高度符合要求。焊接速度过快或过慢则会造成咬边、未焊透、气孔、夹渣、熔池溢满等缺陷。

4. 焊条电弧焊操作技术

1）接头清理

焊前，接头处应除尽铁锈、油污，以便于引弧、稳弧和保证焊缝质量。

2）引弧

焊接电弧的建立称引弧，焊条电弧焊有两种引弧方式：划擦法和直击法。划擦法操作是在焊机电源开启后，将焊条末端对准焊缝，并保持两者的距离在 15 mm 以内，依靠手腕的转动，使焊条在零件表面轻划一下，并立即提起 2～4 mm，电弧引燃，然后开始正常焊接。直击法是在焊机开启后，先将焊条末端对准焊缝，然后稍点一下手腕，使焊条轻轻撞击零件，随即提起 2～4 mm，就能使电弧引燃，开始焊接。

3）运条

焊条电弧焊是依靠人手工操作焊条运动实现焊接的，此种操作也称运条。运条包括控制焊条角度、焊条送进、焊条摆动和焊条前移，如图 4.23 所示。运条技术的具体运用根据零件材质、接头形式、焊接位置、焊件厚度等因素决定。常见的焊条电弧焊运条方法如图 4.24 所示，直线形运条方法适用于板厚 3~5 mm 的不开坡口对接平焊；锯齿形运条法多用于厚板的焊接；月牙形运条法对熔池加热时间长，容易使熔池中的气体和熔渣浮出，有利于得到高质量焊缝；正三角形运条法适合于不开坡口的对接接头和 T 形接头的立焊；正圆圈形运条法适合于焊接较厚零件的平焊缝。

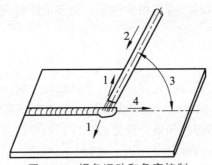

图 4.23 焊条运动和角度控制

1—横向摆动；2—送进；3—焊条与零件夹角为 70°~80°；4—焊条前移

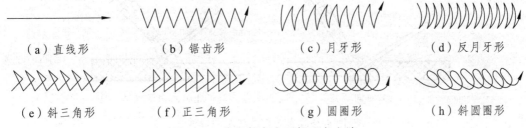

（a）直线形　　　　（b）锯齿形　　　　（c）月牙形　　　　（d）反月牙形

（e）斜三角形　　　（f）正三角形　　　（g）圆圈形　　　　（h）斜圆圈形

图 4.24 常见焊条电弧焊运条方法

4）焊缝的起头、接头

焊缝的起头是指焊缝起焊时的操作，由于此时零件温度低、电弧稳定性差，焊缝容易出现气孔、未焊透等缺陷，为避免此现象，应该在引弧后将电弧稍微拉长，对零件起焊部位进行适当预热，并且多次往复运条，达到所需的熔深和熔宽后再调到正常的弧长进行焊接。在完成一条长焊缝焊接时，往往要消耗多根焊条，这里就有前后焊条更换时焊缝接头的问题。为不影响焊缝成形，保证接头处焊接质量，更换焊条的动作越快越好，并在接头弧坑前约15 mm 处起弧，然后移到原来弧坑位置进行焊接。

5）焊缝的收尾

焊缝的收尾是指焊缝结束时的操作。焊条电弧焊一般熄弧时都会留下弧坑，过深的弧坑会导致焊缝收尾处缩孔、产生弧坑应力裂纹。焊缝的收尾操作时，应保持正常的熔池温度，做无直线运动的横摆点焊动作，逐渐填满熔池后再将电弧拉向一侧熄灭。此外还有三种焊缝收尾的操作方法，即划圈收尾法、反复断弧收尾法和回焊收尾法，也在实践中常用。

4.3.2 气焊实训

1. 点火和灭火

点火时，先稍微打开氧气阀门，再稍微打开乙炔阀门，随后点燃火焰，然后逐渐调节氧气和乙炔阀门，将火焰调整到所需火焰及相应的大小。灭火时，应先关闭乙炔阀门，紧接着关闭氧气阀门，以防止火焰倒流和产生烟灰。

2. 火焰调节

根据焊接材料的种类和性能，调节焊炬的氧气和乙炔阀门，获得相应的氧-乙炔火焰，一般来说，需要减少元素的烧损时，应选用中性焰；需要增碳时应选用碳化焰；当需要生成氧化物时则选用氧化焰。

3. 焊接操作

对平焊气焊时，一般用左手持填充焊丝，右手持焊炬。两手的动作要协调，沿焊缝向左或向右焊接。当焊接方向由右向左时，气焊火焰指向焊件未焊部分，焊炬跟着焊丝向前移动，称为左向焊法，适宜于焊接薄焊件和熔点较低的焊件；当焊接方向从左向右时，气焊火焰指向已焊好的焊缝，焊炬在焊丝前面向前移动，称为右向焊法，适宜于焊接厚焊件和熔点较高的焊件。两种焊法如图 4.25 所示。

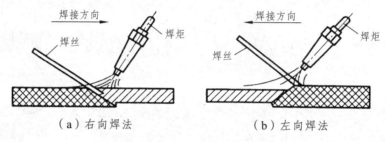

（a）右向焊法　　　　　　　　（b）左向焊法

图 4.25　右向焊法和左向焊法

操作时，应保证焊嘴轴线的投影与焊缝重合，同时要注意掌握好焊嘴与焊件的夹角 α，如图 4.26 所示。焊件越厚，夹角越大。在焊接开始时，为了较快地加热焊件和迅速形成熔池，夹角应大些；正常焊接时，一般保持夹角在 30°~50°；当焊接结束时，夹角应适当减小，以便更好地填满熔池和避免焊穿。焊炬向前移动的速度应能保证焊件熔化并保持熔池具有一定的大小。焊件局部熔化形成熔池后，再将焊丝适量地点入熔池内熔化。

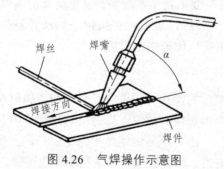

图 4.26　气焊操作示意图

4.3.3　焊接检验

1. 常见焊接缺陷

1）焊接变形

工件焊后一般都会产生变形，如果变形量超过允许值，就会影响使用。焊接变形的几个例子如图 4.27 所示。产生的主要原因是焊件不均匀地局部加热和冷却。因为焊接时，焊件仅在局部区域被加热到高温，离焊缝愈近，温度愈高，膨胀也愈大。但是，加热区域的金属因受到周围温度较低的金属阻止，不能自由膨胀；而冷却时又由于周围金属的牵制不能自由地收缩。结果这部分加热的金属存在拉应力，而其他部分的金属则存在与之平衡的压应力。当这些应力超过金属的屈服极限时，将产生焊接变形；当超过金属的强度极限时，则会出现裂缝。

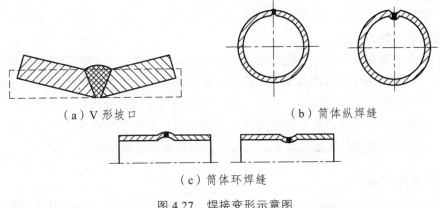

（a）V 形坡口　　　　　　　　　（b）筒体纵焊缝

（c）筒体环焊缝

图 4.27　焊接变形示意图

2）焊缝的外部缺陷

焊缝增强过高：如图 4.28 所示，当焊接坡口的角度开得太小或焊接电流过小时，均会出现这种现象。焊件焊缝的危险平面已从 M-M 平面过渡到熔合区的 N-N 平面，由于应力集中易发生破坏，因此，为提高压力容器的疲劳寿命，要求将焊缝的增强高铲平。

焊缝过凹：如图 4.29 所示，因焊缝工作截面的减小而使接头处的强度降低。

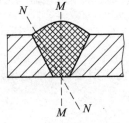

图 4.28　焊缝增高过强

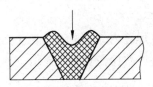

图 4.29　焊缝过凹

焊缝咬边：在工件上沿焊缝边缘所形成的凹陷叫咬边，如图 4.30 所示。它不仅减少了接头工作截面，而且在咬边处造成严重的应力集中。

焊瘤：熔化金属流到溶池边缘未溶化的工件上，堆积形成焊瘤，它与工件没有熔合，见图 4.31。焊瘤对静载强度无影响，但会引起应力集中，使动载强度降低。

烧穿：如图 4.32 所示。烧穿是指部分熔化金属从焊缝反面漏出，甚至烧穿成洞，它使接头强度下降。

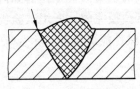

图 4.30　焊缝咬边

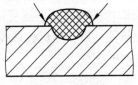

图 4.31　焊瘤

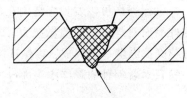

图 4.32　烧穿

以上五种缺陷存在于焊缝的外表，肉眼就能发现，并可及时补焊。如果操作熟练，一般是可以避免的。

3）焊缝的内部缺陷

未焊透：未焊透是指工件与焊缝金属或焊缝层间局部未熔合的一种缺陷。未焊透减弱了焊缝工作截面，造成严重的应力集中，大大降低接头强度，它往往成为焊缝开裂的根源。

夹渣：焊缝中夹有非金属熔渣，即称夹渣。夹渣减少了焊缝工作截面，造成应力集中，会降低焊缝强度和冲击韧性。

气孔：焊缝金属在高温时，吸收了过多的气体（如 H_2）或由于溶池内部冶金反应产生的气体（如 CO），在溶池冷却凝固时来不及排出，而在焊缝内部或表面形成孔穴，即为气孔。

裂纹：焊接过程中或焊接以后，在焊接接头区域内所出现的金属局部破裂叫裂纹。裂纹可能产生在焊缝上，也可能产生在焊缝两侧的热影响区。有时产生在金属表面，有时产生在金属内部。通常按照裂纹产生的机理不同，可分为热裂纹和冷裂纹两类。

2. 焊接质量检验

对焊接接头进行必要的检验是保证焊接质量的重要措施。因此，工件焊完后应根据产品技术要求对焊缝进行相应的检验，凡不符合技术要求的缺陷，需及时进行返修。焊接质量的检验包括外观检查、无损探伤和机械性能试验三个方面。这三者以无损探伤为主，互相补充。

1）外观检查

外观检查一般以肉眼观察为主，有时用 5～20 倍的放大镜进行观察。通过外观检查，可发现焊缝表面缺陷，如咬边、焊瘤、表面裂纹、气孔、夹渣及焊穿等。焊缝的外形尺寸还可采用焊口检测器或样板进行测量。

2）无损探伤

隐藏在焊缝内部的夹渣、气孔、裂纹等缺陷的检验。目前使用最普遍的是采用 X 射线检验，还有超声波探伤和磁力探伤。

3）水压试验和气压试验

对于要求密封性的受压容器，须进行水压试验和（或）气压试验，以检查焊缝的密封性和承压能力。其方法是向容器内注入 1.25～1.5 倍工作压力的清水或等于工作压力的气体（多数用空气），停留一定的时间，观察容器内的压力下降情况，并在外部观察有无渗漏现象，根据试验结果判断焊缝是否合格。

4）焊接试板的机械性能试验

无损探伤可以发现焊缝内在的缺陷，但不能说明焊缝热影响区的金属的机械性能如何，因此有时对焊接接头要做拉力、冲击、弯曲等试验。这些试验由试验板完成。所用试验板最好与圆筒纵缝一起焊成，以保证施工条件一致。然后将试板进行机械性能试验。实际生产中，一般只对新钢种的焊接接头进行这方面的试验。

✂ 复习题

（1）焊条电弧焊设备有哪几种？其焊接电流是如何调节的？

（2）焊条电弧焊焊条牌号、规格及焊接电流大小选择的依据是什么？

（3）焊接电弧不易引燃的原因是什么？怎样解决？

（4）焊接材料相同的 2 mm 厚的低碳钢薄板可以采用什么焊接方法？若只有手弧焊设备，应采用何种焊机？

（5）焊接时熔池为什么要进行保护？采用焊条药皮、埋弧焊焊剂、氩气、CO_2 保护时有何异同？

（6）现需割开一批不锈钢板，可采用何种切割方法？为什么要采用这种方法？

（7）气焊与电弧焊相比，有哪些特点？操作时应注意些什么？

（8）如何控制焊接生产质量？

第 5 章　车工实训

5.1　车工实训安全操作规程

（1）在进入实训车间前，必须穿好工作服，扣紧衣服的下摆和袖口；头发过肩的同学一律戴帽子，并将头发卷在帽子内；不允许戴手套、围巾进行工作；毛衣必须穿在里边，以免被卷入机床的旋转部分。

（2）严禁穿拖鞋、凉鞋、高跟鞋和软底鞋等易造成伤害的鞋进入实训车间，以免切屑烫伤、扎伤脚。

（3）不了解机床性能，不懂车床操作规程和未经实训指导人员同意，不得擅自启动车床。

（4）卡盘扳手要在夹紧工件后就立即取下，严禁在未取下卡盘扳手时开动车床。

（5）向床头箱方向走刀前，必须先手动试摇一次，看看在车刀切完加工部分时，刀架与床头箱的旋转突出部分（如卡盘、夹头爪和拨盘等）是否具有足够间隙，以免它们发生碰撞。

（6）向尾座方向走刀前，必须先手动试摇一次，看看在车刀切完加工部分时，刀架与尾座之间是否有足够间隙，以防止刀架与尾座碰撞、咬死。

（7）车削时，切削用量应根据加工条件、加工阶段以及机床的功率适当选择，不可随意加大。

（8）必须牢记所用车床溜板箱上的各个操作手柄，牢记工件旋转方向与走刀方向的关系。

（9）停车时，不允许用手压卡盘或开倒车代替刹车。

5.2　车工实训理论知识

5.2.1　车削加工简介

1. 车削概述

车削是在车床上利用工件的旋转运动（主运动）和刀具的移动（进给运动）来改变毛坯的形状和尺寸，将其加工成所需零件的一种切削加工方法，如图 5.1 所示。

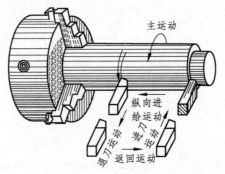

图 5.1　车削运动

　　在种类繁多、形状及大小各异的机器零件中，车削加工特别适用于加工具有回转表面的零件，即轴类和盘、套类的零件，如果在车床上装备其他附件和夹具，还可以进行镗削、磨削、研磨、抛光等工作，扩大车床的使用性能。图 5.2 所示为适用于车床加工的零件。

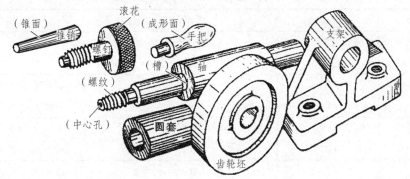

图 5.2　适用于车床加工的零件

2. 车削加工工艺

车削加工的工艺范围很广，具体工艺如图 5.3 所示。

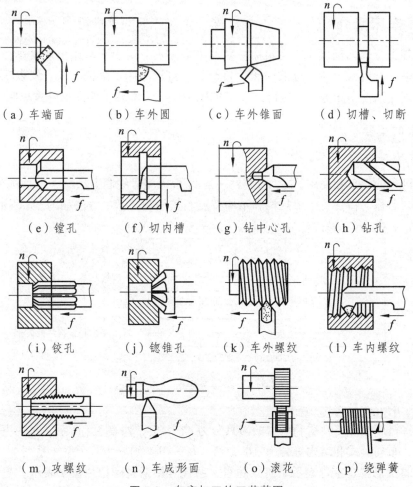

（a）车端面　　（b）车外圆　　（c）车外锥面　　（d）切槽、切断

（e）镗孔　　（f）切内槽　　（g）钻中心孔　　（h）钻孔

（i）铰孔　　（j）锪锥孔　　（k）车外螺纹　　（l）车内螺纹

（m）攻螺纹　　（n）车成形面　　（o）滚花　　（p）绕弹簧

图 5.3　车床加工的工艺范围

车削加工能达到的尺寸精度较宽，一般可达为 IT12~IT7，精细车时可达 IT6~IT5；表面粗糙度 Ra 值为 0.2~50 μm，如表 5.1 所示。

表 5.1 常用车削方法能达到的尺寸精度与表面粗糙度

车削方法	尺寸精度	表面粗糙度值 Ra/μm	表面特征
粗车	IT12	25~50	可见明显刀痕
	IT11	12.5	可见刀痕
半精车	IT10	6.3	可见加工痕迹
	IT9	3.2	微见加工痕迹
精车	IT8	1.6	不见加工痕迹
	IT7	0.8	可辨加工痕迹方向
精细车	IT6	0.4	微辨加工痕迹方向
	IT5	0.2	不辨加工痕迹

因为车削加工具有加工范围广、刀具简单、加工材料较广、切削过程连续平稳等优点，所以车削加工是机械加工中最基本、最常用的一种加工方法，在机械制造工业中占有重要地位。

5.2.2 车床简介

车床在各类金属切削机床中占机床总数约半数左右。历史上车床出现最早，现在车床的种类也比较多，有卧式车床、立式车床、自动和半自动车床、落地车床、仪表车床、仿形车床、转塔车床、数控车床等。其中卧式车床应用最广泛，本章主要介绍卧式车床。

1. 车床的型号

1) 机床的型号

为便于机床的管理和使用，GB/T 15375—2008 机床型号编制方法赋予每种机床一个型号，以表示机床的名称、特性、主要规格和结构特点。其编制的基本方法如图 5.4 所示。

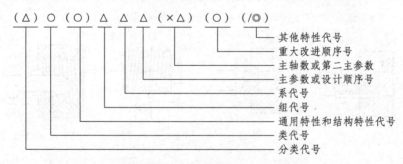

图 5.4 机床型号编制方法简图

（1）机床的分类及类代号。

目前，将机床按加工性质和所用的刀具分为 11 大类，如表 5.2 所示。每一类机床中，又按工艺范围、布局形式和结构等分为 10 个组，每一组又细分为若干系（系列）。机床的类代号，用大写的汉语拼音字母表示，机床的组、系代号用两位阿拉伯数字表示。当有需要时，每类又可分为若干分类，分类代号用阿拉伯数字表示，写在类代号之前，居于型号的首位，但第一分类不予表示。例如，磨床分为 M，2M，3M。

表 5.2　机床的分类和代号

类别	车床	钻床	镗床	磨床			齿轮加工机床	螺纹加工机床	铣床	刨插床	拉床	锯床	其他机床
代号	C	Z	T	M	2M	3M	Y	S	X	B	L	G	Q
参考读音	车	钻	镗	磨	2磨	3磨	牙	丝	铣	刨	拉	割	其

（2）机床的特性代号。

机床的特性代号用于表示机床所具有的特殊性能，包括通用特性和结构特性。当某机床具有表 5.3 所列的通用特性时，则在类别代号之后加上相应的特性代号，机床的特性代号，用大写的汉语拼音字母表示，如"XK"表示数控铣床。

表 5.3　通用特性代号

通用特性	高精度	精密	自动	半自动	数控	加工中心	仿形	轻型	加重型	柔性单元	数显	高速
代号	G	M	Z	B	K	H	F	Q	C	R	X	S
读音	高	密	自	半	控	换	仿	轻	重	柔	显	速

（3）机床的主参数。

机床的主参数表示机床规格的大小，用折算值（主参数乘以折算系数）表示。常用主参数的折算系数包括 1/10 或 1/100 或 1/1。某些通用机床，当无法用一个主参数表示时，则在型号中用设计顺序号表示。设计顺序号由 1 起始，当设计顺序号小于 10 时，则在设计顺序号之前加"0"。

（4）主轴数和第二主参数。

对于多轴机床，其主轴数应以实际数值列入型号，置于主参数之后，用"×"（读作"乘"）分开。第二主参数一般指最大工件长度、最大跨距、工作台面长度等，也用折算值表示。

（5）机床的重大改进顺序号。

当机床的性能、结构布局有重大改进，并按新产品重新设计、试制和鉴定时，在原机床型号的尾部，加上重大改进顺序号。顺序号按 A，B，C 等字母的顺序选用。

2）卧式车床的型号

卧式车床用 C61×××来表示，其中 C 为机床类别代号，表示车床类机床；61 为组别、系别代号。其他表示车床的有关参数和改进号。

例 1　C6132 型卧式车床

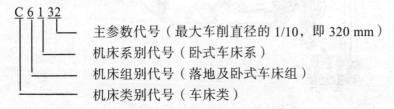

机床类别代号（车床类）
机床组别代号（落地及卧式车床组）
机床系别代号（卧式车床系）
主参数代号（最大车削直径的 1/10，即 320 mm）

2. 卧式车床的组成

C6132 型普通卧式车床的外形如图 5.5 所示。

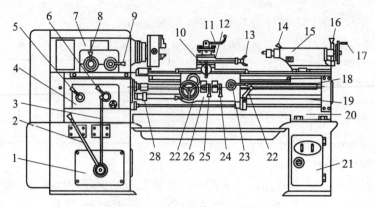

图 5.5　C6132 型普通卧式车床

1—变速箱；2，3，9—主运动变速手柄；4—进给箱；5，6—进给运动变速手柄；7—主轴箱；8—刀架左右移动换向手柄；
10—刀架横向移动手柄；11—方刀架锁紧手柄；12—刀架；13—小刀架移动手柄；14—尾架套筒锁紧手柄；15—尾架；
16—尾架锁紧手柄；17—尾架套筒移动手轮；18—丝杠；19—光杠；20—床身；21—床腿；
22—主轴正反转及停止手柄；23—"对开螺母"开合手柄；24—刀架横向自动手柄；
25—刀架纵向自动手柄；26—溜板箱；27—刀架纵向移动手轮；
28—光杠、丝杠更换使用的离合器

1）变速箱

变速箱安装在车床左床腿的内腔中。变速箱外有两个长的变速手柄，改变手柄的位置，分别移动传动轴上的双联滑移齿轮和三联滑移齿轮，可向主轴箱输出 6 种不同的转速。

2）主轴箱

主轴箱也叫床头箱，内装主轴和变速齿轮，如图 5.6 所示。电机装在左床腿下，电机的运动经变速箱变速后通过皮带传动传入主轴箱，通过改变设在主轴箱外面的变速手柄的位置，可使主轴获得 12 种不同的转速（45～1 980 r/min）。

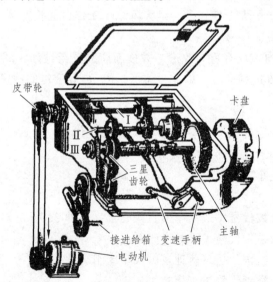

图 5.6　C6132 型普通卧式车床的主轴箱示意图

如图 5.7 所示，主轴是空心轴，以便穿入长棒料，方便工件装夹和加工。主轴的前端（即右端）制作有内锥孔和外螺纹，内锥孔是莫氏 5 号的锥孔，用来安装顶尖和锥套；外螺纹用来安装卡盘、花盘和拨盘等附件。主轴的左端装有齿轮，通过挂轮架上的齿轮，将运动传入进给箱。

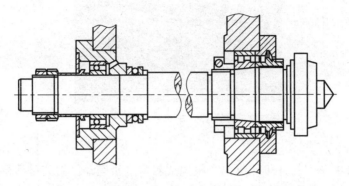

图 5.7　C6132 型普通卧式车床的主轴示意图

3）进给箱

进给箱又称走刀箱，内装进给运动的变速齿轮，是进给运动的变速机构。进给箱固定安装在床头箱下部的床身前侧面。改变进给箱外面的手柄位置，可将从主轴传递下来的运动，以 20 种不同的进给速度输入到丝杠或光杠，来改变进给量的大小或车削不同螺距的螺纹。进给运动的正反向是由主轴箱中的变向机构实现的。C6132A 进给箱内有塔轮变速机构，该机构速比变化较多，但传递动力较少，如图 5.8 所示。

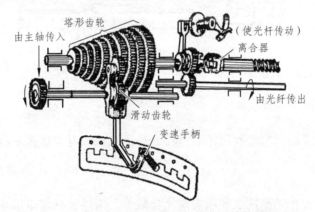

图 5.8　C6132A 型普通卧式车床的进给箱传动示意图

4）光杠与丝杠

光杠与丝杠均将进给箱的运动传给溜板箱。光杠与丝杠不能同时进行传动。

光杠用于一般车削的自动走刀；丝杠通过对开螺母（又称开合螺母）带动溜板箱使主轴的转动与刀架上刀具的移动保持严格的比例关系，从而实现车削螺纹。

5）溜板箱

溜板箱又称拖板箱，与刀架相连，可沿床身导轨运动，是车床进给运动的操纵机构，如图 5.9 所示。当接通光杠时，通过齿轮和齿条，它将光杠的旋转运动变换为车刀的纵向或横向的直线运动，从而进行无螺纹类工件的一般切削；当操纵对开螺母接通丝杠时，通过丝杠和对开螺母的连接使刀架由丝杠直接带动来进行车削螺纹。

图 5.9　普通卧式车床的溜板箱示意图

6）刀架

刀架是用来装夹车刀，并可作纵向、横向或斜向进给运动。刀架是多层结构，自底向上依次由床鞍、中滑板、转盘、小滑板和方刀架组成，如图 5.10 所示。

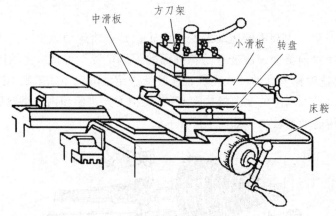

图 5.10　刀架的组成

（1）床鞍。

又称大拖板、大滑板，与溜板箱牢固连接，可沿机床床身导轨作平行于主轴的纵向进给运动。

（2）中滑板。

又称中拖板，装置在床鞍顶面的横向燕尾导轨上，通过丝杠副带动车刀作垂直于主轴的横向进给运动。

（3）转盘。

用螺栓紧固在中滑板上，松开前后两个紧固螺母后，可转动转盘，使小滑板和床身导轨呈一定的角度，然后拧紧螺母，以加工圆锥面。转盘可在水平面内扳转任意角度。

（4）小滑板。

又称小拖板，安装在转盘上面的燕尾槽导轨上，可作短距离的进给运动。当转盘扳转一定角度后，小滑板就可以带动车刀作相应的斜向进给运动。转盘所转的实际角度就是它沿燕尾槽运动方向与主轴所成的角度，零件的锥度应该是该角度的 2 倍。不车削锥度时，转盘的角度应该与零刻度线对齐。

（5）方刀架。

固定在小滑板上，用来安装车刀，它最多可同时装夹四把车刀。当松开锁紧手柄时，就可顺时针方向转动方刀架，当把所需要的车刀更换到工作位置后，再拧紧锁紧手柄。

　　7）尾座

　　尾座又称尾架，安装在床身导轨上，其位置可以根据工作需要沿导轨移动。尾座的套筒内装上后顶尖，可用来支承较长工件进行加工，也可安装钻头、铰刀等刀具对工件进行钻孔、铰孔等加工。尾座的结构组成如图 5.11 所示。

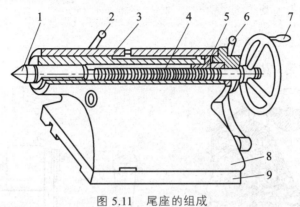

图 5.11　尾座的组成

1—顶尖；2—套筒锁紧手柄；3—顶尖套筒；4—丝杆；5—螺母；
6—尾座锁紧手柄；7—手轮；8—尾座体；9—底座

　　（1）套筒

　　左端有锥孔，用来安装后顶尖或锥柄刀具。套筒在尾架体内的轴向位置可通过旋转手轮来调节，并通过锁紧手柄来固定。将套筒退到极右位置时，就可卸出顶尖或刀具。

　　（2）尾座体

　　与底座相连。松开固定螺钉，拧动螺杆可使尾架体在底板上做微量横向移动，以便使前后顶尖对准中心或偏移一定距离车削长锥面。一般情况下，套筒的轴线应与主轴的轴线重合。

　　（3）底座

　　直接安装在床身导轨上，用来支承尾座体。

　　8）床身

　　床身是车床的基础零件，用来连接各主要零部件和机构并保证各部件和机构之间在运动时有正确的相对位置。床身上有供溜板箱和尾座移动用的平直、平行的精确导轨。

　　9）底座

　　底座又称床腿，用于支承床身，并与地基连接。C6132 车床底座内的左边安放变速箱和电动机，右边安装电器。

　　3. 卧式车床的传动系统

　　1）机床的传动方式

　　机床的传动方式有机械、液压、气压、电气传动等许多形式，其中最常用的是机械传动和液压传动。C6132 型卧式车床的传动系统主要有带传动、齿轮传动、齿轮齿条传动、蜗轮蜗杆传动及丝杠螺母传动等几种机械传动。

（1）带传动。

带传动是利用张紧在带轮上的柔性带进行运动或动力传递的一种机械传动。根据传动原理的不同，有靠带与带轮间的摩擦力传动的摩擦型带传动，也有靠带与带轮上的齿相互啮合传动的同步带传动。常用的传动带为 V 形带（见图 5.12），它靠带与带轮之间的摩擦作用，将主动轮上的动力与运动传递到从动轮上。其传动比为

$$i = \frac{n_2}{n_1} = \frac{d_1}{d_2}$$

式中　n_1，n_2——主动轮、从动轮的转速，r/min；

　　　d_1，d_2——主动轮、从动轮的直径，mm。

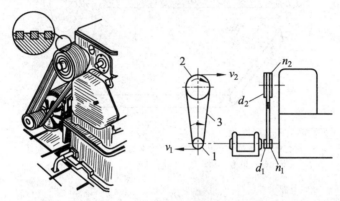

（a）V 形带传动在车床上的应用　　（b）V 形带传动简图

图 5.12　V 形带传动

1—主动轮；2—从动轮；3—皮带

带传动具有结构简单、传动平稳；能缓冲、吸振，可以在大的轴间距和多轴间传递动力；造价低廉、不需润滑、维护容易等特点。当过载时，带在带轮上打滑，可防止其他零件损坏，起安全保护作用。因此，一般用于机床电动机和传动轴之间的传动。

（2）齿轮传动。

齿轮传动是最常见的传动方式之一，其中尤其以直齿圆柱齿轮传动（见图 5.13）居多。

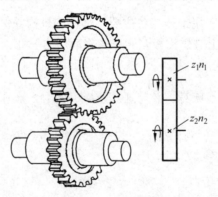

图 5.13　齿轮传动

在机床传动系统中齿轮传动形式有三种：固定齿轮、滑移齿轮和交换齿轮，滑移齿轮和交换齿轮用来改变机床部件的运动速度。

齿轮传动的传动比为

$$i_{12} = \frac{n_1}{n_2} = \frac{z_2}{z_1}$$

式中　n_1, n_2——主动齿轮、从动齿轮的转速，r/min；

　　　z_1, z_2——主动齿轮、从动齿轮的齿数。

（3）齿轮齿条传动。

齿轮齿条传动是将旋转运动与直线运动相互转换的一种传动形式（见图 5.14）。在车床的传动系统中，齿轮齿条传动用于将溜板箱输出轴的转动转换成大拖板的纵向直线移动，齿轮转动一周，大拖板移动量为 πd_1。d_1 为齿轮分度圆直径。

图 5.14　齿轮齿条传动

设齿轮齿数为 z，齿条的齿距为 t，当齿轮转动 n 转时，齿条直线移动距离 L 为

$$L = tzn （mm）$$

（4）蜗轮蜗杆传动。

蜗轮蜗杆传动装置由蜗轮和蜗杆组成（见图 5.15），其中蜗杆为主动轮；用于传递空间两交错轴（交错角通常为 90°）之间的运动和动力。蜗杆若为单线螺纹，其转动一周，蜗轮转动一个齿；若蜗杆为多线螺纹（线数为 k），则蜗杆每转动一周蜗轮转过 k 个齿。因而蜗杆传动具有传动比大、结构紧凑、运动平稳、噪声低等特点，用于改变机床光杠的转动方向，直角交错地将运动传入溜板箱，同时将运动减速，其减速比为

$$i_{12} = \frac{n_1}{n_2} = \frac{z_2}{k}$$

式中　n_1, n_2——蜗杆、蜗轮的转速，r/min；

　　　k——蜗杆的线数；

　　　z_2——蜗轮的齿数。

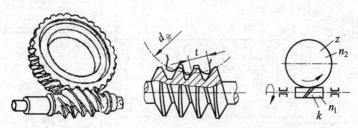

图 5.15　蜗杆蜗轮传动

（5）丝杠螺母传动。

丝杠螺母传动以丝杠作为主动件，将丝杠的旋转运动转换为螺母的直线运动，如图 5.16 所示，丝杠每转动一周，螺母移动一个螺距 P，则螺母（大拖板）沿轴向（纵向）移动的速度 v 为

$$v=n\,P\ (\text{mm/min})$$

式中　n——丝杠转速，r/min。

图 5.16　丝杠螺母传动

1—丝杠；2—螺母

2）C6132 型卧式车床传动系统

（1）C6132 型车床的传动路线框图。

C6132 型车床的传动路线框图如图 5.17 所示。

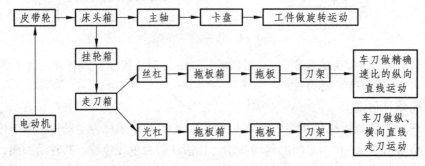

图 5.17　C6132 型车床的传动路线框图

（2）C6132 型车床的传动系统。

C6132 型车床的主运动的传动系统如图 5.18 所示。

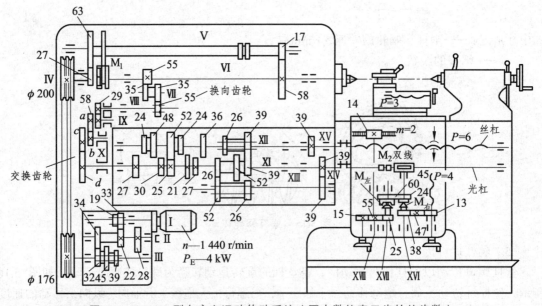

图 5.18　C6132 型车床主运动传动系统（图中数值表示齿轮的齿数）

① 主运动传动链。

电动机以 1 440 r/min 的转速将运动传入变速箱中的 I 轴，经滑移齿轮变速机构，可使Ⅲ轴获得 6 种不同的转速。再经带轮传动副将运动传入主轴箱，操纵主轴箱的内齿离合器，可使主轴（即Ⅵ轴）获得 12 级转速，分别为 45、66、94、120、173、248、360、530、750、958、1 380、1 980 r/min。主轴反转由电动机反转实现。主运动的运动传递顺序为电动机—变速器—带轮—主轴箱。

主运动传动链如下所示：

$$电动机（1\ 440\ r/min）— I — \begin{bmatrix} \dfrac{19}{34} \\ \dfrac{33}{22} \end{bmatrix} — II — \begin{bmatrix} \dfrac{34}{32} \\ \dfrac{22}{45} \\ \dfrac{28}{39} \end{bmatrix} — III — \dfrac{\phi176}{\phi200}$$

$$— IV — \begin{bmatrix} M1(离合器)脱开 \dfrac{27}{63} — V — \dfrac{17}{58} \\ \rule{0pt}{2.2em} M1(离合器)合上 \dfrac{27}{17} \cdots \end{bmatrix} — VI （主轴）$$

根据传动链可以计算出主轴的任一级转速。如主轴的最高转速为

$$v_{VImax} = 1\ 440 \times \frac{33}{22} \times \frac{34}{32} \times \frac{176}{200} \times 0.98 \times \frac{27}{27}\ r/min = 1\ 980\ r/min$$

式中，0.98 是带与带轮间的滑动率；分式数字为啮合齿轮的齿数。

② 进给传动链。

传动系统的传动路线为：主轴—换向齿轮—交换齿轮—丝杠（光杠）—溜板箱—刀架。进给运动有 20 级进给速度，纵向进给量 $f_纵 = 0.06 \sim 3.34$ mm/r，横向进给量 $f_横 = 0.04 \sim 2.45$ mm/r。进给运动链如下所示：

$$VI （主轴）— \begin{bmatrix} \dfrac{55}{35} \times \dfrac{35}{55} \end{bmatrix} — VIII — \dfrac{29}{58} — IX — \dfrac{a}{b} \times \dfrac{c}{d} — XI — \begin{bmatrix} 27/24 \\ 30/48 \\ 26/52 \\ 21/24 \\ 27/36 \end{bmatrix} — XII — \begin{bmatrix} 26/52 \times 26/52 \\ 26/52 \times 52/26 \\ 39/39 \times 26/52 \\ 39/39 \times 52/26 \end{bmatrix} — XIII$$

$$— \begin{bmatrix} \dfrac{39}{39} \\ \dfrac{39}{39} \end{bmatrix} —$$

$$\begin{bmatrix} XV （丝杠）—合上开合螺母（车螺纹）\rule{8em}{0.4pt} \\ \rule{0pt}{2.5em} XIV （光杠）— \dfrac{2}{45} — XVI — \begin{bmatrix} \dfrac{24}{60} — XVII — M_左(离合器) — XVIII — 齿轮齿条 — 刀架 （纵向进给） \\ \rule{0pt}{2.2em} M_右(离合器) — \dfrac{38}{47} \times \dfrac{47}{13} — 丝杆螺母 — 刀架 （横向进给） \end{bmatrix} \end{bmatrix}$$

脱开溜板箱内的左、右离合器，可进行纵向或横向的手动进给。调整主轴箱内的换向机构，可实现刀架纵向和横向的反向进给。

4. 卧式车床的调整手柄

卧式车床的调整主要是通过变换各自对应的手柄的位置进行的，C6132 型卧式车床的手柄见图 5.19。

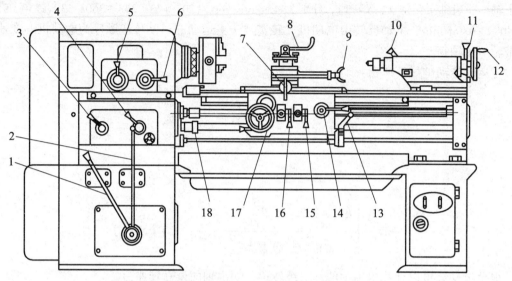

图 5.19　C6132 型卧式车床的调整手柄

1，2，6—主运动变速手柄；3，4—进给运动变速手柄；5—刀架左右移动的换向手柄；7—刀架横向手动手柄；
8—方刀架锁紧手柄；9—小刀架移动手柄；10—尾座套筒锁紧手柄；11—尾座锁紧手柄；
12—尾座套筒移动手轮；13—主轴正反转及停止手柄；14—"开合螺母"开合手柄；
15—刀架横向自动手柄；16—刀架纵向自动手柄；17—刀架纵向手动手轮；
18—光杠、丝杠更换使用的离合器

1）停车时做的练习

此时"主轴正反转及停止手柄 13"在停止位置。

（1）正确变换主轴转速。变动变速箱和主轴箱外面的变速手柄 1、2 或 6，可得到各种相对应的主轴转速。当手柄拨动不顺利时，可用手稍微转动一下卡盘。

（2）正确变换进给量。按所选的进给量查看进给箱上的标牌，再按标牌上进给变速手柄位置来变换手柄 3 和 4 的位置，就可得到所选定的进给量。

（3）熟悉掌握纵向和横向手动进给手柄的转动方向。左手握纵向进给手动手轮 17，右手握横向进给手动手柄 7。分别顺时针和逆时针旋转手轮，操纵刀架和溜板箱的移动方向。

（4）熟悉掌握纵向或横向机动进给的操作。光杠或丝杠接通手柄 18 位于光杠接通位置上，将纵向机动进给手柄 16 提起即可纵向机动进给，如将横向机动进给手柄 15 向上提起即可横向机动进给。分别向下扳动则可停止纵、横向机动进给。

（5）尾座的操作。尾座靠手动移动，其固定靠紧固螺栓螺母。转动尾座移动套筒手轮 12，可使套筒在尾架内移动，转动尾座锁紧手柄 11，可将套筒固定在尾座内。

2）低速开车练习

练习前应先检查各手柄位置是否处于正确的位置，无误后进行开车练习。

（1）主轴的启动与停止。首先启动电动机，然后操纵"主轴正反转及停止手柄 13"使主轴转动，再操纵"主轴正反转及停止手柄 13"使主轴停止转动，最后，关闭电动机。

（2）机动进给—电动机启动—操纵主轴转动—手动纵横进给—机动纵横进给—手动退回—机动横向进给—手动退回—停止主轴转动—关闭电动机。

特别注意：

（1）机床未完全停止前严禁变换主轴转速，否则会发生严重的主轴箱内齿轮打齿现象甚至发生机床事故。开车前要检查各手柄是否处于正确位置。

（2）纵向和横向手柄进退方向不能摇错，尤其是快速进退刀时要千万注意，否则会发生工件报废和安全事故。

（3）横向进给手动手柄每转一格，刀具横向吃刀为 0.02 mm，其圆柱体直径方向切削量为 0.04 mm。

5.2.3　车刀及其安装

1. 常用车刀介绍

1）车刀的结构

车刀是由刀头和刀杆两部分组成，其中，刀头是车刀的切削部分，刀杆是车刀的夹持部分。车刀的结构有三种形式，即整体式、焊接式、机夹式（可重磨式和可转位式），如图 5.20 所示。其结构特点及适用场合见表 5.4。图 5.21 是可转位式刀片的形状。

   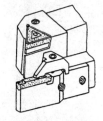

（a）整体式　　　（b）焊接式　　　（c）机夹可重磨式　　　（d）机夹可转位式

图 5.20　车刀的结构

（a）三边形　　　（b）凸三边形　　　（c）四边形　　　（d）五边形

图 5.21　可转位式刀片形状

表 5.4　车刀结构类型特点及使用场合

名　称		特　点	使　用场合
整体车刀		用整体高速钢制造，刃口可磨得较锋利	小型车床或加工非铁金属
焊接车刀		焊接硬质合金或高速钢刀片，结构紧凑，使用灵活	各类车刀特别是小刀具
机夹车刀	机夹可重磨式	避免了焊接产生的应力、裂纹等缺陷，刀杆利用率高。刀片可集中刃磨获得所需参数；使用灵活方便	外圆、端面、镗孔、切断、螺纹车刀等
	机夹可转位式	避免了焊接刀的缺点，刀片可快换转位；生产率高；断屑稳定；可使用涂层刀片	大中型车床加工外圆、端面、镗孔，特别适用于自动线、数控机床

2）刀具的种类及用途

车刀的种类繁多，如图 5.22 所示。车刀按加工对象分为内孔车刀和外圆车刀；按用途分为切断或切槽刀、螺纹车刀及成形车刀等；按其形状分为直头或弯头车刀、尖刀或圆弧车刀、左或右偏刀等。其用途如下：

偏刀：用来车削工件的外圆、台阶和端面。

弯头车刀：用来车削工件的外圆、端面和倒角。

切断刀：用来切断工件或在工件上切出沟槽。

镗孔刀：用来镗削工件的内孔。

圆头刀：用来车削工件台阶处的圆角和圆槽或车削特形面工件。

螺纹车刀：用来车削螺纹。

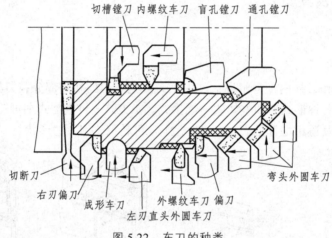

图 5.22　车刀的种类

3）刀具材料

刀具材料是指刀头即刀具切削部分的材料。

（1）刀具材料应具备的性能。

在切削过程中，刀具要承受很大的切削力、摩擦、冲击和很高的温度，因此刀具材料应具备以下性能：

① 高硬度和耐磨性。

高硬度是指在常温下有一定的硬度。耐磨性是指在切削过程中，刀具所具备的良好的抗磨损的能力。刀具材料的硬度必须高于被加工材料的硬度才能切下金属。一般刀具切削部分的硬度要高于被切工件材质硬度 3~4 倍，通常应在 HRC60 以上。刀具材料越硬，其耐磨性就越好。

② 足够的强度与韧性。

强度是指在切削力的作用下，不至于发生刀刃崩碎与刀杆折断所具备的性能。韧性是指刀具材料在有冲击或间断切削的工作条件下，保证不崩刃的能力。它们均代表刀具承受振动和冲击的能力，一般冷硬性和红硬性较好的材料，它的强度和韧性往往较差。

③ 高的耐热性。

耐热性又称红硬性，是指刀具在高温下仍能保持硬度和切削能力而不软化的性能；常常以仍能保持足够硬度的最高温度表示。耐热性是衡量刀具材料性能的主要指标，它综合反映了刀具材料在高温下仍能保持高硬度、耐磨性、强度、抗氧化、抗黏结和抗扩散的能力。

④ 良好的工艺性和经济性。

为便于制造出各种形状的刀具，刀具材料还应具备良好的工艺性，如热塑性（锻压成形）、切削加工性、磨削加工性、焊接性及热处理工艺性等。

（2）刀具材料的种类。

当前使用的刀具材料有碳素工具钢、合金工具钢、高速钢、硬质合金、涂层刀具材料、陶瓷材料、立方氮化硼和人造金刚石等。碳素工具钢、合金工具钢因耐热性差，前者仅用于手动刀具，如丝锥、板牙、铰刀、锯条、锉刀、錾子、刮刀等；后者用于手动或低速机动刀具如丝锥、板牙、铰刀、拉刀等。

① 普通刀具材料。

a. 高速钢。

高速钢是以钨、铬、钒和钼为主要合金元素的高合金工具钢，俗称白钢、锋钢、风钢等。有很高的强度、韧性和很好的工艺性、容易刃磨，可以铸造等优点，主要用于制造各种复杂的整体式刀具，如：成形车刀、麻花钻头、铰刀、拉刀、铣刀、螺纹刀具、齿轮刀具等。

高速钢的耐热性不高，在 640 ℃ 左右其硬度下降，不能进行高速切削。热处理后的硬度为 HRC62 ~ 70，热硬性较好，红硬温度达 500 ~ 650 ℃，允许切削速度为 40 m/min 左右。由于它的切削速度一般可达 25 ~ 30 m/min，比碳素工具钢高出 2 ~ 3 倍，因此称为高速钢。高速钢常用的牌号有 W18Cr4V 和 W6Mo5Cr4V2 等（数字代表它前面元素含量的百分数）。

b. 硬质合金。

硬质合金是以高耐磨性和耐热性的金属碳化物[碳化钨（WC）、碳化钛（TiC）]和钴（Co 起粘接作用）的粉末在高压下成形，并经 1 500 ℃ 的高温烧结（俗称粉末冶金）而制成的。采用粉末冶金的方法压制成各种形状的硬质合金刀片后，用铜钎焊的方法焊在刀头上做成焊接式刀具。

它的硬度很高，可达 HRC74 ~ 82；有较高的耐磨性和红热性，红硬温度达 800 ~ 1 000 ℃，允许切速达 100 ~ 300 m/min，对高速切削十分有利。硬质合金能切削淬火钢等金属材料，但其缺点是抗弯强度低，坚韧性差，较脆，怕冲击，不能承受较大的冲击载荷。但可通过切削角度的合理刃磨加以弥补。

硬质合金目前多用于制造各种简单刀具，如车刀、铣刀、刨刀的刀片等。硬质合金可分为 P，M，K 三个主要类别。

P 类硬质合金（用蓝色作标志）：主要成分为 WC+TiC+Co，相当于旧牌号 YT 类硬质合金。主要用于加工长切屑的黑色金属，如钢、铸钢等塑性材料。其代号有 P01，P10，P20，P30，P40，P50 等，数字愈大，耐磨性愈低而韧性愈高。精加工可用 P01；半精加工选用 P10，P20；粗加工选用 P30。金属陶瓷也可以属于此类。此类硬质合金的耐热性为 900 ℃。

M 类硬质合金（用黄色作标志）：主要成分为 WC+TiC+TaC（NbC）+Co，相当于旧牌号 YW 类硬质合金，又称通用硬质合金。主要用于加工长切屑或短切屑的黑色金属和有色金属材料，如钢、铸钢、不锈钢、灰口铸铁、有色金属等。其代号有 M10，M20，M30，M40 等，数字愈大，耐磨性愈低而韧性愈高。精加工可用 M10；半精加工选用 M20；粗加工选用 M30。此类硬质合金的耐热性为 1 000 ~ 1 100 ℃。

K 类硬质合金（用红色作标志），主要成分为 WC+Co，相当于旧牌号 YG 类硬质合金。主要用于加工短切屑的黑色金属（如铸铁）、有色金属和非金属材料、如淬硬钢、铸铁、铜铝合金、塑料等。其代号有 K01，K10，K20，K30，K40 等，数字愈大，耐磨性愈低而韧性愈高。精加工时可用 K01，半精加工时选用 K10，K20；粗加工时可选用 K30。此类硬质合金的耐热性为 800 ℃。

目前，在生产中常用的普通刀具材料主要是高速钢和硬质合金两类。车刀广泛应用硬质合金刀具材料，在某些情况下也应用高速钢刀具材料。其性能和应用范围比较，如表 5.5 所示。从上表可见，硬质合金材料在硬度、耐磨性、红硬性三个方面都优于高速钢，故能进行高速切削，但耐冲击性，工艺性不如高速钢。

表 5.5　常用刀具材料的主要性能和应用范围

种类	硬　度	热硬温度/℃	强度韧性	工艺性	耐磨性	应用范围
高速钢	HRC62～70 （HRA82～87）	540～600	良好	好	一般	用于各种刀具，特别是形状复杂的刀具，如钻头、铣刀、拉刀、齿轮刀具、车刀、刨刀、丝锥、板牙等
硬质合金	HRA89～94 （HRC74～82）	800～1 000	较差	差	较好	用于车刀刀头、刨刀刀头、铣刀刀头；其他如钻头、滚刀等多镶片使用；特小型钻头、铣刀做成整体使用

② 涂层刀具材料。

涂层刀具材料是以硬质合金或高速钢作为基体，在其上涂一层或多层（几微米厚）高硬度、高耐磨性的金属化合物而构成的。这样做成的刀具材料既有基体的韧性，又有涂层的高硬度，性能优异。

涂层材料一般采用难熔的氮化物、碳化物、氧化物或硼化物。由于其硬度很高，摩擦系数小，化学稳定性好，不易产生扩散磨损，所以切削力和切削温度都较低，能显著提高刀具的切削性能和大大减少切削的加工时间。但是，由于涂层刀具的切削刃锋利性、抗崩刃性、韧性均比不上未涂层刀具，所以，对于小进给量的精加工、有氧化外皮及夹砂材料的粗加工、强力切削等不宜使用涂层硬质合金。国内涂层硬质合金刀片牌号有 CN，CA，YB 等系列。

③ 超硬刀具材料。

目前用得较多的超硬刀具材料有陶瓷、人造聚晶金刚石和立方氮化硼等。

a. 陶瓷。

用的陶瓷刀具材料主要是由纯 Al_2O_3 或在 Al_2O_3 中添加一定量的金属元素或金属碳化物构成的，采用热压成形和烧结的方法获得。陶瓷刀具有很高的硬度（HRA 91～95），耐磨性很好，有很高的耐热性，在 1 200 ℃ 的高温下仍能切削。常用的切削速度为 100～400 m/min，有的甚至可高达 750 m/min，切削效率比硬质合金提高 1～4 倍。它的化学稳定性好，抗粘接能力强，但它的主要缺点是抗弯强度低（仅有 0.7～0.9 GPa），冲击韧性差。陶瓷材料可做成各种刀片，主要用于冷硬铸铁、高硬钢和高强钢等难加工材料的半精加工和精加工。

b. 人造聚晶金刚石（PCD）。

人造聚晶金刚石是在高温高压下将金刚石微粉聚合而成的多晶体材料，其硬度极高

（HV5 000 以上），耐磨性极好，可切削极硬的材料而长时间保持尺寸的稳定性，其刀具耐用度比硬质合金高几十倍至三百倍。但这种材料的韧性和抗弯强度很差，只有硬质合金的 1/4 左右；热稳定性也很差，当切削温度达到 700～800 ℃时，就会失去其硬度，因而不能在高温下切削；与铁的亲和力很强，一般不适宜加工黑色金属。人造聚晶金刚石可制成各种车刀、镗刀、铣刀的刀片，主要用于精加工有色金属及非金属，如铝、铜及其合金，陶瓷、合成纤维、强化塑料和硬橡胶等。近年来，为了提高金刚石刀片的强度和韧性，常把聚晶金刚石与硬质合金结合起来做成复合刀片，即在硬质合金的基体上烧结一层约 0.5 mm 厚的聚晶金刚石构成的刀片。其综合切削性能很好，在实际生产中应用较多。

c. 立方氮化硼（CBN）。

立方氮化硼也是在高温高压下制成的一种新型超硬刀具材料，其硬度仅次于人造金刚石，达 HV 7 000～8 000，耐磨性很好，耐热性比金刚石高得多，达 1 200 ℃，可承受很高的切削温度。在 1 200～1 300 ℃ 的高温下也不与铁金属起化学反应，因此可以加工钢铁。缺点是焊接性能差，抗弯强度略低于硬质合金。立方氮化硼可做成整体刀片，也可与硬质合金做成复合刀片。刀具耐用度是硬质合金和陶瓷刀具的几十倍。立方氮化硼目前主要用于淬硬钢、耐磨铸铁、高温合金等难加工材料的半精加工和精加工。

2. 车刀的组成及车刀角度

1）车刀的组成

车刀是由刀头（切削部分）和刀体（夹持部分）两部分组成。车刀的切削部分是由三面、二刃、一尖所组成，即三面二线一点，如图 5.23 所示。

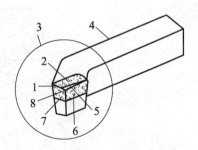

图 5.23　车刀的组成

1—副切削刃；2—前刀面；3—刀头；4—刀体；5—主切削刃；
6—主后刀面；7—副后刀面；8—刀尖

前刀面：切削时，刀具上切屑流出所经过的表面。

主后刀面：切削时，与工件加工表面相对的表面。

副后刀面：切削时，与工件已加工表面相对的表面。

主切削刃：前刀面与主后刀面的交线。它可以是直线或曲线，担负着主要的切削工作。

副切削刃：前刀面与副后刀面的交线。一般只担负少量的切削工作，起一定的修光作用。

刀尖：主切削刃与副切削刃的相交部分。为了强化刀尖，常磨成圆弧形或磨成一小段直线称过渡刃，如图 5.24 所示。

（a）切削刃的实际交点　　（b）圆弧过渡刃　　（c）直线过渡刃

图 5.24　刀尖的形成

2）车刀角度

车刀是形状最简单的单刃刀具，其他各种复杂刀具都可以看作是车刀的组合和演变，有关车刀角度的定义，均适用于其他刀具。

车刀的主要角度有前角 γ_0、后角 α_0、主偏角 κ_r、副偏角 κ_r' 和刃倾角 λ_s。如图 5.25 所示。车刀的角度是在切削过程中形成的，它们对加工质量和生产效率等均起着重要作用。

要弄清车刀的角度，必须先熟知确定车刀角度的辅助平面，如图 5.26 所示。在切削时，与工件加工表面相切的假想平面称为切削平面（对车削而言，是一个铅垂面）；与切削平面相垂直的假想平面称为基面（对车削而言，是一个水平面，并与车刀底面平行）；另外采用机械制图的假想剖面称为主剖面，也称正交平面（对车削而言，也是一个铅垂面）。切削平面、主剖面与基面是相互垂直的。由这些假想的平面再与刀头上存在的三面二刃就可构成实际起作用的刀具角度。

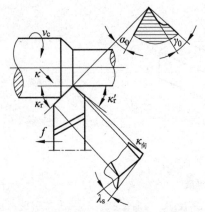 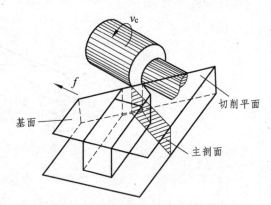

图 5.25　车刀的主要角度　　　　　图 5.26　确定车刀角度的辅助平面

（1）前角 γ_0。

前刀面与基面之间的夹角，表示前刀面的倾斜程度。前角可分为正、负、零，前刀面在基面之下则前角为正值，反之为负值，相重合为零。一般所说的前角是指正前角而言。

前角的作用：增大前角，可使车刀刃口锋利、减少切削变形和摩擦力，使切削省力，切削温度低、刀具磨损小、表面加工质量高并且切屑容易排出。但过大的前角会使刃口强度降低，容易造成刃口损坏。

选择原则：用硬质合金车刀加工钢件（塑性材料等），一般选取 $\gamma_0 = 10° \sim 20°$；加工灰口铸铁（脆性材料等），一般选取 $\gamma_0 = 5° \sim 15°$。精加工时，可取较大的前角，粗加工应取较小的前角。工件材料的强度和硬度大时，前角取较小值，有时甚至取负值。

（2）后角 α_0。

主后刀面与切削平面之间的夹角，表示主后刀面的倾斜程度。

后角的作用：减少主后刀面与工件之间的摩擦，并影响刃口的强度和锋利程度。

选择原则：一般后角 α_0 可取 $=6° \sim 8°$。

前角和后角是在正交平面内测量的，如图 5.27 所示。

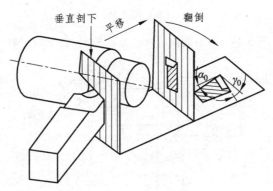

图 5.27 前角与后角

（3）主偏角 κ_r。

主切削刃与进给方向在基面上投影间的夹角。

主偏角的作用：影响切削刃的工作长度、切深抗力、刀尖强度和散热条件。主偏角越小，则切削刃工作长度越长，散热条件越好，但切深抗力越大。如图 5.28 所示。

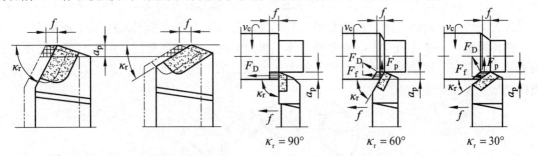

（a）主偏角对切削宽度和厚度的影响　　　　　（b）主偏角对切削力的影响

图 5.28 车刀的主偏角对切削加工的影响

选择原则：车刀常用的主偏角有 45°、60°、75°、90°几种。工件粗大、刚性好时，可取较小值。车细长轴时，为了减少径向力而引起工件弯曲变形，宜选取较大值。

（4）副偏角 κ_r'。

副切削刃与进给方向在基面上投影间的夹角。

副偏角的作用：减少副刀刃与工件已加工表面之间的摩擦，影响已加工表面的表面粗糙度，减小副偏角可使已加工表面光洁。如图 5.29 所示。

选择原则：一般选取 $\kappa_r'=5° \sim 15°$，精车时可取 5° ~ 10°，粗车时取 10° ~ 15°。

主偏角和副偏角是在基面上测量的，如图 5.30 所示。

（5）刃倾角 λ_s。

主切削刃与基面间的夹角，刀尖为切削刃最高点时为正值，反之为负值。

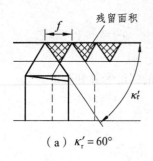 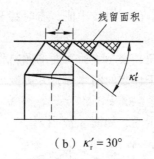 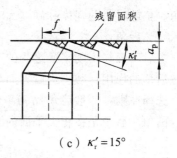

（a）$\kappa_r' = 60°$ （b）$\kappa_r' = 30°$ （c）$\kappa_r' = 15°$

图 5.29　车刀副偏角对已加工表面粗糙度的影响

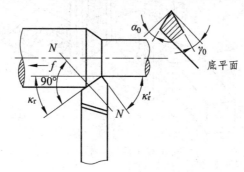

图 5.30　车刀的主偏角与副偏角

刃倾角的作用：λ_s 主要影响主切削刃的强度和控制切屑流出的方向。以刀杆底面为基准，当刀尖为主切削刃最高点时，λ_s 为正值，切屑流向待加工表面，如图 5.31（a）所示；当主切削刃与刀杆底面平行时，$\lambda_s = 0°$，切屑沿着垂直于主切削刃的方向流出，如图 5.31（b）所示；当刀尖为主切削刃最低点时，λ_s 为负值，切屑流向已加工表面，如图 5.31（c）所示。

选择原则：一般 λ_s 在 $0° \sim \pm 5°$ 之间选择。粗加工时，λ_s 常取负值，虽切屑流向已加工表面无妨，但保证了主切削刃的强度好。精加工常取正值，使切屑流向待加工表面，从而不会划伤已加工表面的质量。

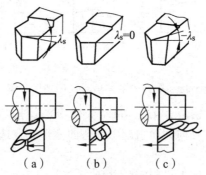

（a）　　　　（b）　　　　（c）

图 5.31　刃倾角对切屑流向的影响

3. 车刀的刃磨

车刀（主要指整体车刀与焊接车刀）用钝后重新刃磨是在砂轮机上进行的。磨高速钢车刀用氧化铝砂轮（白色），磨硬质合金刀头用碳化硅砂轮（绿色）。

1）砂轮的选择

砂轮的特性由磨料、粒度、硬度、结合剂和组织 5 个因素决定。

（1）磨料。

常用的磨料有氧化物系、碳化物系和高硬磨料系 3 种。工厂常用的是氧化铝砂轮和碳化硅砂轮。氧化铝砂轮磨粒硬度低（HV2 000～2 400）、韧性大，适用刃磨高速钢车刀，其中白色的叫作白刚玉，灰褐色的叫作棕刚玉。碳化硅砂轮的磨粒硬度比氧化铝砂轮的磨粒高（HV2 800 以上），性脆而锋利，并且具有良好的导热性和导电性，适用刃磨硬质合金。其中常用的是黑色和绿色的碳化硅砂轮。而绿色的碳化硅砂轮更适合刃磨硬质合金车刀。

（2）粒度。

粒度表示磨粒大小的程度。以磨粒能通过每英寸长度上多少个孔眼的数字作为表示符号。例如 60 粒度是指磨粒刚可通过每英寸长度上有 60 个孔眼的筛网。因此，数字越大则表示磨粒越细。粗磨车刀应选磨粒号数小的砂轮，精磨车刀应选号数大（即磨粒细）的砂轮。

砂轮的硬度是反映磨粒在磨削力作用下，从砂轮表面上脱落的难易程度。砂轮硬，即表面磨粒难以脱落；砂轮软，表示磨粒容易脱落。砂轮的软硬和磨粒的软硬是两个不同的概念，必须区分清楚。刃磨高速钢车刀和硬质合金车刀时应选软或中软的砂轮.

综上可知，应根据刀具材料正确选用砂轮。刃磨高速钢车刀时，应选用粒度为 46 号到 60 号的软或中软的氧化铝砂轮。刃磨硬质合金车刀时，应选用粒度为 60 号到 80 号的软或中软的碳化硅砂轮。

2）车刀刃磨的步骤

磨主后刀面，同时磨出主偏角及主后角，如图 5.32（a）所示；磨副后刀面，同时磨出副偏角及副后角，如图 5.32（b）所示；磨前面，同时磨出前角，如图 5.32（c）所示；修磨各刀面及刀尖，如图 5.32（d）所示。

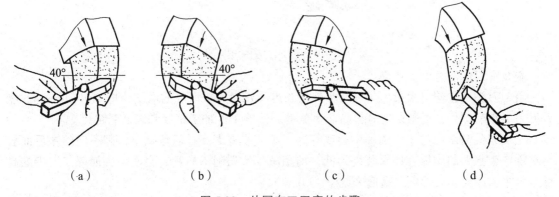

（a）　　　　　　　（b）　　　　　　　（c）　　　　　　　（d）

图 5.32　外圆车刀刃磨的步骤

3）刃磨车刀的姿势及方法

（1）人应站立在砂轮机的侧面，不要站在砂轮的对面，以防砂轮碎裂时，碎片飞出伤人。

（2）两手握刀的距离稍开，两肘夹紧腰部，以减小磨刀时的抖动。

（3）磨刀时，车刀要放在砂轮的水平中心，刀尖略向上翘约 3°～8°，车刀接触砂轮后应作左右方向水平移动；当车刀离开砂轮时，车刀需向上抬起，以防磨好的刀刃被砂轮碰伤。

（4）磨后刀面时，刀杆尾部向左偏过一个主偏角的角度；磨副后刀面时，刀杆尾部向右偏过一个副偏角的角度。

（5）修磨刀尖圆弧时，通常以左手握车刀前端为支点，用右手转动车刀的尾部。

4）磨刀安全知识

（1）刃磨刀具前，应首先检查砂轮有无裂纹，砂轮轴螺母是否拧紧，并经试转后使用，以免砂轮碎裂或飞出伤人。

（2）刃磨刀具不能用力过大，否则会使手打滑而触及砂轮面，造成工伤事故。

（3）磨刀时应戴防护眼镜，以免沙砾或铁屑飞入眼中。

（4）磨刀时不要正对砂轮的旋转方向站立，以防发生意外。

（5）磨小刀头时，必须把小刀头装入刀杆上再磨。

（6）砂轮支架与砂轮的间隙不得大于 3 mm，若过大，应调整适当。

4. 车刀的安装

车刀必须正确牢固地安装在刀架上，如图 5.33 所示。

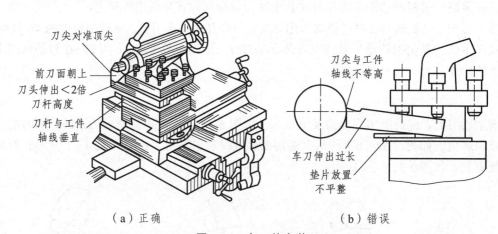

（a）正确　　　　　　（b）错误

图 5.33　车刀的安装

安装车刀应注意以下几点：

（1）刀头不宜伸出太长。一般刀头伸出长度不超过刀杆厚度的两倍，即 30～40 mm，能看见刀尖车削即可，否则切削时容易产生振动，影响工件加工精度和表面粗糙度。

（2）刀尖高度应与车床主轴中心线等高。车刀装得太高，后角减小，则车刀的主后面会与工件产生强烈的摩擦；如果装得太低，前角减少，切削不顺利，会使刀尖崩碎。刀尖的高低，可根据尾架安装的顶尖高低来调整。

（3）车刀底面的垫片要平整，并尽可能用厚垫片，以减少垫片使用数量。调整好刀尖高低后，至少要用两个螺钉交替将车刀拧紧。

（4）刀杆与工件轴心线垂直。

（5）装车刀时必须先紧固刀架手柄，再夹紧刀具。

5.2.4　车床附件及工件安装

1. 车床附件

车床附件是用来支撑、装夹工件的装置，通常称为夹具。使用夹具的技术、经济效益十分显著。具体可归纳如下：

（1）可扩大机床的工作范围。由于工件的种类很多，而机床的种类和台数有限，采用不同的夹具，可实现一机多能，提高机床的利用率。

（2）可使工件加工质量稳定。采用夹具后，工件各个表面的相互位置精度由夹具保证，比划线找正所达到的加工精度要高，而且能使同一批工件的定位精度、加工精度基本一致，加工的工件互换性高。

（3）提高生产率，降低成本。一般而言，采用夹具，可以简化工件的安装工作，从而减少安装工件所需的辅助时间。同时，采用夹具可使工件安装稳定，提高工件加工时的刚度，可加大切削用量，减少机动时间，提高生产率。

（4）改善劳动条件。用夹具安装工件，方便、省力、安全，不仅改善了劳动条件，而且降低了对工人技术水平的要求。

常用的车床附件有三爪卡盘、四爪卡盘、中心架、跟刀架、顶尖、心轴、花盘和弯板等。以下介绍如何使用上述附件在车床上对工件进行安装。

2. 工件安装

安装工件的主要要求是工件位置准确，既要使工件的加工表面回转中心与车床主轴中心重合，同时又要装夹牢固，以承受切削力，保证工作时安全。

1）用三爪自定心卡盘安装工件

三爪自定心卡盘是车床上最常用的通用夹具，其结构如图 5.34（a）所示。其工作原理是用卡盘扳手转动小伞齿轮时，大伞齿轮被带着转动，在大伞齿轮背面平面螺纹的作用下，三个爪子能同时向中心靠近或远离，以夹紧或松开工件，如图 5.34（b）所示。其特点是三爪同时移动，自动定心，装夹工件方便。适用安装截面为圆形或正六边形的轴类或盘类工件。对中性好，但自动定心精度并不太高，一般可达到 0.05 ~ 0.15 mm。三爪卡盘除了经常使用三个正爪装夹直径较小的工件外，还附带三个"反爪"，如图 5.34（c）所示，安装到卡盘体上即可用来安装直径较大的工件。

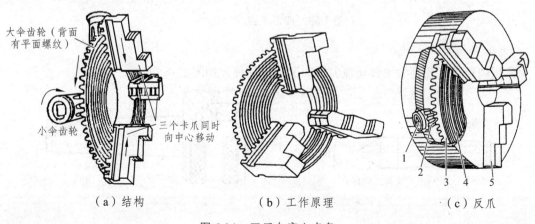

大伞齿轮（背面有平面螺纹）
小伞齿轮
三个卡爪同时向中心移动

（a）结构　　　　　　（b）工作原理　　　　　　（c）反爪

图 5.34　三爪自定心卡盘

1—卡盘扳手孔；2—小伞齿轮；3—大伞齿轮；4—平面螺纹；5—卡爪

三爪自定心卡盘由于夹紧力不大，所以一般只适宜于重量较轻的工件，当对重量较重的工件进行装夹时，宜用四爪单动卡盘或其他专用夹具。

2）用四爪单动卡盘安装工件

四爪单动卡盘的结构如图 5.35（a）所示。其每个卡爪后面有半瓣内螺纹，四个卡爪分别通过四个调整螺杆独立移动。因此它能装夹形状比较复杂的非回转体如方形、长方形、椭圆形、内外圆偏心和不规则形状的工件，如图 5.35（b）所示。同时四爪卡盘夹紧力大，所以也常用来夹紧较重的圆形工件。由于其装夹后不能自动定心，装夹时必须用划针盘或百分表找正，使工件回转中心与车床主轴中心重合，所以装夹效率较低，如图 5.35（c）、（d）所示。其安装精度可达 0.01 mm。

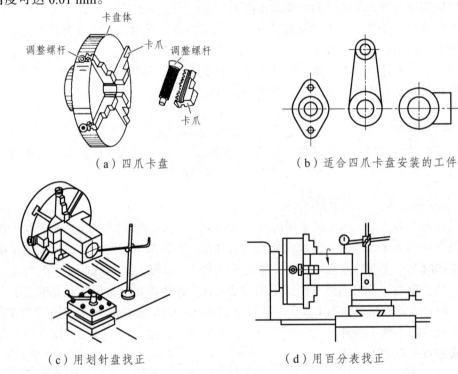

（a）四爪卡盘　　　　　　　　（b）适合四爪卡盘安装的工件

（c）用划针盘找正　　　　　　（d）用百分表找正

图 5.35　四爪卡盘装夹工件

3）用顶尖安装工件

常用的顶尖有死顶尖（普通顶尖）和活顶尖两种，如图 5.36 所示。

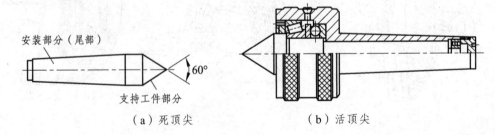

（a）死顶尖　　　　　　　　（b）活顶尖

图 5.36　顶尖的种类

（1）用双顶尖安装工件。

对同轴度要求比较高且需要掉头加工的较长的轴类工件，常用双顶尖安装工件，如图 5.37

所示。

　　用双顶尖安装工件时，其前顶尖为普通顶尖，装在主轴的锥孔内，和主轴一起转动，后顶尖为活动顶尖，装在尾座套筒内固定不转。工件利用中心孔被顶在前后顶尖之间，用卡箍卡紧，并通过拨盘和卡箍的带动随主轴一起转动。在高速切削粗加工和半精加工时，为了防止后顶尖与中心孔之间摩擦发热过大，导致工件磨损严重或烧坏，常采用活顶尖，此时，活顶尖与工件一起回转。

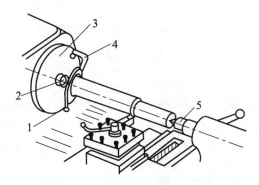

图 5.37　用顶尖安装工件

1—卡箍螺钉；2—前顶尖；3—拨盘；4—卡箍；5—后顶尖

使用双顶尖安装工件的步骤如下：

① 在轴的两端钻中心孔。

　　中心孔的锥面（60°）是与顶尖（60°）相配合的。底部的小圆孔除了可以保证顶尖与锥面紧密接触外，还可以存留少量的润滑油，如图 5.38（a）所示。中心孔多用中心钻在车床或钻床上钻出，钻中心孔之前一般应先将轴的端面车平，如图 5.38（b）所示。

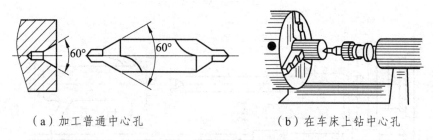

（a）加工普通中心孔　　　　　　　　　　（b）在车床上钻中心孔

图 5.38　中心钻和钻中心孔

② 安装、校正顶尖。

　　安装顶尖前必须将主轴与尾架上的锥孔和顶尖擦净，然后用力将顶尖推入锥孔。校正时，把尾架移向床头箱，检查前后两顶尖的轴线是否重合。如果发现不重合，则必须将尾架做横向调节，使之符合要求，如图 5.39 所示。

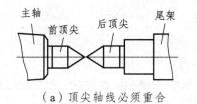

（a）顶尖轴线必须重合

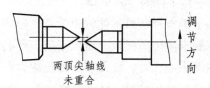

（b）横向调节尾架体使顶尖轴线重合

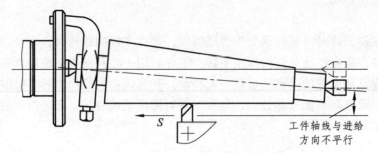

（c）顶尖轴线不重合时车出锥体

图 5.39　校正顶尖使轴线重合

③ 安装工件。

首先，在工件一端安装卡箍，先用手稍微拧紧卡箍螺钉。在工件的另一端中心孔内涂上润滑油，如图 5.40 所示。将工件置于二顶尖之间，根据工件长度调整尾架位置，尽量使套筒伸出合理，即保证能让刀架移至车削行程的最右端，而且尾架套筒伸出长度最短。其安装步骤如图 5.41 所示。

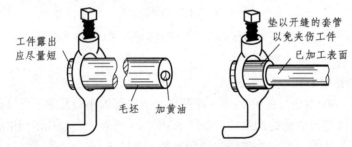

图 5.40　装卡箍

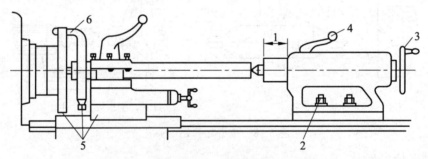

图 5.41　工件安装步骤

1—调整套筒伸出长度；2—将尾架固定；3—调节工件与顶尖松紧；4—锁紧套筒；
5—刀架移至车削行程左端，用手转动拨盘，检查是否会碰撞；6—拧紧卡箍

用顶尖安装工件的注意事项：

① 卡箍上的卡箍螺钉不能拧得太紧，以防工件变形。

② 由于靠卡箍传递扭矩，所以车削工件的切削量要小。

③ 钻两端中心孔时，要先用车刀把端面车平，再用中心钻钻中心孔。

④ 安装拨盘和工件时，首先要擦净拨盘的内螺纹和主轴端的外螺纹，把拨盘拧在主轴上，再把轴的一端装在卡箍上，最后在双顶尖中间安装工件。

⑤ 两顶尖与工件中心孔配合不宜太松或太紧。顶松了，工件定心不准，易引起工件振动或飞出；顶紧了，圆锥面间的摩擦增加，会使顶尖及中心孔磨损严重或烧坏。

（2）用一夹一顶安装工件。

对于一般较短的回转体类工件，较适用于用三爪自定心卡盘装夹，但对于较长的回转体类工件，用此方法则刚性较差。所以，对一般较长的工件，尤其是加工精度较高的工件，不能直接用三爪自定心卡盘装夹，而要用一端夹住，另一端用后顶尖顶住的装夹方法。这种装夹方法能承受较大的轴向切削力，且刚性大大提高。

4）用中心架和跟刀架安装工件

当加工细长的轴类工件时，即当工件长度跟直径之比大于 25 倍（$L/d > 25$）时，由于工件本身的刚性变差，在车削时，工件受切削力、自重和旋转时离心力的作用，会产生弯曲、振动，严重影响其圆柱度和表面粗糙度。同时，在切削过程中，工件受热伸长产生弯曲变形，车削很难进行，严重时会使工件在顶尖间卡住。此时，除了用顶尖装夹工件以提高其刚度外，还可以采用中心架或跟刀架来支承工件。

（1）用中心架支承车细长轴。

当工件可以进行分段切削时，可以使用中心架支承在工件中间以提高工件的刚度，如图 5.42 所示。使用中心架时，中心架由压板、螺钉紧固在车床导轨的中间，用 3 个可调节的支承爪支承于零件预先加工好的外圆柱面上。一般中心架架在工件的中间，多用于加工细长的阶梯轴、长轴的端面和轴端内孔。在工件装上中心架之前，必须在毛坯中部车出一段支承中心架支承爪的沟槽，其表面粗糙度及圆柱度误差要小，并经常在支承爪与工件接触处加润滑油。为提高工件精度，车削前应将工件轴线调整到与机床主轴回转中心同轴。

当车削支承中心架的沟槽比较困难或加工一些中段不需加工的细长轴时，可用过渡套筒，使支承爪与过渡套筒的外表面接触，过渡套筒的两端各装有 4 个螺钉，用这些螺钉夹住毛坯表面，并调整套筒外圆的轴线与主轴旋转轴线相重合。

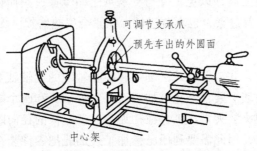

图 5.42　用中心架支承车削细长轴

（2）用跟刀架支承车细长轴。

对不适宜掉头车削的细长轴，不能用中心架支承，而要用跟刀架支承，以增加工件的刚性，如图 5.43 所示。

跟刀架固定在床鞍上，一般有两个支承爪，它可以跟随车刀移动，抵消径向切削力，提高车削细长轴的形状精度和减小表面粗糙度，如图 5.44（a）所示为两爪跟刀架，因为车刀给工件的切削抗力，使工件贴在跟刀架的两个支承爪上，但由于工件本身的向下重力，以及偶然的弯曲，车削时工件会在瞬时离开支承爪、接触支承爪时产生振动。所以比较理想的跟刀架是三爪跟刀架，如图 5.44（b）所示。此时，由三爪和车刀抵住工件，使之上下、左右都不能移动，车削时稳定，不易产生振动。

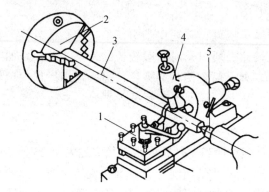

图 5.43　跟刀架支撑长轴

1—刀架；2—三爪卡盘；3—工件；4—跟刀架；5—顶尖

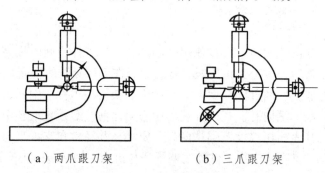

（a）两爪跟刀架　　　　　（b）三爪跟刀架

图 5.44　跟刀架

　　应用中心架或跟刀架时，工件被支承的部分都是已经加工过的外圆表面，并要加机油润滑，另外工件的转速不能太高，以免工件与支承爪之间摩擦过热而烧坏或磨损支承爪，支承爪与工件之间的调节既不宜过紧，也不要过松。太紧会发热磨损，太松则会产生振动。

　　5）用心轴安装工件

　　当以内孔为定位基准，并需保证外圆轴线和内孔轴线的同轴度要求时，可用心轴定位。盘、套类零件（例如齿轮坯）装在卡盘上加工时，其外圆孔和两个端面无法在一次装夹中全部加工完。如果把零件掉头装夹再加工，往往无法保证零件的径向跳动（外圆与孔）和端面跳动（端面与孔）的要求，因此需要利用已精加工过的孔把零件装在心轴上，再把心轴装在前后顶尖之间来加工外圆和端面。用心轴安装盘、套类零件时，心轴与工件孔的配合精度要求较高，否则零件在心轴上无法准确地定位。其加工步骤是：先加工好孔，然后以孔定位，安装在心轴上加工外圆。

　　根据工件的形状、尺寸、精度及加工数量不同，应采用不同结构的心轴。工件以圆柱孔定位常用圆柱心轴和小锥度心轴；对于带有锥孔、螺纹孔、花键孔的工件定位，常用相应的锥体心轴，螺纹心轴和花键心轴。

　　圆柱心轴是以外圆柱面定心、工件左端紧靠心轴的台阶，由螺母及垫圈压紧在心轴上来装夹工件的，如图 5.45 所示。圆柱心轴与工件孔一般用 H7/h6、H7/g6 的间隙配合，所以工件能很方便地套在心轴上。但由于配合间隙较大，一般只能保证同轴度 0.02 mm 左右。因此，为保证内外圆的同轴度，孔与轴之间的配合间隙应尽可能小。

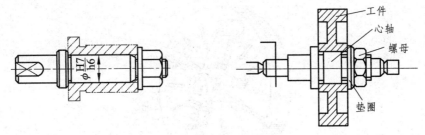

图 5.45　在圆柱心轴上定位

为了消除间隙，提高心轴定位精度，心轴可以做成锥体，但锥体的锥度很小，否则工件在心轴上会产生歪斜，如图 5.46（a）所示。常用的锥度为 $C=1/1\ 000 \sim 1/5\ 000$。定位时，工件楔紧在心轴上，楔紧后孔会产生弹性变形，从而使工件不致倾斜，如图 5.46（b）所示。

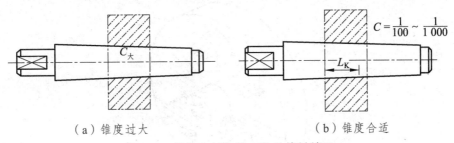

（a）锥度过大　　　　　　　　　　（b）锥度合适

图 5.46　锥体心轴安装工件的接触情况

小锥度心轴的优点是靠楔紧产生的摩擦力带动工件，不需要其他夹紧装置，定心精度高，可达 0.005 ~ 0.01 mm。缺点是工件的轴向无法定位。

当工件直径不太大时，可采用锥度心轴（锥度 1 : 1 000 ~ 1 : 2 000）。工件套入压紧、靠摩擦力与心轴固紧。锥度心轴对中准确、加工精度高、装卸方便，但不能承受过大的力矩，故切削深度不能太大。

当工件直径较大时，应采用带有压紧螺母的圆柱形心轴。它的夹紧力较大，但对中精度较锥度心轴低。

6）用花盘、弯板及压板、螺栓安装工件

车削加工中，时常会遇到一些外形复杂和不规则的零件，如轴承座、双孔连杆、齿轮油泵体等。这些零件无法用三爪或四爪卡盘装夹，而必须用花盘、弯板等专用夹具装夹。花盘是安装在车床主轴上的一个大圆盘，盘面上有许多长槽用以穿放螺栓，工件可用螺栓直接安装在花盘上，如图 5.47 所示。

利用花盘、弯板等安装工件后加工工件比一般装夹方法要复杂许多，它不仅要考虑怎样选择基准面，如何用既简便又牢固的方法把工件夹紧，而且要考虑工件转动时的平衡和安全等问题。图 5.48 所示为加工一轴承座零件的端面和内孔时，在花盘上用弯板装夹的情况，使用弯板可以在一定程度上保证加工后的内孔轴线与轴承座底面的平行度以及轴承座端面与底面的垂直度要求。为保证加工表面轴线（圆柱孔轴线）与基准平行，装弯板时须用百分表测量弯板平面是否与主轴轴线平行。同时还需校正弯板平面到主轴轴线的高度，此高度等于轴承座的中心高。用花盘弯板安装工件，由于重心偏向一边，因此要在另一边加平衡铁减少转动时的振动。

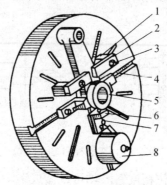

图 5.47　在花盘上安装零件

1—垫铁；2—压板；3—螺栓；4—螺栓槽；5—工件；6—角铁；7—顶丝；8—平衡铁

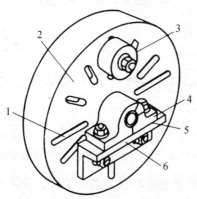

图 5.48　在花盘上用弯板安装零件

1—螺栓空槽；2—花盘；3—平衡铁；4—工件；5—安装基面；6—弯板

5.3　车工实训内容

5.3.1　车工的基本操作

1. 车外圆、端面和台阶

1）车外圆

车外圆是车削加工中最基本的加工方法。无论哪一种加工，大致都必须经过三大步骤：首先，熟悉图纸，明确加工部位及尺寸精度；然后，根据材料正确选择工装夹具；最后，合理选择切削用量。对于车外圆而言，其详细操作加工步骤如下：

（1）安装工件和校正工件。

安装工件的方法主要有用三爪自定心卡盘或者四爪单动卡盘、心轴等。校正工件的方法有划针或者百分表校正。

（2）选择车刀。

车外圆的常用车刀如图 5.49 所示。其中，直头车刀（尖刀）形状简单，主要用于粗车外圆；弯头车刀不但可以车外圆，还可以车端面；加工台阶轴和细长轴则常用偏刀。

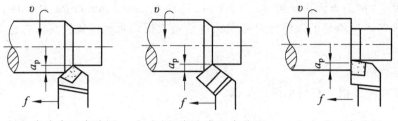

（a）直头车刀车外圆 （b）45°弯头车刀车外圆 （c）偏刀车外圆

图 5.49 车外圆常用的车刀及方式

（3）调整车床。

车床的调整包括主轴转速和车刀的进给量两个方面。

在车削过程中，主轴的转速是根据切削速度计算选取的。而切削速度 v_c 的选择和切削深度、进给量、刀具和工件材料以及工件的加工精度等因素有关。例如，用高速钢车刀车削钢料时，$v_c=0.1 \sim 0.2$ m/s；车削铸铁件时，$v_c=0.2 \sim 0.4$ m/s。而用硬质合金刀具车削钢料时，$v_c=0.8 \sim 3.0$ m/s；车削铸铁件时，$v_c=0.5 \sim 1.3$ m/s。可见，车硬度高的钢比车硬度低的钢的转速要低一些；车削铸铁件时，切削速度比车削钢件时低些；不用切削液时，切削速度也要低些。

根据切削速度大小，可按下式计算主轴转速

$$n = \frac{1\,000 \times 60 \times v_c}{\pi D}$$

式中 n —— 主轴转速，r/min；

v_c —— 切削速度，m/s；

D —— 工件待加工表面最大直径，mm。

例如用硬质合金车刀加工直径 $D = 200$ mm 的铸铁带轮，选取的切削速度 $v_c = 0.9$ m/s，计算主轴的转速为

$$n = \frac{1\,000 \times 60 \times v_c}{\pi D} = \frac{1\,000 \times 60 \times 0.9}{3.14 \times 200} \approx 99 \text{ r/min}$$

根据选定的切削速度计算出车床主轴的转速，再对照车床主轴转速铭牌，选取车床上最接近计算值而偏小的一挡，然后按照如表 5.6 所示的手柄要求，扳动手柄即可。但要特别注意的是，必须在停车状态下扳动手柄。

表 5.6 C6132 型车床主轴转数铭牌

手柄位置		I			II		
		长手柄			长手柄		
		↖	↑	↗	↖	↑	↗
短手柄	↖	45	66	94	360	530	750
	↗	120	173	248	958	1 380	1 980

从主轴转速铭牌中选取偏小一挡的近似值为 94 r/min，即短手柄扳向左方，长手柄扳向右方，主轴箱手柄放在低速挡位置 I。

进给量是根据工件加工要求确定。粗车时，一般取 0.2 ~ 0.3 mm/r；精车时，随所需要的表面粗糙度而定。例如表面粗糙度 Ra 为 3.2 时，选用 0.1 ~ 0.2 mm/r；Ra 为 1.6 时，选用 0.06 ~ 0.12 mm/r，等等。进给量的调整可对照车床进给量表扳动手柄位置，具体方法与调整主轴转速相似。

（4）粗车和精车。

车外圆常须经过粗车和精车两个步骤。

① 粗车。

粗车的加工精度及表面质量不高，其主要目的是尽快地从毛坯上切去大部分多余的金属层，使工件接近最后的形状和尺寸。粗车时，切削深度应大些，一般可取 a_p=1.5 ~ 3 mm，进给量取 f=0.3 ~ 1.2 mm/r。一般应把留给本工序的加工余量一次切除，以减少走刀次数，提高生产率。当余量太大或工艺系统刚度较差时，则可经两次或更多次走刀去除。若分两次走刀，则第一次走刀所切除的余量应占整个余量的 2/3 ~ 3/4，这就要求切削刀具能承受较大切削力。因此，应选用较小的刀具前角、后角和负的刃倾角。尖头刀和弯头刀切削部分的强度高，一般用于粗加工。粗车后应留下 0.5 ~ 1 mm 的加工余量。

粗车铸件、锻件时，因表面有硬皮，可先车端面，或者先倒角，然后选择大于硬皮厚度的切深，以免刀尖被硬皮过快磨损，如图 5.50 所示。

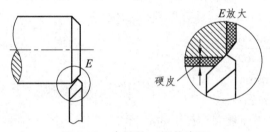

图 5.50　车铸件、锻件表面

② 精车。

精车的目的是要切去余下少量的金属层以获得零件所要求的尺寸精度、几何精度和表面粗糙度，在此前提下，尽量提高生产率。精车时，背吃刀量较小为 0.1 ~ 0.2 mm；切削速度则可用较高或较低速，初学者可用较低速；进给量取小值。为了提高工件表面粗糙度，用于精车的车刀的前、后刀面应采用油石加机油磨光，有时刀尖磨成一个小圆弧。

精车可达到的尺寸精度为 IT6 ~ IT8，半精车可达到的尺寸精度为 IT9 ~ IT10。此外，精车时要注意，工件的热变形会影响其实际尺寸。所以，粗车后不可立即进行精车，应等工件冷却后再精车；在测量时，要考虑热变形对实际尺寸的影响，尤其是大尺寸的零件更要注意。精车的表面粗糙度 Ra 为 0.8 ~ 3.2 μm，半精车的表面粗糙度 Ra 为 3.2 ~ 6.3 μm。精车时，为降低表面粗糙度，可采取如下措施：

a. 合理选择车刀角度。加大前角使刃口锋利，适当减小副偏角或刀尖磨有小圆弧，减小已加工表面的残留面积。改善前后刀面的表面粗糙度，对提高加工表面质量也有一定的效果。

b. 合理选择切削用量。可用较小的进给量以减小残留面积；采用较高的切削速度或很低的切削速度，都可获得较小的表面粗糙度。非铁金属零件的精车一般可采用较高的切削速度。

c. 合理选择切削液。低速精车钢件时可用乳化液，低速精车铸件时用煤油润滑。用硬质合金车刀进行切削时，一般不需使用切削液，如需使用，必须连续喷注。

为了保证加工的尺寸精度，应采用试切法车削。试切法的步骤如图 5.51 所示。

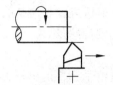
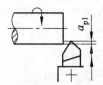

（a）开车对刀。手摇横向手柄，使车刀与工件表面轻微接触，并将此位置作为车刀切削深度的起点（记住手柄刻度）

（b）向右退出车刀（即用手摇动纵向手柄）

（c）按要求横向进给 a_{p1}。用手摇动横向手柄，从对刀得到的起点开始，转动一定刻线格数，使车刀向前移动到所需的切削深度 a_{p1}（每转一小格刀具前进 0.05 mm，工件直径上去掉 0.1 mm）

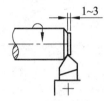
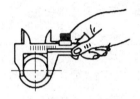
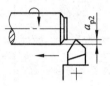

（d）试切 1～3 mm。用手摇动纵向手柄，向左 1～3 mm

（e）用手摇动纵向手柄，向右退出，停车，测量。如果发现尺寸不对，应重新调整切削深度

（f）调整切深至 a_{p2} 后，自动进给车外圆。经试切测量正确后，搬动纵向手柄自动走刀，进行切削

图 5.51　试切步骤

（5）刻度盘的原理和应用。

车削工件时，为了正确迅速地控制背吃刀量，可以利用中拖板上的刻度盘。中拖板刻度盘安装在中拖板丝杠上。当摇动中拖板手柄带动刻度盘转一圈时，中拖板丝杠也转了一圈。这时，固定在中拖板上与丝杠配合的螺母沿丝杠轴线方向移动了一个螺距。因此，安装在中拖板上的刀架也移动了一个螺距。如果中拖板丝杠螺距为 4 mm，当手柄转一周时，刀架就横向移动 4 mm。若刻度盘圆周上等分为 200 格，则当刻度盘转过一格时，刀架就移动了 4 mm/200=0.02 mm。

使用中拖板刻度盘控制背吃刀量时应注意的事项：

① 手柄摇过头后的纠正方法见图 5.52。

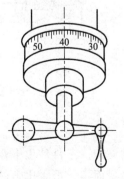
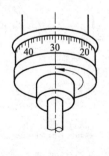

（a）要求转到 30，但转过头到了 40　（b）直接退到 30：错误　（c）反转约一周后，再转到 30：正确

图 5.52　手柄摇过头后的纠正方法

② 由于工件是旋转的，使用中拖板刻度盘时，车刀横向进给后的切除量刚好是背吃刀量的两倍，因此当工件外圆余量测得后，中拖板刻度盘控制的背吃刀量是外圆余量的 1/2，而小拖板的刻度值，则直接表示工件长度方向的切除量。

（6）纵向进给。

纵向进给到所需长度时，关停自动进给手柄，退出车刀，然后停车、检验。

（7）车外圆时的质量分析见表 5.7。

表 5.7　车外圆的质量分析

不合格产品的种类	产生不合格产品的可能因素
尺寸不正确	1. 车削时粗心大意，看错尺寸； 2. 刻度盘计算错误或操作失误； 3. 测量时不仔细，不准确
表面粗糙度不符合要求	1. 车刀刃磨角度不对； 2. 刀具安装不正确或刀具磨损，切削用量选择不当； 3. 车床各部分间隙过大
外径有锥度	1. 吃刀深度过大，刀具磨损； 2. 刀具或拖板松动； 3. 用小拖板车削时转盘下基准线不对准"0"线； 4. 两顶尖车削时床尾"0"线不在轴心线上； 5. 精车时加工余量不足

2）车端面

端面通常是零件长度方向尺寸的度量基准，要在工件上钻孔或钻中心孔时，一般也应先车端面。对工件的端面进行车削的方法叫车端面。车端面时常用偏刀或弯头车刀进行车削，如图 5.53 所示。

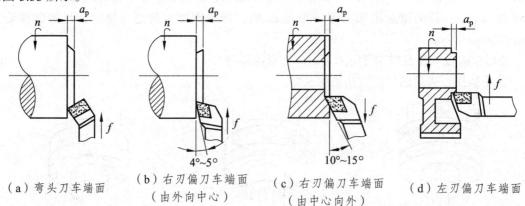

（a）弯头刀车端面　（b）右刃偏刀车端面　（c）右刃偏刀车端面　（d）左刃偏刀车端面
　　　　　　　　　　（由外向中心）　　　　（由中心向外）

图 5.53　车端面时常用的车刀及方式

端面的车削方法：车端面时，刀具的主刀刃要与端面有一定的夹角。工件伸出卡盘外部分应尽可能短些，车削时用中拖板横向走刀，走刀次数根据加工余量而定，可采用自外向中心走刀，也可以采用自圆心向外走刀的方法，但要求端面精度较高时，最后一刀可由中心向外切削。

车端面时应注意以下几点：

（1）车刀的刀尖应对准工件中心，以免在车出的端面中心留有凸台，如图 5.54 所示。

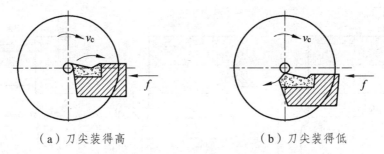

（a）刀尖装得高　　　　　　　　　（b）刀尖装得低

图 5.54　车端面产生凸台现象

（2）用偏刀车端面，刀尖强度低，散热差，刀具不耐用，切近中心时，应放慢进给速度。当背吃刀量较大时，容易扎刀[见图 5.53（b）]。背吃刀量 a_p 的选择：粗车时 $a_p=0.2 \sim 1$ mm；精车时 $a_p = 0.05 \sim 0.2$ mm。而用弯头车刀车端面，凸台是逐渐车掉的，所以较为有利[见图 5.53（a）]。

（3）端面的切削直径从外到中心是变化的，切削速度也在改变，从而会影响端面的表面质量，在计算切削速度时必须按端面的最大直径计算，因此工件转速比车外圆时应选择得大些。

（4）车直径较大的端面时，若出现凹心或凸肚，应检查车刀和方刀架是否锁紧，以及大拖板的松紧程度。此外，为使车刀准确地横向进给而无纵向松动，应将大拖板锁紧在床身上，用小拖板来调整切深。

（5）对于带孔的工件端面，常采用图 5.53（c）所示的右刃偏刀由中心向外进给，此时切削厚度小，刀刃有较大的前角，切削速度随进给逐渐增大，可降低端面粗糙度。当零件结构不允许用右刃偏刀时，可用图 5.53（d）所示的左刃偏刀车端面。

车端面的质量分析见表 5.8。

表 5.8　车端面的质量分析

不合格产品的种类	产生不合格产品的可能因素
端面不平，产生凸凹现象 或端面中心留"小头"	1. 车刀刃磨或安装不正确，刀尖没有对准工件中心； 2. 吃刀深度过大； 3. 车床纵向拖板间隙过大
表面粗糙度差	1. 车刀不锋利； 2. 手动走刀摇动不均匀或太快； 3. 自动走刀切削用量选择不当

3）车台阶

车台阶的方法与车外圆基本相同，但在车削时需兼顾外圆直径和台阶长度两个方向的尺寸要求，还必须保证台阶平面与工件轴线的垂直度要求。为保证车刀的主切削刃垂直于工件轴线，装刀时需用角尺对刀；为保证台阶长度符合要求，可用刀尖预先刻出线痕，作为加工的界限。

根据相邻两圆柱直径之差，台阶可分为低台阶（高度小于 5 mm）与高台阶（高度大于 5 mm）两种。车低台阶时，可一次走刀车出（可用主偏角为 90°的偏刀在车外圆时同时车出），如图 5.55（a）所示；车高台阶时，应分层进行切削，如图 5.55（b）所示。在最后一次纵向进给后应转为横向进给，将台阶面精车一次，如图 5.55（c）所示，偏刀主切削刃与纵向进给方向应成 95°左右。

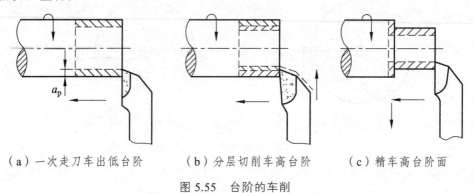

（a）一次走刀车出低台阶　　　（b）分层切削车高台阶　　　（c）精车高台阶面

图 5.55　台阶的车削

台阶长度尺寸的控制方法：

（1）台阶长度尺寸要求较低时可直接用大拖板刻度盘控制。

（2）台阶长度可用钢直尺或样板确定位置，如图 5.56（a）、5.56（b）所示。

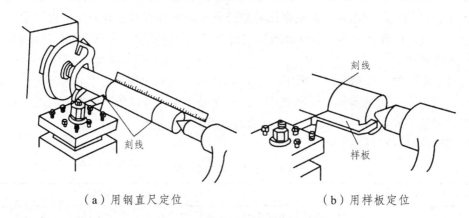

（a）用钢直尺定位　　　　　　　　　（b）用样板定位

图 5.56　台阶长度尺寸的控制方法

　　台阶的长度一般用钢直尺测量，长度要求精确的台阶常用游标卡尺或深度游标卡尺测量，如图 5.57 所示。

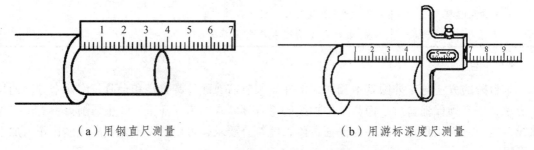

（a）用钢直尺测量　　　　　　　　（b）用游标深度尺测量

图 5.57　用钢直尺和游标深度尺测量长度

（3）台阶长度尺寸要求较高且长度较短时，可用小滑板刻度盘控制其长度。

车台阶的质量分析见表 5.9。

表 5.9 车台阶的质量分析

不合格产品的种类	产生不合格产品的可能因素
台阶长度不正确、不垂直、不清晰	1. 操作粗心，测量失误； 2. 自动走刀控制不当； 3. 刀尖不锋利，车刀刃磨或安装不正确
表面粗糙度差	1. 车刀不锋利； 2. 手动走刀摇动不均匀或太快； 3. 自动走刀切削用量选择不当

2. 切槽、切断、车成形面和滚花

1）切槽与切断

（1）切槽。

在工件表面上车沟槽的方法叫切槽。

① 常见的切槽种类。

在车床上常见的切槽种类按槽的形状分有外槽、内槽和端面槽，如图 5.58 所示。

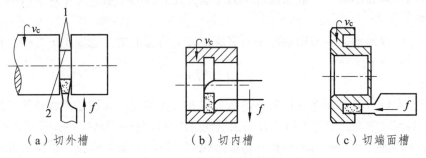

（a）切外槽   （b）切内槽   （c）切端面槽

图 5.58 常用的切槽种类

1—已加工表面；2—过渡表面

② 切槽刀的选择。

切槽与车端面很相似，切槽如同左、右偏刀同时车削左、右两个端面。因此，切槽刀具有一个主切削刃、两个副切削刃、两个刀尖和两个副偏角。为避免刀具与工件摩擦，应刃磨出 $\kappa = 1° \sim 2°$ 的副偏角和 $\alpha_0 = 0.5° \sim 1°$ 的后角。常选用高速钢切槽刀切槽，切槽刀的几何形状和角度如图 5.59 所示。

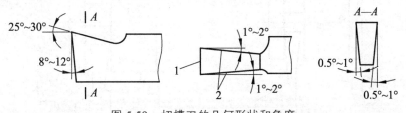

图 5.59 切槽刀的几何形状和角度

1—主切削刃；2—副切削刃

③ 切外槽的方法。

车削精度不高的和宽度较窄（小于 5 mm）的矩形沟槽，即车削窄槽时，可以用主切削刃

宽度等于槽宽的切槽刀，采用直进法，在横向进刀中一次直接切出，如退刀槽；精度要求较高的，一般分两次车成。

车削宽槽时，可用多次直进法切削，先把槽的大部分余量切去，在槽的两侧和底部留出精车余量，如图 5.60（a）、（b）所示，最后一次横向进给后，再纵向进给精切槽底，如图 5.60（c）所示。

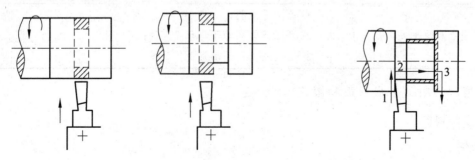

（a）第一次横向进给　　（b）第二次横向进给　（c）最后一次横向进给后，再纵向进给精切槽底

图 5.60　切槽宽的方法

车削较小的圆弧形槽，一般用成形车刀车削；较大的圆弧槽，可用双手联动车削，用样板检查修整。

车削较小的梯形槽，一般用成形车刀完成；较大的梯形槽，通常先车直槽，然后用梯形刀直进法或左右切削法完成。

（2）切断。

所有零件车好后都必须将其切断，切断与切外槽相类似，区别是，切外槽刀具没有横向进给至工件的回转中心，而切断时刀具必须横向进给至工件的回转中心，直到切断工件。

切断要用切断刀。切断刀的形状与切槽刀相似，但因刀头窄而长，很容易折断。常用的切断方法有直进法和左右借刀法两种，如图 5.61 所示。直进法常用于切断铸铁等脆性材料；左右借刀法常用于切断钢等塑性材料。当切断工件的直径较大时，切断刀刀头较长，散热条件差，强度低，排屑困难，刀具易折断。因此，往往将切断刀刀头的高度加大，以增加强度；将主切削刃两边磨出斜刃，以利于排屑。

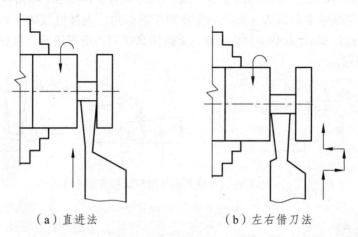

（a）直进法　　　　　　　　（b）左右借刀法

图 5.61　切断的方法

切断时应注意以下几点：

① 切断一般在卡盘上进行，如图 5.62 所示。工件的切断处应距卡盘较近（$a<D$），避免在顶尖安装的工件上切断。

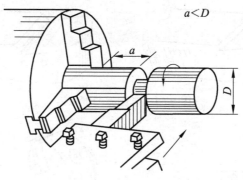

图 5.62　在卡盘上切断

② 装刀必须正确。切断刀的对称线必须与工件轴线垂直；切断刀主刀刃必须与工件中心等高，否则切断处将剩有凸台，且刀头也容易损坏，如图 5.63 所示。

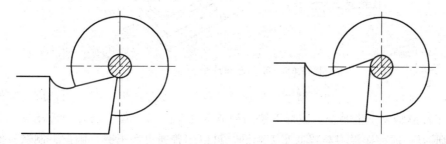

（a）切断刀安装过低，不易切削　（b）切断刀安装过高，刀具后面顶住工件，刀头易被压断

图 5.63　切断刀刀尖与工件中心不等高带来的问题

③ 切断刀伸出刀架的长度不要过长，进给要缓慢均匀。切断时应降低切削速度，一般在 16 m/min 左右；进给量要选择适当，操作时用手动来控制，手动进给要均匀；即将切断时，必须放慢进给速度，以免折断刀头。

④ 切断钢件时最好使用切削液，以减小刀具磨损。切断铸铁件时一般不加切削液，但必要时可用煤油进行冷却润滑。切直径较大的工件，为了及时散热，可在切削过程中加冷却液，延长切断刀的使用寿命。

⑤ 两顶尖安装的工件切断时，不能直接切到中心，以防车刀折断，工件飞出。

⑥ 所切槽宽应大于刀宽，车削时配合手动横向、纵向进给。

⑦ 切断刀必须保持主刀刃锋利，如发现有磨钝现象应及时刃磨。

2）车成形面

在车床上加工轴向剖面呈曲线形特征的零件表面叫作车成形面，如车削手柄、手轮、球的表面等。

车成形面的常用方法有成形法、靠模法、双手控制法。下面分别介绍这三种加工成形面的方法：

（1）成形法车成形面。

成形法是将车刀的刀刃磨成与工件表面形状相同的样板刀，车削时样板刀一般只做横向进给，就可以加工出成形面。图 5.64 所示为车圆弧的样板刀，图 5.65 所示为成形法车成形面。

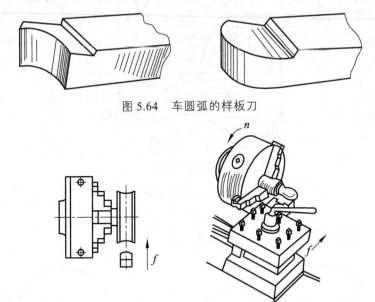

图 5.64　车圆弧的样板刀

图 5.65　成形法车成形面

应用成形刀车削成形面，其加工精度主要靠刀具保证。安装成形刀时，刃口应与工件中心同高，否则工件形状要发生畸变。成形刀法的种类主要有：

① 普通成形刀：这种样板刀与普通车刀相同，可以用普通方法刃磨，因此，制造方便，但精度较低。

② 棱形成形刀：这种成形刀由刀头和刀杆组成，刀头的刃口按工件的形状刃磨，后部有燕尾，安装在刀杆的燕尾槽中，用螺钉紧固。这种成形刀，重磨次数多，但制造较复杂。

③ 圆形成形刀：这种成形是用一个圆轮制成并安装在弹簧刀杆上。为防止切削时圆轮转动，在侧面做出端面齿（小直径圆形样板刀可不做出端面齿，靠端面紧固后的摩擦力防止圆轮转动。在圆轮上开有缺口，使它具有前面，并形成刀刃，为形成后角，刃口要比圆轮中心低一点。

由于成形法车成形面时，刀刃与工件的接触面越来越大，最终使整个主刀刃都参加切削，所以切削抗力较大，易出现振动和工件移位。为防止振动，工件必须夹紧，采用较小的切削速度和走刀量；也可采用双手控制两个方向的手柄，左右移动进行，以减少振动。

这种方法操作简单，生产效率高，但刀具刃磨较困难，车削时容易振动。故只用于批量较大的生产中，车削刚性好，长度较短且较简单的成形面。若参与切削的切削刃较长，切削力大，则要求机床、工件和刀具均应有足够的刚度，同时应采用较小的进给量和切削速度。成形面的加工精度取决于成形车刀的刃磨质量。

（2）靠模法车成形面。

靠模安装在床身后面，靠模上有一曲线沟槽，其形状与工件母线相同，连接板一端固定在中拖板上，另一端与曲线沟槽中的滚柱连接，当大拖板纵向移动时，滚柱即沿靠模的曲线沟槽移动，从而带动中拖板和车刀做曲线走刀而车出成形面。

如图 5.66 所示为靠模法加工手柄的成形面。车削前应将小拖板转 90°，以便用它做横向移动，调整车刀位置和控制切深。车削时刀架的横向拖板已经与丝杠脱开，其前端的连接板上装有滚柱。当大拖板纵向走刀时，滚柱即在靠模的曲线槽内移动，从而使车刀刀尖也随着做曲线移动，即可车出手柄的成形面。当靠模的槽为直槽时，将靠模扳转一定角度，即可用于车削锥度。

这种方法操作简单，生产率较高，但需制造专用靠模，因此多用于大批量生产中车削长度较大、形状较为简单的成形面。

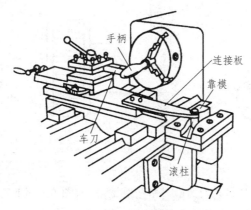

图 5.66　用靠模法车削成形面

（3）双手控制法车成形面。

单件加工成形面时，通常采用双手控制法车削成形面，即用双手同时摇动小拖板手柄和中拖板手柄，并通过双手协调的动作，把纵向和横向的进给运动合成为一个运动，使刀尖走过的轨迹与所要求的成形面的曲线相符合，如图 5.67 所示。加工过程中通常需要多次用样板来检测，如图 5.68 所示。

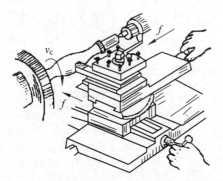

图 5.67　用双手控制纵、横向进给车成形面

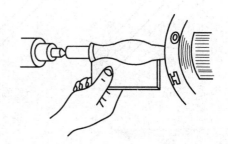

图 5.68　用样板检测成形面

这种方法的优点是不需要其他辅助工具；操作技术灵活、方便、简单易行；成形面的大小和形状一般不受限制。缺点是生产率低，需要较高的操作技术水平；加工精度不高。用此法加工的工件表面粗糙度 Ra 为 3.2 ~ 12.5 μm。一般在车削后要用锉刀仔细修整，最后再用砂布抛光。多用于单件、小批生产。

3）滚花

滚花是用特制的滚花刀来挤压工件，使其表面产生塑性变形而形成花纹，如图 5.69 所示。各种工具和机器零件的手握部分，为了增加摩擦力便于握持和使零件表面美观，常常在零件表面上滚出各种不同的花纹。如千分尺的微分筒、活顶尖的手握外圆部分、铰杠扳手以及游标尺上的螺钉等。滚花花纹一般有直纹和网纹两种，如图 5.70 所示。工件上的花纹形状由滚花刀滚出，滚花刀分为单轮式、双轮式和六轮式三种。单轮式只能滚出一种直纹。双轮式能滚出一种网纹，六轮式可以滚出粗、中、细三种不同节距的网纹。

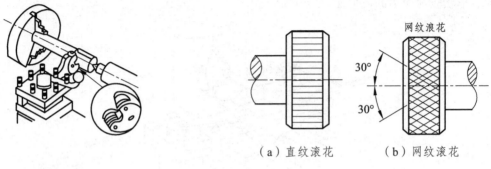

图 5.69　滚花 　　　　　（a）直纹滚花 　　（b）网纹滚花

图 5.70　滚花型式

滚花刀也分直纹滚花刀[图 5.71（a）]和网纹滚花刀[图 5.71（b）、（c）]。滚花刀安装在方刀架上，滚花前应将滚花部分的直径车削得比工件所要求的尺寸小 0.15 ~ 0.80 mm，然后将滚花刀的表面与工件平行接触，并且要使滚花刀的中心与工件的中心相一致。开车后须用较大的压力进刀，使工件表面刻出较深的花纹，否则容易产生乱纹。打开纵向自动走刀来回滚压 1 ~ 2 次，直到花纹滚好为止。滚花时，滚花刀径向挤压一定深度后，再进行纵向进给。为避免研坏滚花刀和防止细屑滞塞在滚花刀内而产生乱纹，应充分供给冷却、润滑液并及时清除切屑。滚花的径向挤压力很大，因此加工时，工件的转速要低些，一般应选择切削速度小于 8 m/min。

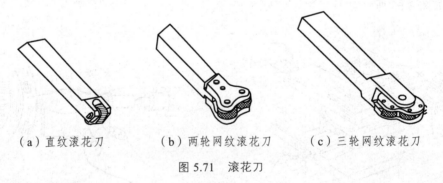

（a）直纹滚花刀　　　（b）两轮网纹滚花刀　　　（c）三轮网纹滚花刀

图 5.71　滚花刀

3. 车圆锥面

圆锥面配合紧密，拆卸方便，而且多次拆卸仍能保证精确的对中性。因此，圆锥面配合广泛用于要求定位准确，能传递一定扭矩和经常拆卸的配合件上，如车床主轴锥孔与顶尖，钻头锥柄与车床尾座筒锥孔等。圆锥面分为外锥面和内锥面。圆锥面的尺寸和参数如图 5.72 所示。将工件车削成圆锥表面的方法称为车圆锥。常用车削圆锥面的方法有宽刀法、转动小刀架法、偏移尾座法、靠模法等几种。

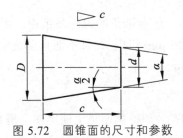

图 5.72　圆锥面的尺寸和参数

1）宽刀法

车削较短的圆锥时，可以用宽刃刀直接车出（刀架作横向或纵向进给均可以），如图 5.73 所示。其工作原理实质上是属于成形法，所以要求切削刃必须平直，前后刀面应用油石打磨使表面粗糙度 Ra 达 0.1 μm；安装时应使切削刃与工件回转轴线（主轴轴线）的夹角等于工件圆锥半角 $\alpha/2$。同时要求车床有较好的刚性，否则易引起振动。当工件的圆锥斜面长度大于切削刃长度时，可以用多次接刀方法加工，但接刀处必须平整。此法加工迅速，尤其适用于大批量生产，能加工任意角度的内外圆锥面，但是加工的圆锥面不能太长否则容易振动，造成表面波纹，使粗糙度增高。加工的工件表面粗糙度 Ra 为 1.6～3.2 μm。

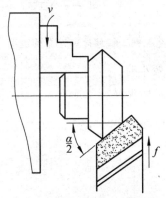

图 5.73　宽刀法车削圆锥面

2）转动小刀架法

当加工锥度较大和长度较短的内外圆锥面时，可用转动小刀架法车削。车削时，将小滑板下面转盘上的螺母松开，将刀架和小拖板绕转盘轴线转至所需要的圆锥半角 $\alpha/2$ 的刻线上，与基准零线对齐，然后固定转盘上的螺母（如果锥角不是整数，可在锥角附近估计一个值，试车后逐步找正）。加工时，转动小拖板手柄，将车刀沿锥面的母线移动，即可加工出圆锥面，如图 5.74 所示。

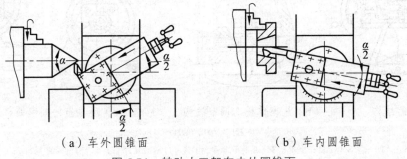

（a）车外圆锥面　　　　　　　　　　（b）车内圆锥面

图 5.74　转动小刀架车内外圆锥面

此法调整、操作简单，可加工任意锥角的内外圆锥面，因此应用广泛。但加工长度受小拖板行程的限制（行程只能在 113 mm 以内），且不能自动进给，粗糙度较高。此法加工的工件表面粗糙度 Ra 为 3.2～12.5 μm。

3）偏移尾座法

偏移尾座法具体的操作过程是：调整尾座顶尖使尾座上滑板横向偏移一个距离 s，使工件的旋转轴线（偏位后的两顶尖连线）与机床主轴轴线（偏移前两顶尖的中心线）相交成一个 α/2 角度，利用车刀的自动纵向进给，车出所需圆锥面，如图 5.75 所示。尾座的偏移量与工件的总长有关，其大小可用下列公式计算：

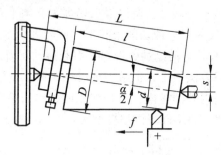

图 5.75　偏移尾座法车圆锥面

尾座偏移量为 $s=L\sin\alpha$，当 α 较小时，

$$s=L\tan\alpha=L(D-d)/(2l)$$

式中　　s——尾座偏移量；

l——工件锥体部分长度；

L——工件总长度；

D——锥体大头直径；

d——锥体小头直径。

由于受到尾座偏移量的限制，此法较适宜车削锥度小，锥形部分较长的外圆锥面，不能加工内锥面；可以自动走刀；精确调整尾座偏移量比较耗费工时，因而除车大批量工件外，一般很少用它；加工的工件表面粗糙度 Ra 为 1.6～6.3 μm。

尾座的偏移方向取决于工件的锥体方向。当工件的小端靠近尾座时，尾座应向里移动，反之，尾座应向外移动。尾座的结构及横向调节机构如图 5.76（a）、（b）所示。

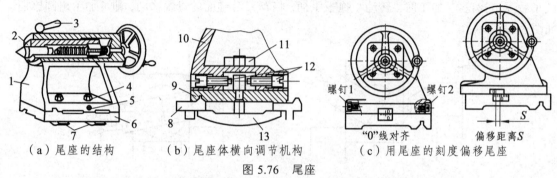

（a）尾座的结构　　　　（b）尾座体横向调节机构　　　（c）用尾座的刻度偏移尾座

图 5.76　尾座

1，10—尾座体；2—套筒；3—套筒锁紧手柄；4，11—固定螺钉；5，12—调节螺钉；

6，9—底座；7，13—压板；8—床身导轨尾座的尾座体可沿底板的导轨作垂直于机床导轨的横向移动，用来校正中心或偏移一定距离车削小角度锥面，如图 5.76（c）所示。即偏移尾座也就是使套筒的轴线与主轴的轴线不重合就可以车出狭长的小角度的锥体。

4）靠模法

如图 5.77 所示，靠模板装置是在车床上加工圆锥面的附件。对于较长的外圆锥面和圆锥孔，当其精度要求较高而且批量又较大时常采用靠模板法加工圆锥面。一般靠模板装置的底座固定在床身的后面，底板上面装有锥度靠模板，靠模板可以绕中心轴旋转到与工件轴线相交成锥面斜角 α/2（靠模板与机床主轴轴线所夹的角度，就是工件锥面的斜角 α/2），靠模板槽内有一块滑块，它可在靠模板槽内滑动，而滑块又用螺钉压板和中拖板固定在一起，为了使中拖板自由地滑动，必须将中拖板丝杆和螺母脱开，这样，当大拖板作纵向进给时，滑块就沿着靠模板滑动，而滑块与中拖板和刀架相连接，使车刀平行于靠模板运动，从而车出所需的圆锥表面。为了便于调整切削深度，小拖板必须转过 90°。

车圆锥面的质量分析见表 5.10。

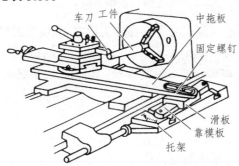

图 5.77　用靠模板车削圆锥面

表 5.10　车圆锥面的质量分析

不合格产品的种类	产生不合格产品的可能因素
锥度不准确	1. 计算上的误差； 2. 小拖板转动角度和尾座偏移量偏移不精确； 3. 车刀、拖板、尾座没有固定好，在车削中位置有移动； 4. 工件的表面粗糙度太差，量规或工件上有毛刺或没有擦干净，导致检验和测量的误差
表面粗糙度不合要求（注意：配合锥面一般精度要求较高，表面粗糙度不高，往往会造成废品）	1. 切削用量选择不当； 2. 车刀磨损或刃磨角度不对； 3. 没有进行表面抛光或者抛光余量不够； 4. 用小拖板车削锥面时，手动走刀不均匀； 5. 机床的间隙大，工件刚性差
锥度准确而尺寸不准确	1. 粗心大意； 2. 测量不及时不仔细； 3. 进刀量控制不好，尤其是最后一刀没有掌握好进刀量
圆锥母线不直	圆锥母线不直是指锥面不是直线，锥面上产生凹凸现象或是中间低、两头高。 主要原因是车刀安装没有对准中心

4. 孔加工

在车床上可以用钻头、扩孔钻头、铰刀和镗刀进行钻孔、扩孔、铰孔和镗孔。

1）钻孔

利用钻头将实心工件钻出孔的方法称为钻孔。在车床上钻孔如图 5.78 所示，工件装夹在卡盘上，钻头安装在尾架套筒锥孔内。工件旋转为主运动，摇动尾座手柄使钻头纵向移动为进给运动。

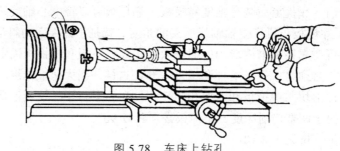

图 5.78　车床上钻孔

（1）钻头的材料是用高速钢制作的，特殊钻头也有 45 钢作刀杆，上面焊硬质合金刀头。钻头的工作部分是由一个横刃、二个主刀刃、二个棱刃、前刃面、后刃面和排屑槽组成；钻头的尾部是夹持部分；钻头有两种：一种是直柄，用钻头夹来装夹；另一种是锥柄，直接套在尾座套筒内。

（2）操作。

钻孔时为防止钻偏，便于钻头定中心，要先将工件端面车平，而且最好在端面处车出小坑或用中心钻钻出中心孔作为钻头的定位孔。

钻头装在尾架上，要注意尾架的中心必须对准主轴的中心，然后再调整尾架的距离位置，使钻头既能送到所需长度，又不致使套筒伸得太长，防止尾座套筒超位脱出。调整完毕即将尾架固定在导轨上。

钻削速度一般为 $v = 0.4$ m/s 左右，在切削过程中，会产生热量，如不及时散发，钻头往往会发热而退火，因此，钻削碳素钢过程中需加冷却液。冷却液既能带走刀具和工件的大量热量，并且对钻头起润滑作用，减少阻塞，便于排屑。

在开始钻削时，摇动尾座手柄进给宜慢，以便钻头准确钻入工件，然后加大送进量。在钻小孔或钻深孔过程中，由于铁屑不易排出，须经常退出钻头，刷掉排屑槽内的铁屑，否则会因铁屑堵塞而使钻头"咬死"或折断。

当钻头将要钻通工件时，由于钻头横刃首先钻出，因此轴向阻力大减，这时必须降低进给速度，否则钻头容易被工件卡死，造成锥柄在床尾套筒内打滑而损坏锥柄和锥孔。

当所钻的孔径 D 小于 30 mm 时，可一次钻成；若孔径大于 30 mm，可分两次钻成。第一次取钻头直径为（$0.5 \sim 0.7$）D，第二次取钻头直径为 D。钻小孔时，车床转速应选择快些，钻头的直径越大，钻速应更慢。

（3）钻孔后的尺寸精度为 IT13 ~ IT10，表面粗糙度 Ra 为 12.5，多用于粗加工。

2）扩孔

扩孔是在钻孔后用扩孔钻进行半精加工（见图 5.79）。扩孔的精度为 IT9 ~ IT10，表面粗

糙度 Ra 为 3.2 ~ 6.3 μm，加工余量为 0.5 ~ 2.0 mm。

3）铰孔

铰孔是在扩孔或半精镗的基础上用铰刀进行的精加工（见图 5.80）。铰孔的精度为 IT7 ~ IT8，表面粗糙度 Ra 为 0.8 ~ 1.6 μm，加工余量为 0.1 ~ 0.3 mm。

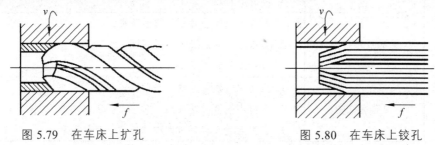

图 5.79　在车床上扩孔　　　　　图 5.80　在车床上铰孔

4）镗孔

在车床上对工件的孔进行车削的方法叫镗孔（又叫车孔）。镗孔是用镗刀对已经铸出、锻出和钻出的孔做进一步加工，以扩大孔径，提高精度，降低表面粗糙度和纠正原孔的轴线偏斜。镗孔可以作粗加工，也可以作精加工；镗孔可分为粗镗、半精镗和精镗。精镗的精度为 IT6 ~ IT8，表面粗糙度 Ra 为 0.8 ~ 1.6 μm。镗孔分为镗通孔和镗不通孔（盲孔），镗孔及所用的镗刀如图 5.81 示，刀杆的长度 d 应稍大于孔深。镗通孔基本上与车外圆相同，只是进刀和退刀方向相反。粗镗和精镗内孔时也要进行试切和试测，其方法与车外圆相同。注意通孔镗刀的主偏角为 45° ~ 75°，不通孔车刀主偏角为大于 90°。

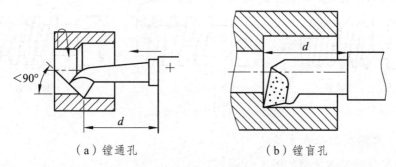

（a）镗通孔　　　　　　　（b）镗盲孔

图 5.81　镗孔

镗刀杆应尽可能粗，伸出刀架的长度应尽可能小，以免颤动。刀杆中心线应大致平行于纵向进给方向。镗孔时因刀杆细、刀头散热体积小且不加切削液，所以切削用量应比车外圆时小。

镗孔的质量分析见表 5.11。

表 5.11　镗孔的质量分析

不合格产品的种类		产生不合格产品的可能因素
尺寸精度 达不到要求	孔径大于要求尺寸	1. 镗孔刀安装不正确； 2. 刀尖不锋利； 3. 小拖板下面转盘基准线未对准 "0" 线； 4. 孔偏斜、跳动，测量不及时

不合格产品的种类		产生不合格产品的可能因素
尺寸精度达不到要求	孔径小于要求尺寸	1. 刀杆细造成"让刀"现象； 2. 塞规磨损或选择不当； 3. 绞刀磨损以及车削温度过高
几何精度达不到要求	内孔成多边形	1. 车床齿轮咬合过紧，接触不良； 2. 车床各部间隙过大； 3. 薄壁工件装夹变形
	内孔有锥度	1. 主轴中心线与导轨不平行； 2. 使用小拖板时基准线不对； 3. 切削量过大或刀杆太细造成"让刀"现象
表面粗糙度达不到要求		1. 刀刃不锋利，角度不正确； 2. 切削用量选择不当； 3. 冷却液不充分

5. 车螺纹

将工件表面车削成螺纹的方法称为车螺纹。螺纹的应用很广，种类很多，按牙型分有三角螺纹、矩形螺纹和梯形螺纹等（见图 5.82），三角螺纹用于连接和紧固，矩形螺纹和梯形螺纹用于传动；按旋向分有右旋螺纹和左旋螺纹；按螺旋线的条数分有单线螺纹和多线螺纹。其中以单线右旋的普通螺纹即普通公制三角螺纹应用最广。

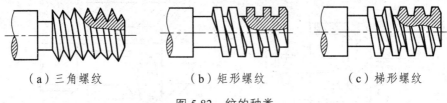

（a）三角螺纹　　　　　（b）矩形螺纹　　　　　（c）梯形螺纹

图 5.82　纹的种类

1）普通三角螺纹的基本牙型

普通三角螺纹的基本牙型如图 5.83 示。

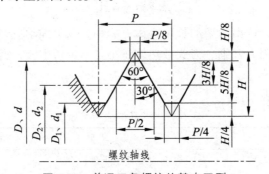

图 5.83　普通三角螺纹的基本牙型

D—内螺纹大径；d—外螺纹大径；D_2—内螺纹中径；d_2—外螺纹中径；D_1—内螺纹小径；d_1—外螺纹小径；
P—螺距；H—原始三角形高度

大径 $D(d)$ 是与外螺纹牙顶或内螺纹牙底相重合的假想圆柱面的直径，是螺纹的公称直径。

2）决定螺纹的三个基本要素

（1）螺纹的三个基本要素。

① 螺距 P：相邻两牙在中径线上相应两点间的轴向距离。

② 牙型角 α：螺纹轴向剖面内螺纹牙型两侧面的夹角。公制三角螺纹的牙型角为 60°，英制三角螺纹的牙型角为 55°。

③ 中径 $D_2(d_2)$：通过螺纹牙厚和槽宽相等处的一个假想圆柱体的直径。只有内、外螺纹中径都一致时，两者才能很好地配合。

相配合的内、外螺纹，其旋向与线数必须一致；除此以外，螺母（内螺纹）与螺杆（外螺纹）的上述三个基本要素也要相同。公制三角螺纹，国家对其有统一的标准，如 M16 即为粗牙普通单线螺纹，公称直径为 16 mm，螺距为 2 mm，精度为 3 级，右旋螺纹。

（2）车削螺纹时如何保证其三个基本要素。

由于配合质量的高低主要取决于上述三个基本要素的精度，因此，加工中必须保证这三个基本要素精度。

① 螺距 P 的精度保证。

螺距精度的好坏取决于机床传动系统精度的高低，螺距的大小通过更换交换齿轮确定，同时要防止乱牙。

a. 刀具与工件间的相对运动要求。

C6132 型车床车螺纹的传动关系如图 5.84 示。主轴带动工件旋转，丝杠副带动刀具纵向移动。主轴与丝杠之间通过换向机构齿轮、交换齿轮和进给箱连接起来。

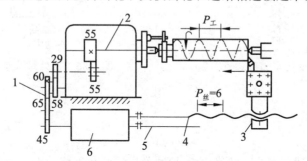

图 5.84　车螺纹的传动关系示意图

1—交换齿轮；2—主轴；3—开合螺母；4—丝杠；5—光杠；6—进给箱

车螺纹时保证螺距的基本要求是：工件旋转一周，车刀要准确移动一个螺距，也就是保证下列关系：

$$n_{丝} \cdot P_{丝} = n_{工} \cdot P_{工}$$

即丝杠与工件之间的传动比

$$i = \frac{n_{丝}}{n_{工}} = \frac{P_{工}}{P_{丝}}$$

式中　$n_{丝}$，$n_{工}$——丝杠、工件的转速，r/min；

　　　　$P_{丝}$，$P_{工}$——丝杆、工件的螺距，mm。

b. 避免乱牙。

车削螺纹需要经过多次的纵向走刀才能完成。在多次切削中，必须保证车刀总是落在已切的螺纹槽中，否则就会"乱牙"，导致工件报废。

当车床丝杠螺距与工件螺距的比值 $P_丝/P_工$ 为整数时，不会产生乱牙现象。只有 $P_丝/P_工$ 不为整数时，才可能出现乱牙。

采用开正反车法车螺纹，每次进给结束，车刀退离切削后，立即开反车（即主轴反退）退刀，在车出合格螺纹前，开合螺母与丝杠一定要始终保持啮合，否则易造成乱牙。

② 牙型角 α 的精度保证取决于车刀的刃磨和安装。

a. 正确刃磨车刀。

刃磨后两侧刃的夹角应等于螺纹轴向剖面的牙型角 α，且应使前角 $\gamma_0=0°$。粗车或精度要求较低的螺纹，车刀常常有 5°~15° 的正前角，以使切削顺利。车刀刃磨的要求如图 5.85 所示。

b. 正确安装车刀。

安装螺纹车刀时，刀尖必须与工件旋转轴线等高，刀尖角的平分线必须与工件轴线垂直，采用对刀样板对刀，如图 5.86 所示。

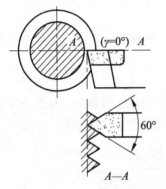

图 5.85　螺纹车刀的刃磨角度

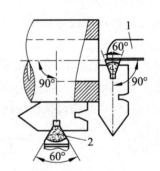

图 5.86　内外螺纹车刀的对刀方法

1—内螺纹车刀；2—外螺纹车刀

3）车削外螺纹的方法与步骤

（1）准备工作。

① 按螺纹规格车螺纹外圆，并按所需长度刻出螺纹长度终止线。车外螺纹时，先将轴的直径车到比大径小 0.1~0.2 mm，然后用刀尖在工件上的螺纹终止处刻一条微可见线，以它作为车螺纹的退刀标记。

② 安装螺纹车刀。安装螺纹车刀时，车刀的刀尖角等于螺纹牙型角 $\alpha=60°$，其前角 $\gamma_0=0°$ 才能保证工件螺纹的牙型角，否则牙型角将产生误差。只有粗加工或螺纹精度要求不高时，其前角可取 $\gamma_0=5°~20°$，如图 5.87（a）所示。安装螺纹车刀时，将对刀样板的一边靠在工件表面上，使之与工件轴线平行，并把刀具对准样板的角度，使螺纹的牙型角不至于倾斜，以保证刀尖角的角平分线与工件的轴线相垂直，车出的牙型角才不会偏斜，并且必须同时保证刀尖与工件中心等高，如图 5.87（b）所示。

③ 根据工件的螺距 P，查机床进给箱上的铭牌，可查出挂轮和手柄的位置，然后调整进给箱上手柄位置及配换挂轮箱齿轮的齿数，以获得所需要的工件螺距。

④ 确定主轴转速。初学者应将车床主轴转速调到最低速，一般不超过 100 r/min。

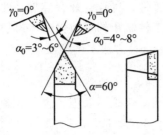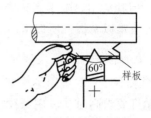

（a）螺纹车刀的几何角度　　　　　　（b）用样板对刀

图 5.87　螺纹车刀及安装

（2）车螺纹。

① 确定车螺纹切削深度的起始位置。开车对刀，使车刀刀尖轻微与工件表面接触后，记下横向手柄的刻度，以便于进刀记数，向右退出车刀，如图 5.88（a）所示。

② 试切第一条螺旋线并检查螺距。将床鞍摇至离工件端面 8～10 牙处，横向进刀 0.05 mm 左右。开车，合上开合螺母，使刀尖在工件表面车出一条螺旋线，到螺纹长度终止线处横向退出车刀，如图 5.88（b）所示；开反车把车刀退到工件右端，停车，用钢尺检查螺距是否正确，如图 5.88（c）所示。

③ 开始车削螺纹。利用刻度盘调整背吃刀量，每次切深 0.1～0.2 mm，开车切削，如图 5.88（d）所示。

④ 车刀快到终点时，应做好退刀和停车准备。车刀一到终点，先快速退出车刀，然后立即开反车，使车刀退回到工件的右端，如图 5.88（e）所示。

⑤ 再次横向进刀，继续切削，直至将螺纹加工完毕，如图 5.88（f）所示。螺纹的总背吃刀量 a_p 与螺距的关系按经验公式 $a_p \approx 1.082\ 6P$。螺纹加工完后，首先打开开合螺母，然后脱开丝杆传动。

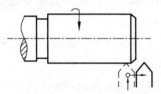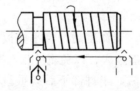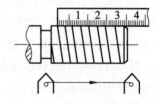

（a）开车，使车刀与工件轻微接触，记下刻度盘读数。向右退出车刀

（b）合上对开螺母，在工件表面车出一条螺旋线。横向退出车刀，停车

（c）开反车使车刀退到工件右端，停车。用钢尺检查螺距是否正确

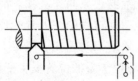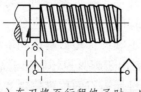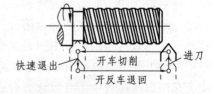

（d）利用刻度盘调整切深。开车切削，车钢料时加机油润滑

（e）车刀将至行程终了时，应做好退刀停车准备。先快速退出车刀，然后停车。开反车退回刀架

（f）再次横向切入，继续切削。其切削过程的路线如图所示

图 5.88　车螺纹的方法与步骤

除上述车螺纹的方法外，还有一种提开合螺母的方法车螺纹，即当车刀加工到螺纹终点时，提起开合螺母，横向退刀后，用手动纵向退出工件，再合上开合螺母。此方法的优点是生产效率较高，但其应用只限于当车床丝杆螺距是工件螺距的整数倍时才可使用，否则会乱扣。由于这种方法难以掌握，所以实习过程中不采用这种方法车削螺纹。

4）螺纹精度的检测

螺纹精度要求不高时，可用螺帽配合来检查，当配合既不太松，也不太紧时，就表明螺纹合格。螺纹精度要求高时，可用螺纹量规或螺纹千分尺测量。

如图 5.89 所示为螺纹量规。如果通规（端）能拧进，而止规（端）拧不进，则螺纹合格。这种方法属于综合测量，除检验中径外，还同时检验牙型和螺距。

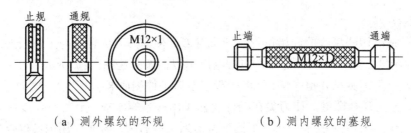

（a）测外螺纹的环规　　　　（b）测内螺纹的塞规

图 5.89　螺纹量规

5）螺纹车削注意事项

（1）注意和消除拖板的"空行程"。

（2）对刀：对刀前先要安装好螺纹车刀，然后按下开合螺母，开正车（注意应该是空走刀）停车，移动中、小拖板使刀尖准确落入原来的螺旋槽中（不能移动大拖板），同时根据所在螺旋槽中的位置重新做中拖板进刀的记号，再将车刀退出，开倒车，将车退至螺纹头部，再进刀。对刀时一定要注意是正车对刀。

（3）横向进刀时，刻度要记清、记牢，不能记错。切削深度不要太大，否则会使车刀受力过大，引起"扎刀"，造成刀尖损坏，工件顶弯。

（4）借刀：借刀就是螺纹车削到一定深度后，将小拖板向前或向后移动一点距离再进行车削，借刀时注意小拖板移动距离不能过大，以免将牙槽车宽造成"乱扣"。

（5）使用两顶针装夹方法车螺纹时，工件卸下后再重新车削时，应该先对刀，后车削，以免"乱扣"。

（6）避免"乱扣"。当第一条螺旋线车好以后，第二次进刀后车削，刀尖不在原来的螺旋线（螺旋桩）中，而是偏左或偏右，甚至车在牙顶中间，将螺纹车乱的现象叫作乱扣。简而言之，乱扣就是第二次切削与第一次切削的螺旋线不重合，原因是切削过程中，刀具的位置移动了。导致乱扣的主要原因是操作不熟练，将刀具撞到工件上，或退刀时撞在了尾架上，使车刀与工件相对位置发生变化；或者由于刀具损坏后卸下重新换刀使车刀的位置发生变化；或者车削螺纹过程中无意提起开合螺母使车刀的位置发生变化。因此，为避免乱扣需重新对刀，其方法是开车后移动小拖板，使刀尖与螺旋线重合。

（7）车到螺纹终点时，横向退刀与主轴反转须同时进行，如果车刀没有退出就反转，刀尖会被损坏。

（8）安全注意事项：

①车螺纹前先检查好所有手柄是否处于车螺纹位置，防止盲目开车；

②车螺纹时要思想高度集中，动作要果断、迅速，反应灵敏；

③用高速钢车刀车螺纹时，主轴转速不能太快，以免刀具磨损；

④开正车或开反车时，注意刀架、拖板不要撞到卡盘和尾座；

⑤不能用手去摸螺纹表面，特别是直径小的内螺纹，否则会把手指旋入螺纹内而造成严重事故；

⑥旋螺母时，应将车刀退离工件，防止车刀将手划破，不要开车旋紧或者退出螺母。

6）车螺纹的质量分析

车削螺纹时产生废品的原因及预防方法如表 5.12 所示。

表 5.12　车削螺纹时产生废品的原因及预防方法

废品种类	产生原因	预防方法
直径尺寸不对	1. 车外螺纹前的直径不对； 2. 车内螺纹前的孔径不对； 3. 车刀刀尖磨损； 4. 螺纹车刀切深过大或过小	1. 根据计算尺寸车削外圆直径； 2. 根据计算尺寸车削内孔直径； 3. 经常检查车刀，并及时修磨； 4. 车削时严格控制螺纹切入深度
螺距不正确	1. 挂轮在计算或搭配时错误； 2. 进给箱手柄位置放错； 3. 车床丝杠和主轴窜动； 4. 开合螺母塞铁松动	1. 和 2. 车削螺纹时先车出很浅的螺旋线检查螺距是否正确； 3. 调整好车床主轴和丝杠的轴向窜动量； 4. 调整好开合螺母塞铁，必要时在手柄上挂上重物
牙型不正确	1. 车刀安装不正确，产生半角误差； 2. 车刀刀尖角刃磨不正确； 3. 刀具磨损	1. 用样板对刀； 2. 正确刃磨和测量刀尖角； 3. 合理选择切削用量和及时修磨车刀
螺纹表面不光洁	1. 切削用量选择不当； 2. 切屑流出方向不对； 3. 产生积屑瘤拉毛螺纹侧面； 4. 刀杆刚性不够产生振动	1. 高速钢车刀车螺纹的切削速度不能太大，切削厚度应小于 0.06 mm，并加切削液；硬质合金车刀高速车螺纹时，最后一刀的切削厚度要大于 0.1 mm； 2. 切屑要垂直于轴心线方向排出； 3. 及时检查是否产生积屑瘤； 4. 刀杆不能伸出过长，并选粗壮刀杆
扎刀和顶弯工件	1. 车刀径向前角太大； 2. 工件刚性差，而切削用量选择太大	1. 减小车刀径向前角，调整中滑板丝杆螺母间间隙； 2. 合理选择切削用量，增加工件装夹刚性

5.3.2　车削工艺实训科目

一个技术要求相同的零件，可以采用几种不同的工艺过程来加工，但其中只有一种工艺过程在给定的条件下是最合理的。为了进行科学的管理，在生产过程中，人们常把合理的工艺过程中的各项内容，编写成技术文件来指导生产，这个文件称为"工艺规程"。车床主要加工的是回转体的零件，也就是轴类和盘套类的零件。以下分别介绍轴类和盘套类零件的车削工艺。

1. 轴类零件车削工艺实训

轴类零件主要用来支承传动零部件，传递扭矩和承受载荷。它们在机器中用来支承齿轮、带轮等传动零件，以传递转矩或运动。轴类零件是旋转体零件，其长度大于直径，一般由同心轴的外圆柱面、圆锥面、内孔和螺纹及相应的端面组成。按轴类零件结构形式不同，一般可分为光轴、阶梯轴和异形轴（曲轴）三类；或分为实心轴、空心轴等。

轴的长径比小于 5 的称为短轴，大于 20 的称为细长轴，大多数轴介于这两者之间。

轴用轴承支承，与轴承配合的轴段称为轴颈。轴颈是轴的装配基准，它们的精度和表面质量一般要求较高。轴的技术要求一般根据轴的主要功用和工作条件制订，通常有以下几项：

（1）表面粗糙度。

一般与传动件相配合的轴径表面粗糙度 Ra 为 2.5 ~ 0.63 μm，与轴承相配合的支承轴径的表面粗糙度 Ra 为 0.63 ~ 0.16 μm。

（2）相互位置精度。

轴类零件的位置精度要求主要是由轴在机械中的位置和功用决定的。通常应保证装配传动件的轴颈对支承轴颈的同轴度要求，否则会影响传动件（齿轮等）的传动精度，并产生噪声。普通精度的轴，其配合轴段对支承轴颈的径向跳动一般为 0.01 ~ 0.03 mm，高精度轴（如主轴）通常为 0.001 ~ 0.005 mm。

（3）几何形状精度。

轴类零件的几何形状精度主要是指轴颈、外锥面、莫氏锥孔等的圆度、圆柱度等，一般应将其公差限制在尺寸公差范围内。对精度要求较高的内外圆表面，应在图纸上标注其允许偏差。

（4）尺寸精度。

起支承作用的轴颈为了确定轴的位置，通常对其尺寸精度要求较高（IT5 ~ IT7）。装配传动件的轴颈尺寸精度一般要求较低（IT6 ~ IT9）。

一般主轴类零件的加工工艺路线为：下料→锻造→退火（正火）→粗加工→调质→半精加工→淬火→粗磨→低温时效→精磨。

例如图 5.90 所示的传动轴，由外圆、轴肩、螺纹及螺纹退刀槽、砂轮越程槽等组成。中间一段直径为 45 mm 的外圆及轴肩的右端面对两端轴颈有较高的位置精度要求（圆跳动），且外圆的表面粗糙度 Ra 为 0.8 ~ 0.4 μm。此外，该传动轴与一般重要的轴类零件一样，为了获得良好的综合力学性能，需要进行调质处理。

轴类零件中，对于光轴或在直径相差不大的台阶轴，多采用圆钢为坯料；对于直径相差悬殊的台阶轴，采用锻件可节省材料和减少机加工工时。因该轴各外圆直径尺寸差距不大，且数量为 2 件，可选择 $\phi55$ 的圆钢为毛坯。

根据传动轴的精度和力学性能要求，可确定加工顺序为：粗车→调质→半精车→磨削。

由于粗车时加工余量多，切削力较大，且粗车时各加工面的位置精度要求低，故采用一夹一顶安装工件。如果车床上主轴孔较小，粗车 $\phi35$ 一端时也可只用三爪自定心卡盘装夹粗车后的 $\phi45$ 外圆。半精车与磨削时，为保证各加工面的位置精度，减少重复定位误差，使磨削余量均匀，保证磨削加工质量，采用统一的定位基准，用两顶尖安装工件。

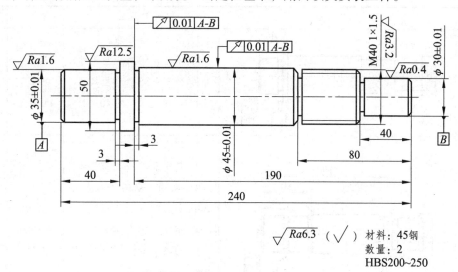

$$\sqrt{Ra6.3} \quad (\sqrt{})$$ 　材料：45钢
数量：2
HBS200~250

图 5.90　传动轴

传动轴的加工工艺过程如表 5.13 所示。

表 5.13　传动轴的加工顺序

序号	工种	加工简图	加工内容	刀具或工具	安装方法
1	下料		下料 $\phi55 \times 245$		
2	车		1. 夹持 $\phi55$ 外圆； 2. 车端面见平，钻中心孔 $\phi2.5$； 3. 用尾座顶尖顶住工件 4. 粗车外圆 $\phi52 \times 202$； 5. 粗车 $\phi45$、$\phi40$、$\phi30$ 各外圆；直径留量 2 mm，长度留量 1 mm	中心钻 右偏刀	三爪自定心卡盘 顶尖
3	车		1. 夹持 $\phi47$ 外圆； 2. 车另一端面，保证总长 240； 3. 钻中心孔 $\phi2.5$； 4. 粗车 $\phi35$ 外圆； 5. 直径留量 2 mm，长度留量 1 mm	中心钻 右偏刀	三爪自定心卡盘
4	热处理		调质 HBS 200~250	钳子	
5	车		修研中心孔	四棱顶尖	三爪自定心卡盘

序号	工种	加工简图	加工内容	刀具或工具	安装方法
6	车	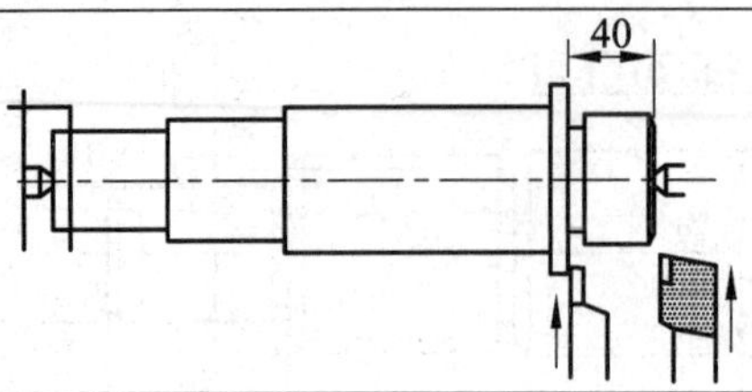	1. 用卡箍卡 B 端； 2. 精车 $\phi 50$ 外圆至尺寸； 3. 精车 $\phi 35$ 外圆至尺寸； 4. 切槽，保长度 40； 5. 倒角	偏刀 切槽刀 45°弯刀	双顶尖
7	车	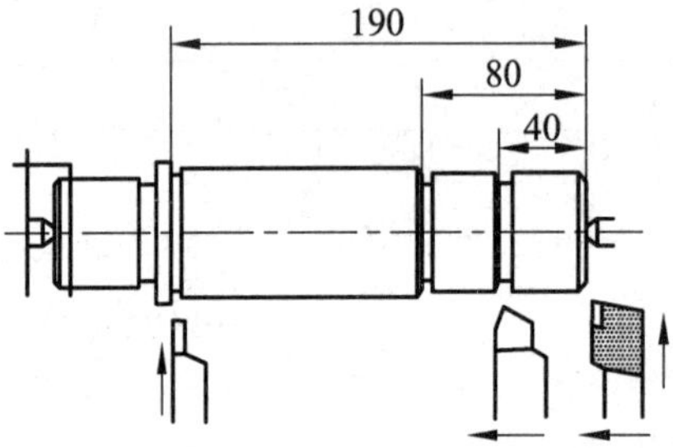	1. 用卡箍卡 A 端； 2. 精车 $\phi 45$ 外圆至尺寸； 3. 精车 M40 大径为 $\phi 40^{-0.1}_{-0.2}$； 4. 精车 $\phi 30$ 外圆至尺寸； 5. 切槽 3 个，分别保长度 190、80 和 40； 6. 倒角 3 个； 7. 车螺纹 M40×1.5	偏刀 切槽刀 螺纹刀	双顶尖
8	磨		外圆磨床，磨 $\phi 30$、$\phi 45$ 外圆	砂轮	双顶尖

2. 盘套类零件车削工艺实训

盘套类零件主要由孔、外圆与端面组成。除尺寸精度、表面粗糙度有要求外，其外圆对孔有径向圆跳动的要求，端面对孔有端面圆跳动的要求。保证径向圆跳动和端面圆跳动是制订盘套类零件的工艺时要重点考虑的问题。在工艺上一般分粗车和精车。精车时，尽可能把有位置精度要求的外圆、孔、端面在一次安装中全部加工完。若有位置精度要求的表面不可能在一次安装中完成时，通常先把孔做出，然后以孔定位，安装上心轴再加工外圆或端面（有条件的时候，也可以在平面磨床上磨削端面）。

1）盘类零件车削加工

盘类零件的轴向 L（纵向）尺寸一般远小于径向 D 尺寸，且最大外圆直径 D 与最小内圆直径 d 相差较大，并以端面面积大为主要特征，如图 5.91 所示。这类零件有：圆盘、台阶盘以及带有其他形状的齿形盘、花盘、轮盘和圆盘形零件等。在这类零件中，较多部分是作为动力部件，配合轴类零件传递运动和转矩。盘类零件的主要表面为内圆面、外圆面及端面等，其加工方法与其毛坯材料、加工余量有关，分别简介如下。

（1）工艺分析。

① 选材与选毛坯。

盘类零件一般需承受交变载荷，工作时处于复杂应力状态。其材料应具有良好的综合力学性能，因此常用 45 钢或 40Cr 钢先做锻件，并进行调质处理，较少直接用圆钢做毛坯。但对于承受载荷较小的圆盘类零件或主要用来传递运动的齿轮，也可以直接用铸件或采用圆钢、有色金属件和非金属件毛坯。

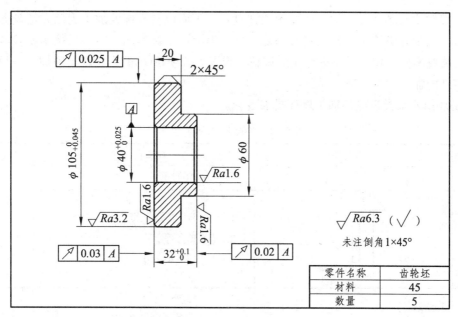

图 5.91　齿轮坯的零件图

② 确定工序间的加工余量。

盘类零件的毛坯加工余量在选毛坯时就已确定，但每一个工序的加工，须为下一工序留下加工余量。

③ 定位基准与装夹方法。

盘类零件的内孔、端面的尺寸精度、几何精度、表面粗糙度等是盘类零件加工的主要技术要求和要解决的主要问题。盘类零件加工时通常以内孔、端面定位或外圆、端面定位；使用专用心轴或卡盘装夹工件。

（2）车削加工工艺过程特点。

一般来说，车削加工通常以内孔、端面定位、插入心轴装夹工件，这符合基准重合和基准统一的原则。

车内孔时，车削步骤的选择原则除了与车外圆有共同点之外，还有下列几点：

① 为保证内、外圆的同轴度，最好采用"一刀落"的方法，即粗车端面、粗车外圆、钻孔、粗镗孔、精镗孔、精车端面、精车外圆、倒角、切断等工序在一次装夹中一次完成，然后掉头车另一端面和倒角。如果零件尺寸较大，棒料不能插入主轴锥孔中，可以将棒料比要求尺寸放长 10 mm 左右切断。在镗孔时不要镗穿，以增加刚性，车到需要尺寸以后再切断。

② 对于精度要求较高的内孔，可按下列步骤进行车削，即钻孔、粗铰孔、精铰孔、精车端面、磨孔。但必须注意，在粗铰孔时应留铰孔或磨孔余量。

③ 内沟槽的车削，应在半精车以后、精车之前切削，但必须注意余量。

④ 车平底孔时，应先用钻头钻孔，再用平底钻把孔底钻平，最后用平底孔车刀精车一遍。

⑤ 如果工件以内孔定心车外圆，那么在精车内孔以后，对端面也精车一刀，以达到端面与内孔垂直。

（3）车削加工实例。

齿坯零件是典型的盘类零件，一般采用通用设备和通用工装加工完成，该类零件的加工代表了一般饼块盘类零件的加工的基本工艺过程，下面以该零件的加工为例介绍盘类零件的加工过程。其他盘类零件的加工过程与此类似，但生产批量不同、零件的技术要求不同，加工方法也略有不同，加工时可进行相应调整。现以图 5.91 所示的齿轮坯车削加工过程为例说明盘形零件的加工。

图 5.91 所示盘类齿轮坯加工顺序见表 5.14。

表 5.14　齿轮坯的加工顺序

加工顺序	加工简图	加工内容	安装方法
1		下料 ϕ 110×36	
2		1. 卡 ϕ 110 外圆，长 20； 2. 车端面见平； 3. 车外圆 ϕ 63×10	三爪
3		1. 卡 ϕ 63 外圆； 2. 粗车端面见平，外圆至 ϕ 107； 3. 钻孔 ϕ 36； 4. 粗精镗孔 ϕ 40 至尺寸； 5. 精车端面，保证总长 33； 6. 精车外圆 ϕ 105 至尺寸； 7. 倒内角 1×45°、外角 2×45°	三爪
4		1. 卡 ϕ 105 外圆、缠铜皮、找正； 2. 精车台肩面，保证长度 20； 3. 车小端面，总长 32.3； 4. 精车外圆 ϕ 60 至尺寸； 5. 倒内角 1×45°、外角 1×45°、2×45°	三爪
5		1. 精车小端面； 2. 保证总长 32	顶尖 卡箍 锥度心轴

2）套类零件车削加工

套类零件一般指带有内孔的零件，其轴向（纵向）尺寸 L 一般略小于或等于径向尺寸 D，这两个方向的尺寸相差不大，零件的外圆直径 D 与内孔直径 d 相差较小，并以内孔结构为主要特征。

套类零件主要是作为旋转零件的支承，在工作中承受轴向和径向力。它的应用范围很广，例如支承旋转轴的各种形式的轴承、夹具上的导向套、内燃机上的气缸套和液压系统中的油缸、车床主轴的轴承孔、尾座套筒等。

（1）套类零件功用和结构特点。

机器中的套类零件，通常起支承或导向作用。由于功用不同，套类零件的结构和尺寸有着很大的差别，但结构上有共同的特点：零件的主要表面为同轴度要求较高的内、外旋转表面；零件壁的厚度较薄易变形。

套类零件的主要表面是内孔和外圆，其主要技术要求如下：

① 内孔。

它是零件起支承或导向作用的最主要表面，通常与运动着的轴、活塞等配合，内孔的尺寸精度一般为 IT6～IT9；形状精度一般控制在孔径公差以内，表面粗糙度为 Ra1.6～0.16。

② 外圆。

它一般是套类零件的支承表面，常以过盈配合同其他零件的孔相连接。外径的尺寸精度通常为 IT6～IT9；形状精度控制在外径公差以内，表面粗糙度为 Ra3.2～0.63。另外对于零件还有内外圆之间的同轴度、孔轴线与端面的垂直度等几何精度要求。由于车削该类零件时，孔内尺寸小，切屑不易排出而损伤加工表面；冷却润滑液不易注入而使工件过热变形，因此车削套类零件的不利条件多于车削轴类零件。

（2）车削加工工艺过程分析。

① 套类零件的毛坯和加工余量。

套类零件在各种机械中有不同的工作条件和使用要求，因此不同套类零件所用的材料及加工方法有所不同。一般套类零件是用钢、铸铁、青铜或黄铜等材料制成，有些滑动轴承采用双金属结构，以节省贵重的有色金属，提高轴承的使用寿命。

套类零件的毛坯选择与其结构和尺寸等因素有关。孔径较小（如 d<20 mm）的套类一般选择热轧或冷拉棒料，也可采用实心铸铁。孔径较大时，常采用无缝钢管或带孔的铸件、锻件。大量生产时，可采用冷挤压和粉末冶金等先进的毛坯制造工艺，既提高生产率又节约金属材料。

② 工序间的加工余量。

套类零件的毛坯加工余量在铸或锻时已确定。如果要在实心材料上加工出内孔来，就需要经过钻、镗、铰或磨等。在一个工序完成时，必须为下一工序留下加工余量。

③ 套类零件的安装。

由于套类零件有各种不同形状和尺寸，精度要求也不相同，所以它也有各种不同的安装方法（钻孔时工件的安装方法与车外圆时相同，这里不再重复）。

④ 车削步骤的选择。

车内孔时，车削步骤的选择原则除了与车外圆有共同点之外，还有下列几点：

a. 车削短小的套类零件时，为了保证内外圆同心，最好采用在一次安装中完成内外表面及端面的全部加工。这种方法工序比较集中，可消除工件的安装误差，获得较好的相对位置精度。

b. 长度比较大的套类零件，为了保证内外圆同轴度，加工外圆时，一般要用中心架，粗加工后用镗削，半精加工多采用铰孔方式。

c. 加工精度较高的套筒内孔时，也可按车削盘类零件孔的步骤进行：钻孔、粗镗孔、半精镗孔和精车端面、铰孔或钻孔、粗镗孔、半精镗孔和精车端面、磨孔。但必须注意，在半精镗孔时应留铰孔或磨孔的余量。

d. 内沟槽应在半精车以后精车之前切割，但必须注意余量。

e. 车平底孔时，先用钻头钻孔，再用平底钻把孔底钻平，最后用底孔车刀精车一遍。如果工件以内孔定心车外圆，那么在内孔精车以后把端面也精车一刀，以达到端面与内孔垂直。

3）车削加工实例

套筒类零件的加工工艺根据其功用、结构形状、材料和热处理以及尺寸大小的不同而异。就其结构形状来划分，大体可以分为短套筒和长套筒两大类。它们在加工中，其装夹方法和加工方法都有很大的差别，以下分别予以介绍。

（1）短套筒车削实例。

如图 5.92 所示的轴承套属于短套筒，材料为锡青铜 ZQSn6-6-3，每批数量为 200 件。其主要技术要求为：$\phi 34js7$ 外圆对 $\phi 22H7$ 孔的径向圆跳动公差为 0.01 mm；左端面对 $\phi 22H7$ 孔轴线的垂直度公差为 0.01 mm。轴承套外圆为 IT7 级精度，采用精车可以满足要求；内孔精度也为 IT7 级，采用铰孔可以满足要求。内孔的加工顺序为：钻孔→车孔→铰孔。

由于外圆对内孔的径向圆跳动要求在 0.01 mm 内，用软卡爪装夹无法保证。因此精车外圆时应以内孔为定位基准，使轴承套在小锥度心轴上定位，用两顶尖装夹。这样可使加工基准和测量基准一致，容易达到图纸要求。车铰内孔时，应与端面在一次装夹中加工出，以保证端面与内孔轴线的垂直度在 0.01 mm 以内。表 5.15 为轴承套的加工工艺过程。粗车外圆时，可采取同时加工五件的方法来提高生产率。

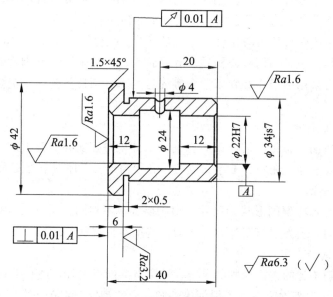

图 5.92　轴承套的零件图

表 5.15　轴承套的加工顺序

序号	工序名称	工序内容	定位与夹紧
1	备料	棒料，按 5 件合一加工下料	
2	钻中心孔	车端面，钻中心孔掉头车另一端面，钻中心孔	三爪夹外圆
3	粗车	车外圆 $\phi 42$ 长度为 6.5 mm，车外圆 $\phi 34js7$ 为 $\phi 35$，车空刀槽 2×0.5 mm，取总长 40.5 mm，车分割槽 $\phi 20 \times 3$ mm，两端倒角 $1.5 \times 45°$，5 件同加工，尺寸均相同	中心孔
4	钻	钻孔 $\phi 22H7$ 至 $\phi 22$ 成单件	软爪夹 $\phi 42$ 外圆

序号	工序名称	工序内容	定位与夹紧
5	车、铰	车端面，取总长 40 mm 至尺寸车内孔 $\phi 22H7$ 为 $\phi 22_{-0.05}^{0}$ mm 车内槽 $\phi 24 \times 16$ mm 至尺寸，铰孔 $\phi 22H7$ 至尺寸孔两端倒角	软爪夹 $\phi 42$ 外圆
6	精车	车 $\phi 34js7$（±0.012）至尺寸	$\phi 22H7$ 孔心轴
7	钻	钻径向油孔 $\phi 4$	$\phi 34$ 外圆及端面
8	检查		

（2）长套筒车削实例。

液压缸为典型的长套筒零件，与短套筒零件的加工方法和工件安装方式都有较大的差别。液压缸的材料一般有铸铁和无缝钢管两种。图 5.93 所示为用无缝钢管材料的液压缸。为保证活塞在液压缸内移动顺利，对该液压缸内孔有圆柱度要求，对内孔轴线有直线度要求，内孔轴线与两端面间有垂直度要求，内孔轴线对两端支承外圆（$\phi 82h6$）的轴线有同轴度要求。除此之外还特别要求：内孔必须光洁无纵向刻痕；若为铸铁材料时，则要求其组织紧密，不得有砂眼、针孔及疏松。表 5.16 为液压缸的加工工艺过程。

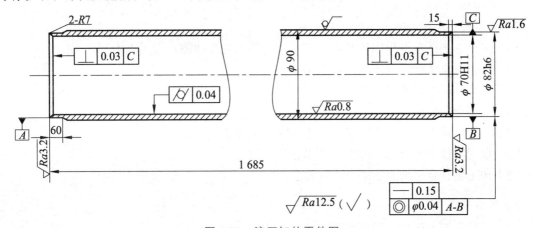

图 5.93　液压缸的零件图

表 5.16　液压缸的加工顺序

序号	工序名称	工序内容	定位与夹紧
1	配料	无缝钢管切断	
2	车	1. 车 $\phi 82$ 外圆到 $\phi 88$ 及 M88×1.5 螺纹（工艺用）	一夹一顶
		2. 车端面及倒角	三爪夹一端，中心架托 $\phi 88$ 处
		3. 掉头车 $\phi 82$ 外圆到 $\phi 84$	三一夹一顶
		4. 车端面及倒角取总长 1 686（留加工余量 1 mm）	三爪卡盘夹一端，搭中心架托 $\phi 88$ 处
3	深孔推镗	1. 半精推镗孔到 $\phi 68$	一端用 M88×1.5 螺纹固定在夹具中，另一端搭中心架
		2. 精推镗孔到 $\phi 69.85$	
		3. 精铰（浮动镗刀镗孔）到 $\phi 70±0.02$，表面粗糙度值 Ra 为 3.2 μm	

续表

序号	工序名称	工序内容	定位与夹紧
4	滚压孔	用滚压头滚压孔至 $\phi 70_0^{+0.20}$，表面粗糙度值 Ra 为 0.8 μm	一端用螺纹固定在夹具中，另一端搭中心架
5	车	1．车去工艺螺纹，车 $\phi 82h6$ 到尺寸，割 $R7$ 槽	软爪夹一端，以孔定位顶另一端
		2．镗内锥孔 1°30′及车端面	软爪夹一端，中心架托另一端（百分表找正孔）
		3．调头，车 $\phi 82h6$ 到尺寸，割 $R7$ 槽	软爪夹一端，顶另一端
		4．镗内锥孔 1°30′及车端面	软爪夹一端，顶另一端

3．综合件车削加工实训

1）目的

通过试件的加工考察其对于车削加工的综合应用能力，即外圆、端面、沟槽、孔洞、螺纹、特殊面等加工工艺和设备、工具、量具、刀具的合理使用，并能够建立其安全生产以及产品质量的意识。

2）目标

（1）进一步熟练掌握车床的基本操作过程，特别是提高综合应用能力。

（2）建立安全生产以及产品质量意识。

（3）熟练掌握合理使用量具。

（4）掌握合理使用刀具。

（5）掌握根据不同的加工要求使用不同的主轴转速及进给量。

（6）根据零件的要求综合考虑制订出合理的加工工艺过程。

（7）加工出符合图纸要求的合格试件。

3）项目实施

（1）读图分析（待加工零件如图 5.94 所示）。

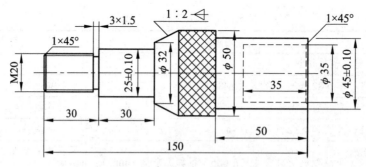

图 5.94　待加工零件图

根据图纸内容读取试件材料、数量、外形结构形状、尺寸及技术要求。

材料：45 钢。

数量：单件。

外形结构：为轴向对称回转体，有 4 段不同要求的台阶外圆柱和 1 处螺纹退刀槽以及 1

处外螺纹加工，1 段内孔，1 段锥度面，1 段滚花外圆。需要车削外圆和端面以及车削外螺纹，钻孔，镗孔，滚花外圆。

基本尺寸：总长 150 mm，3 段外圆柱尺寸分别为：$\phi 25 \times 30$ mm，$\phi 50 \times 40$ mm，$\phi 45 \times 50$ mm；内孔为 $\phi 30 \times 35$ mm；1 处外螺纹为 M20$\times$30 mm；退刀槽尺寸为 3$\times$1.5 mm；锥度为 1 : 2；两端倒角为 1$\times$45°。

技术要求：表面粗糙度为 3.2 μm。

（2）选择设备、刀具、量具。

根据读图信息分析综合考虑做以下选择：

加工设备：车床 C616 或 C618。

加工刀具：45°白钢刀，90°白钢刀，30°螺纹白钢刀，90°内孔白钢镗刀，$\phi 10$，$\phi 18$，$\phi 28$ 钻头。

加工量具：游标卡尺（0 ~ 300 mm），千分尺（0 ~ 25 mm，25 ~ 50 mm），直尺（0 ~ 500 mm），牙型量规。

加工辅助工具：三爪自动定心卡盘，毛刷，防护眼镜。

（3）制订加工工艺。

毛坯：$\phi 53 \times 155$，加工长度基准：M20 端平面。

① 毛坯伸出卡盘 90 mm，车削右端面至平整，划线 62 mm，车削外圆至 $\phi 25 \pm 0.10 \times 62$ mm，如图 5.95 所示。

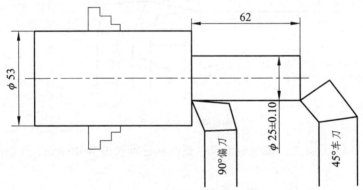

图 5.95　划长度 62 mm 的线并车削外圆至 $\phi 25 \pm 0.10$

② 车削外圆柱 $\phi 20$，保证外圆柱 $\phi 25$ 和 $\phi 20$ 的长度分别为 30 mm，右端倒角 1$\times$45°，如图 5.96 所示。

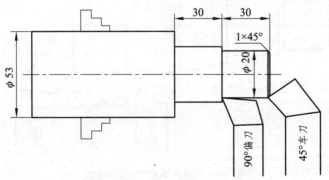

图 5.96　车削 $\phi 20 \times 30$ 和 1$\times$45°倒角

③ 车削退刀槽 3×1.5 mm，车削外螺纹 M20，如图 5.97 所示。

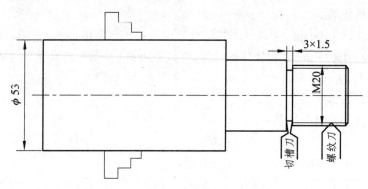

图 5.97　车削退刀槽和车螺纹

④ 车削 1∶2 锥度面，小径处为 φ32 mm，如图 5.98 所示。

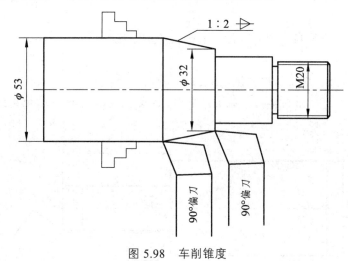

图 5.98　车削锥度

⑤ 调头装夹 φ25 外圆处，车削端面至平整并保证其长度为 90 mm，车削外圆 φ50，如图 5.99 所示。

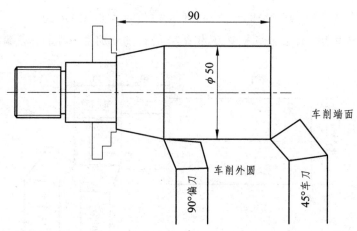

图 5.99　调头车削外圆和端面

⑥ 车削外圆柱 ϕ 45±0.10 mm，保证长度为 50 mm，如图 5.100 所示。

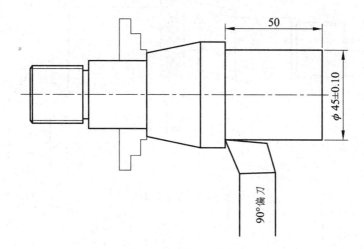

图 5.100   车削外圆柱 ϕ 45±0.10 mm

⑦ 分别用 ϕ 10，ϕ 18，ϕ 28 钻头钻孔，孔深为 35 mm，如图 5.101 所示。

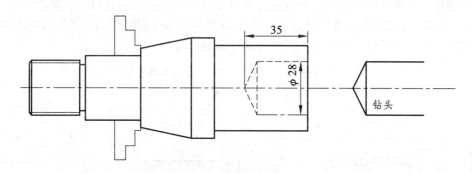

图 5.101   钻孔

⑧ 镗孔 ϕ 35，保证孔深度为 35 mm，如图 5.102 所示。

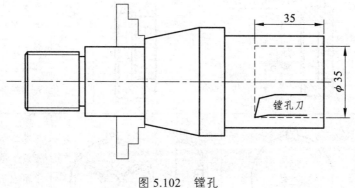

图 5.102   镗孔

⑨ ϕ 50 外圆面滚花，右端内孔 1×45°倒角，如图 5.103 所示。

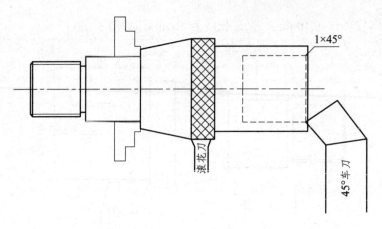

图 5.103　滚花和倒角

⑩ 试件测量检验入库。

4. 车削加工对零件结构工艺性的要求举例

在诸多需要进行切削加工的零件中，半数以上需要采用车削加工。在设计这些零件的结构时，除满足零件的使用要求外，还应充分重视零件的车削加工工艺性，否则将会导致加工困难、成本上升、工期延长甚至无法加工。表 5.17 是车削加工对零件结构工艺性的要求举例，通过图例与说明，可了解车削加工工艺性的部分内容。

表 5.17　车削加工对零件结构工艺性的要求举例

类别	图例		说明
	结构工艺性差	结构工艺性好	
刚度			薄壁套筒受夹紧力极易变形，如在一端加上凸缘可增加一定的刚度
尽量采用通用夹具安装			位置精度要求较高的零件，最好在一次安装中全部加工完毕；右图增设一台阶后即可用三爪卡盘安装且能一次加工完毕
			电机端盖 A 处弧面不易安装，增加三个凸台 B 便于用三爪卡盘安装。为防止夹紧时变形增设三个加强肋 C

续表

类别	图例		说明
	结构工艺性差	结构工艺性好	
便于加工	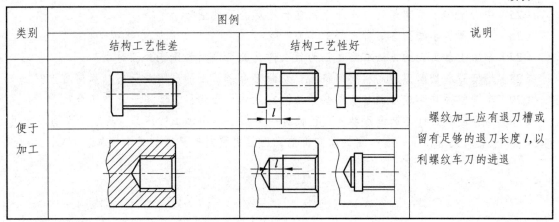		螺纹加工应有退刀槽或留有足够的退刀长度l,以利螺纹车刀的进退

复习题

（1）试说明车床的主运动和进给运动。车床的进给运动有哪些方式？

（2）解释 C6132A 的含义。卧式车床有哪些主要组成部分？各有何功用？

（3）能否用丝杠带动刀架移动车外圆，用光杠带动刀架移动车螺纹？试分析说明。

（4）刀架为什么要做成多层结构？转盘的作用是什么？

（5）尾座顶尖的纵、横两个方向的位置如何调整？用双顶尖装夹车削外圆面时，产生锥度误差的原因是什么？

（6）C6132 车床的主轴转速和进给量如何调整？

（7）外圆车刀的五个主要角度是如何定义的？各有何作用及选择范围？

（8）车刀有哪几类？各有什么特点？

（9）车床上加工成形面的方法有哪些？各有哪些特点？

（10）切槽刀和切断刀的几何形状有何特点？

（11）车床上加工圆锥面的方法有哪些？各有哪些特点？各适于何种生产类型？

（12）车螺纹时如何保证牙型的精度？

（13）车螺纹时如何保证螺距的准确性？

（14）车螺纹时产生乱扣的原因是什么？如何防止乱扣？

（15）车螺纹时要控制哪些直径？影响螺纹配合松紧的主要尺寸是什么？

（16）安装车刀时有哪些要求？普通车刀一般用什么材料制造？

（17）三爪自定心卡盘和四爪单动卡盘的结构用途有何异同？

（18）卧式车床上工件的装夹方式有哪些？

（19）车外圆柱面常用哪些车刀？车削长轴外圆柱面为什么常用 90°偏刀？

（20）试切的目的是什么？结合实际操作说明试切的步骤。

（21）为什么车削时一般先要车端面？为什么钻孔前也要先车端面？

（22）何种工件适合双顶尖安装？工件上的中心孔有何作用？如何加工中心孔？

（23）顶尖安装时能否车削工件的端面？能否切断工件？

（24）什么样的工件需要采用心轴安装？

（25）中心架和跟刀架起到什么作用？在什么场合下使用？

（26）车外圆和车端面各用什么样的车刀？

（27）车床上加工孔的方法有哪些？为什么镗孔的切削用量比车外圆时小？

（28）切槽刀和切断刀的形状有何特点？切断刀容易折断的原因是什么？如何防止？

（29）车圆锥面和车成形面各有哪些方法？有无相似之处？各适用于什么场合？

（30）结合创新设计与制造活动，自己设计一件符合车床加工的产品。要求产品有一定的创意、有一定的使用价值、有一定的欣赏价值，而且需要对产品进行成本核算。

第6章 铣工实训

6.1 铣工实训安全操作规程

（1）实习前按规定穿戴好防护用品，女生要戴好工作帽，发辫应挽在帽子内。扣紧袖口，禁止戴手套、围围巾、打领带操作机床。不得穿凉鞋、拖鞋、高跟鞋、背心、裙子进入车间。高速铣削时要戴好防护眼镜。

（2）严禁在车间内追逐、打闹、喧哗、阅读与实习无关的书刊、玩手机和其他电子产品等。

（3）每天上班时仔细阅读交接班纪录，了解上一班机床的运转情况和存在问题，检查机床导轨及主要滑动面是否有新的撞、研、刮和碰伤。

（4）应在指定的机床上进行实训。未经允许，其他机床、工具或电器开关等均不得乱动。未了解机床的性能和未得到实习指导教师的许可，不得擅自开动机床。

（5）开动机床前，要检查铣床传动部件和润滑系统是否正常，检查机床手柄位置及刀具装夹是否牢固可靠，刀具运动方向与工作台进给方向是否正确。

（6）变速、更换铣刀、装卸工件、变更进给量或测量工件时，都必须停车，不准用手碰正在运动的刀具。

（7）开车后精力要集中，坚守岗位，不许聊天，不准离开机床；如离开，必须停车。

（8）两人同时操作一台机床时，应分工明确，相互配合，在开车时，必须保证另一个人的安全。

（9）机床发生事故后，操作者要注意保留现场，并向指导教师或维修人员如实说明事故发生前后的情况，以利于分析问题，查找事故原因。

（10）工作结束后，将各手柄置于空挡位置，各部件应调整到正常位置，关闭总电源开关，设备打扫干净，清理场地，擦净机床，加油保养，经常润滑机床导轨、防止导轨生锈，将工卡量具擦净放好，做到工作场地清洁整齐，并填写好设备使用记录，做好交接工作，消除事故隐患。

6.2 铣工实训理论知识

6.2.1 铣削加工简介

1. 铣削概述

铣削加工使用的机床是铣床，使用的刀具是铣刀，它主要是用铣刀在工件上加工各种表面。铣削加工中工件固定，用高速旋转的铣刀在工件上走刀，切出需要的形状和特征。铣削加工是目前应用最广泛的切削加工方法之一，其加工范围很广，如图6.1所示，不仅能加工平面（水平面、垂直面、斜面）、台阶、沟槽（键槽、T形槽、V形槽、燕尾槽等）、齿轮、螺旋槽和花键轴，也能进行钻孔、铰孔和铣孔等工作，还能加工比较复杂的型面。

（a）周铣平面　　　　　（b）端铣平面　　　　　（c）铣台阶面　　　　　（d）铣侧平面

（e）铣键槽　　　　　（f）铣半圆槽　　　　　（g）铣沟槽（一）　　　　　（h）铣沟槽（二）

（i）铣V形槽　　　　　（j）铣T形槽　　　　　（k）铣燕尾槽　　　　　（l）切断

（m）铣齿轮　　　　　（n）铣螺旋面　　　　　（o）铣曲面　　　　　（p）铣成形面

图6.1　铣削加工的应用

2. 铣削加工工艺特点

（1）生产率高。铣刀是典型的多齿刀具，铣削过程中多个刀齿依次参加切削工作，且其主运动是回转运动，其切削速度大，并可利用硬质合金镶片铣刀，有利于采用高速铣削，提高生产率。

（2）加工范围广。由于铣刀的类型众多，铣床的附件齐全，特别是分度头和回转工作台的应用，使铣削加工的范围极为广泛。

（3）铣削时容易产生振动。铣刀刀齿在切入与切出工件时易产生冲击，铣削过程中同时参加工作的刀齿数目是变化的，对每个刀齿而言在铣削过程的铣削厚度也是不断变化的，因此引起铣削过程的不平稳。

（4）铣削加工具有较高的加工精度。铣削可分为粗铣、半精铣、精铣，精铣的经济加工精度一般为 IT8 ~ IT7，经济表面粗糙度 Ra 为 1.6 ~ 3.2。精细铣削精度可达 IT5，表面粗糙度 Ra 值可达到 0.20。

3. 铣削用量的要素

铣削用量的要素包括：铣削速度 v_c、进给量 f、铣削深度 a_p 和铣削宽度 a_e。铣削时合理地选择铣削用量，对保证零件的加工精度与加工表面质量、提高生产效率、提高铣刀的使用寿命、降低生产成本，都有着密切的关系。

1）铣削速度 v_c

铣削时铣刀切削刃上选定点相对于工件的主运动的瞬时速度称铣削速度。铣削速度可以简单地理解为切削刃上选定点在主运动中的线速度，即切削刃上离铣刀轴线距离最大的点在 1 min 内所经过的路程。铣削速度的单位符号是 m/min，铣削速度与铣刀直径、铣刀转速有关，计算公式为

$$v_c = \frac{\pi d n}{1\,000}$$

式中　v_c——铣削速度，m/min；

　　　d——铣刀直径，mm；

　　　n——铣刀或铣床主轴转速，r/min。

2）进给量 f

铣刀在进给运动方向上相对工件的单位位移量，称为进给量。铣削中的进给量根据具体情况的需要，有三种表述和度量的方法：

（1）每转进给量 f。铣刀每回转一周，在进给运动方向上相对工件的位移量，单位符号为 mm/r。

（2）每齿进给量 f_z。铣刀每转中每一刀齿在进给运动方向上相对工件的位移量，单位符号为 mm/z。

（3）进给速度（又称每分钟进给量）v_f。切削刃上选定点相对工件的进给运动的瞬时速度，称为进给速度。也就是铣刀每回转 1 min，在进给运动方向上相对工件的位移量，单位符号为 mm/min，三种进给量的关系为

$$v_f = fn = f_z z n$$

式中　v_f——进给速度，mm/min；

　　　f——每转进给量，mm/r；

　　　n——铣刀或铣床主轴转速，r/min；

　　　f_z——每齿进给量，mm/z；

　　　z——铣刀齿数。

3）铣削深度 a_p 和铣削宽度 a_e

铣削深度 a_p 是指在平行于铣刀轴线方向上测得的切削层尺寸，单位符号为 mm。

铣削宽度 a_e 是指在垂直于铣刀轴线方向、工件进给方向上测得的切削层尺寸，单位符号为 mm。

铣削时，由于采用的铣削方法和选用的铣刀不同，铣削深度 a_p，和铣削宽度 a_e 的表示也不同。图 6.2 所示为用圆柱形铣刀进行圆周铣与用端铣刀进行端铣时，铣削深度与铣削宽度的表示。不难看出，不论是采用周铣还是端铣，铣削深度 a_p，总是表示沿铣刀轴向测量的切深；而铣削宽度 a_e 都表示沿铣刀径向测量的铣削弧深。因为不论使用哪一种铣刀铣削，其铣削弧深的方向均垂直于铣刀轴线。

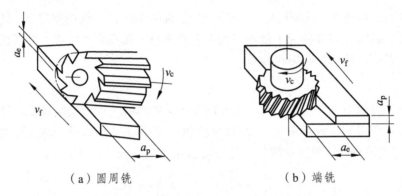

（a）圆周铣　　　　　　　　　　　　（b）端铣

图 6.2　圆周铣与端铣时的铣削用量

4. 铣削用量的选择原则

选择铣削用量的原则是在充分利用铣刀的切削能力和机床性能保证加工质量，降低加工成本和提高生产率的前提下，使铣削宽度（或铣削深度）、进给量、铣削速度的乘积最大。这时工序的切削工时少，生产效率高、加工成本低。

粗铣时，在机床动力和工艺系统刚性允许并具有合理的铣刀耐用度的条件下，按铣削宽度（或铣削深度）、进给量、铣削速度的次序，选择和确定铣削用量。在铣削用量中，铣削宽度（或铣削深度）对铣刀耐用度影响最小，进给量的影响次之，铣削速度对铣刀耐用度的影响最大。因此，在确定铣削用量时，应尽可能选择较大的铣削宽度（或铣削深度），然后按工艺装备和技术条件的允许选择较大的每齿进给量，最后根据铣刀的耐用度选择允许的铣削速度。

精铣时，为了保证加工精度和表面粗糙度的要求，工件切削层宽度应尽量一次铣出；切削层深度一般在 0.5 mm 左右；再根据表面粗糙度要求选择合适的每齿进给量；最后根据铣刀的耐用度确定铣削速度。

6.2.2　铣床简介

1. 铣床的分类

1）按铣床结构分类

（1）台式铣床：用于铣削仪器、仪表等小型零件。

（2）悬臂式铣床：铣头装在悬臂上的铣床，床身水平布置，悬臂通常可沿床身一侧立柱导轨作垂直移动，铣头沿悬臂导轨移动。

（3）滑枕式铣床：主轴装在滑枕上的铣床，床身水平布置，滑枕可沿滑鞍导轨作横向移动，滑鞍可沿立柱导轨作垂直移动。

（4）龙门式铣床：床身水平布置，其两侧的立柱和连接梁构成门架的铣床。铣头装在横梁和立柱上，可沿其导轨移动。通常横梁可沿立柱导轨垂向移动，工作台可沿床身导轨纵向移动。多用于大件加工。

（5）平面铣床：用于铣削平面和成型面的铣床，床身水平布置，通常工作台沿床身导轨纵向移动，主轴可轴向移动。它结构简单，生产效率高。

（6）仿形铣床：对工件进行仿形加工的铣床，一般用于加工复杂形状工件。

（7）升降台铣床：具有可沿床身导轨垂直移动的升降台的铣床，通常安装在升降台上的工作台和滑鞍可分别作纵向、横向移动。

（8）摇臂铣床：摇臂装在床身顶部，铣头装在摇臂一端，摇臂可在水平面内回转和移动，铣头能在摇臂的端面上回转一定角度的铣床。

（9）床身式铣床：工作台不能升降，可沿床身导轨作纵向移动，铣头或立柱可作垂直移动的铣床。

（10）专用铣床：例如工具铣床，用于铣削工具模具的铣床，加工精度高，加工形状复杂。

2）按布局形式和适用范围分类

（1）升降台铣床：有万能式、卧式和立式等，主要用于加工中小型零件，应用最广。

（2）龙门铣床：包括龙门铣镗床、龙门铣刨床和双柱铣床，均用于加工大型零件。

（3）单柱铣床和单臂铣床：前者的水平铣头可沿立柱导轨移动，工作台作纵向进给；后者的立铣头可沿悬臂导轨水平移动，悬臂可沿立柱导轨调整高度。两者均用于加工大型零件。

（4）工作台不升降铣床：有矩形工作台式和圆工作台式两种，是介于升降台铣床和龙门铣床之间的一种中等规格的铣床。其垂直方向的运动由铣头在立柱上升降来完成。

（5）仪表铣床：一种小型的升降台铣床，用于加工仪器仪表和其他小型零件。

（6）工具铣床：用于模具和工具制造，配有立铣头、万能角度工作台和插头等多种附件，还可进行钻削、镗削和插削等加工。

（7）其他铣床：如键槽铣床、凸轮铣床、曲轴铣床、轧辊轴颈铣床和方钢锭铣床等，是为加工相应的工件而制造的专用铣床。

2. 铣床的型号编制方法

铣床型号的编制，是采用汉语拼音字母和阿拉伯数字按一定规律组合排列而成的。铣床的型号不仅是一个代号，它能反映出机床的类别、结构特征、性能和主要的技术参数。

1）铣床的类别代号

现行标准规定，机床类别代号用汉语拼音字母表示，处于整个型号的首位。"铣床类"第一个汉字拼音字母是"X"（读作"铣"），则型号首位用"X"表示。

2）铣床通用特性及结构特性代号

机床通用特性代号用汉语拼音字母表示，位居类别代号之后，用来对类型和规格相同而结构不同的机床加以区分，通用特性代号有统一的固定含义，它在各类机床的型号中表示的意义相同。通用特性代号按其相应的汉字字意读音。例如"数控铣床"，机床类别代号用"X"表示，居首位；通用特性代号用"K"表示，位居"X"之后，其汉语拼音字母的代号为"XK"。如果结构特性不同，也采用汉语拼音字母表示，位居通用特性之后，但具体字母表示意义没有明文规定。

3）组、系代号

机床组、系代号用两位阿拉伯数字表示，位于类别代号或特性代号之后，见表 6-1。例如铣床"X5032"，在"X"之后的两位数字"50"表示立式升降台式铣床，例如铣床"X6132"，在"X"之后的两位数字"61"表示卧式万能升降台式铣床。

4）主要参数代号或设计顺序代号

机床型号中的主要参数代号是将实际数值除以 10 或 100，折算后用阿拉伯数字表示的，位居组、系代号之后。

5）机床的重大改进顺序号

按改进的先后顺序选用 A、B、C 等汉语拼音字母（但"I、O"两个字母不得选用），加在型号基本部分的尾部，以区别原机床型号。

铣床的名称和类、组、系划分见表 6.1。

表 6.1　铣床的名称和类、组、系划分表

类		组		系			主参数
代号	名称	代号	名称	代号	名称	折算系数	名称
X	铣床	0	仪表铣床	1	台式工具铣床	1/10	工作台面宽度
				2	台式车铣床	1/10	工作台面宽度
				3	台式仿形铣床	1/10	工作台面宽度
				4	台式超精铣床	1/10	工作台面宽度
				5	立式台铣床	1/10	工作台面宽度
				6	卧式台铣床	1/10	工作台面宽度
		1	悬臂及滑枕铣床	0	悬臂铣床	1/100	工作台面宽度
				1	悬臂镗铣床	1/100	工作台面宽度
				2	悬臂镗铣床	1/100	工作台面宽度
				3	定镗铣床	1/100	工作台面宽度
				6	卧式滑枕铣床	1/100	工作台面宽度
				7	立式滑枕铣床	1/100	工作台面宽度
		2	龙门铣床	0	龙门铣床	1/100	工作台面宽度
				1	龙门镗铣床	1/100	工作台面宽度
				2	龙门镗铣床	1/100	工作台面宽度
				3	定梁龙门铣床	1/100	工作台面宽度
				4	定梁龙门镗铣床	1/100	工作台面宽度
				6	龙门移动铣床	1/100	工作台面宽度
				7	定梁龙门移动铣床	1/100	工作台面宽度
				8	落地龙门镗铣床	1/100	工作台面宽度

续表

类		组		系			主参数
代号	名称	代号	名称	代号	名称	折算系数	名称
X	铣床	3	平面铣床	0	圆台铣床	1/100	工作台面直径
				1	立式平面铣床	1/100	工作台面宽度
				3	单柱平面铣床	1/100	工作台面宽度
				4	双柱平面铣床	1/100	工作台面宽度
				5	端面铣床	1/100	工作台面宽度
				6	双端面铣床	1/100	工作台面宽度
				8	落地端面铣床	1/100	最大铣轴垂直移动距离
		4	仿形铣床	1	平面刻模铣床	1/10	缩放仪中心距
				2	立替刻模铣床	1/10	缩放仪中心距
				3	平面仿形铣床	1/10	最大铣削宽度
				4	立体仿形铣床	1/10	最大铣削宽度
				5	立式立体仿形铣床	1/10	最大铣削宽度
				6	叶片仿形铣床	1/10	最大铣削宽度
				7	立式叶片仿形铣床	1/10	最大铣削宽度
		5	立式升降台铣床	0	立式升降台铣床	1/10	工作台面宽度
				1	立式升降台镗铣床	1/10	工作台面宽度
				2	摇臂铣床	1/10	工作台面宽度
				3	万能摇臂铣床	1/10	工作台面宽度
				4	摇臂镗铣床	1/10	工作台面宽度
				5	转塔升降台铣床	1/10	工作台面宽度
				6	立式滑枕升降台铣床	1/10	工作台面宽度
				7	万能滑枕升降台铣床	1/10	工作台面宽度
				8	圆弧铣床	1/10	工作台面宽度
		6	卧式升降台铣床	0	卧式升降台铣床	1/10	工作台面宽度
				1	万能升降台铣床	1/10	工作台面宽度
				2	万能回转头铣床	1/10	工作台面宽度
				3	万能摇臂铣床	1/10	工作台面宽度
				4	卧式回转头铣床	1/10	工作台面宽度
				5	广用万能铣床	1/10	工作台面宽度
				6	卧式滑枕升降台铣床	1/10	工作台面宽度
		7	床身铣床	1	床身铣床	1/100	工作台面宽度
				2	转塔床身铣床	1/100	工作台面宽度
				3	立柱移动床身铣床	1/100	工作台面宽度
				4	立柱移动转塔床身铣床	1/100	工作台面宽度
				5	卧式回转头铣床	1/100	工作台面宽度
				6	立柱移动卧式床身铣床	1/100	工作台面宽度
				7	滑枕床身铣床	1/100	工作台面宽度
				9	立柱移动卧式床身铣床	1/100	工作台面宽度

类		组		系			主参数	
代号	名称	代号	名称	代号	名称	折算系数	名称	
X	铣床	8	工具铣床	1	万能工具铣床	1/10	工作台面宽度	
				3	钻头铣床	1	最大钻头直径	
				5	立铣刀槽铣床	1	最大铣刀直径	
		9	其他铣床	0	六角螺母槽铣床	1	最大六角螺母对边宽度	
				1	曲轴铣床	1/10	刀盘直径	
				2	键槽铣床	1	最大键槽宽度	
				4	轧辊轴颈铣床	1/100	最大铣削直径	
				7	转子槽铣床	1/100	最大转子本体直径	
				8	螺旋桨铣床	1/100	最大工作直径	

3. 常用铣床介绍

工厂中最常用的铣床有卧式升降台铣床和立式升降台铣床两种。目前我国企业中应用较为普遍的机型分别是 X6132 型卧式万能升降台铣床和 X5032 型立式升降台铣床。这两种铣床在结构、性能、功用等诸多方面均非常有代表性，具有功率大，转速高，变速范围广，操作方便、灵活，通用性强等特点。

1）X6132 型卧式万能升降台铣床

X6132 型卧式万能升降台铣床如图 6.3 所示，它是一种通用金属切削机床。其主要特征是主轴轴线与工作台面平行，因此其主轴呈横卧位置。机床的主轴锥孔可直接或通过附件安装各种圆柱铣刀、成型铣刀、端面铣刀、角度铣刀等刀具，适用于加工各种零部件的平面、斜面、沟槽、孔等，是机械制造、模具、仪器、仪表、汽车等行业的理想加工设备。X6132 型卧式万能升降台铣床主要部件的功用见表 6.2。

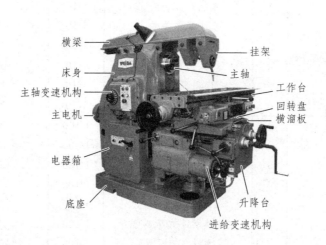

图 6.3　X6132 型卧式万能升降台铣床

表 6.2　X6132 型铣床主要部件的功用

部件名称	功用及结构特点	主要技术参数
主轴变速机构	该机构安装于床身内，其操作机构位于床身左侧。其功用是将主电机的额定转速通过齿轮变速，转换成从 30～1 500 r/min 的 18 种不同主轴转速，以适应不同铣削速度的需要	工作台面尺寸（长×宽）：320 mm×1 250 mm
床 身	床身是机床的主体，用来安装和连接机床其他部件。床身正面有垂直导轨，可引导升降台上、下移动。床身顶部有燕尾形水平导轨，用以安装横梁并按需要引导横梁水平移动。床身内部装有主轴和主轴变速机构	工作台最大行程：纵向（手动/机动）：700 mm/680 mm 横向（手动/机动）：255 mm/240 mm
横 梁与挂架	横梁可沿床身顶部燕尾导轨移动，并可按需要调节其伸出床身的长度。横梁上可安装挂架，用以支承刀杆的外端，增强刀杆的刚性	垂向（手动/机动）：320 mm/300 mm 工作台进给速度（18 级）：纵向、横向 23.5～1 180 mm/min 垂向 8～394 mm/min
主 轴	主轴为前端带锥孔的空心轴，锥孔的锥度为 7：24，用来安装铣刀刀杆和铣刀。主电动机输出的回转运动，经主轴变速机构驱动主轴连同铣刀一起回转，实现主运动	工作台快速移动速度：纵向、横向 2 300 mm/min 垂向 770 mm/min
工作台	工作台用来安装铣床夹具和工件，铣削时带动工件实现纵向进给运动	工作台最大回转角度：±45° 主轴锥孔锥度：7：24
进给变速机构	进给变速机构用来调整和变换工作台的进给速度，以适应铣削的需要	主轴转速（18 级）：30～1 500 r/min 主电机功率：7.5 kW
横向溜板	铣削时带动工作台实现横向进给运动。在横向溜板与工作台之间设有回转盘，可以使工作台在水平面内做±45°范围内的扳转	机床工作精度：平面度 0.02 mm 平行度 0.03 mm
升降台	升降台用来支承横向溜板和工作台，带动工作台上下移动。升降台内部装有进给电动机和进给变速机构	垂直度 0.02 mm/100 mm 表面粗糙度 Ra 值 1.6
底 座	支持床身，承受铣床全部重量，盛储切削液	

（1）X6132 型铣床的传动系统。

X6132 型卧式万能升降台铣床的传动系统如图 6.4 所示。主要包括主轴传动系统和进给传动系统两大部分，两个传动系统分别由主电机（7.5 kW、1 450 r/min）和进给电机（1.5 kW、1 410 r/min）控制。纵向、横向和垂向三个方向的进给运动，是通过分别接通 M_5，M_4 和 M_3 离合器来实现的。当手柄接通其中的一个离合器时，也就同时接通了进给电动机的电气开关（正转或反转），得到正、反方向的进给运动。这三个方向的运动是互锁的，不能同时接通。

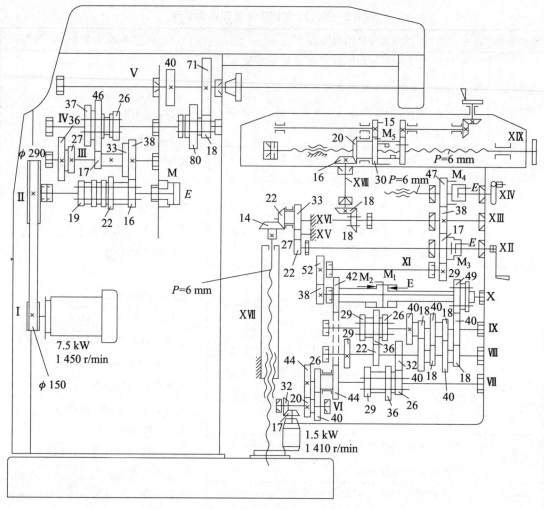

图 6.4　X6132 型卧式万能铣床的传动系统图

（2）X6132 型铣床的运动。

X6132 型卧式万能升降台铣床的运动分主运动和进给运动。主运动为主轴（或刀具）的旋转运动；进给运动为工作台在纵向、横向、升降三个方向的移动。

① 主运动。

X6132 型卧式万能升降台铣床主运动由主电机（7.5 kW、1 450 r/min）驱动，经 V 带传递给主轴变速机构，通过变速后最终输出到主轴。主轴转速共 18 级，转速范围 30～1 500 r/min。X6132 铣床主运动传动链（传动结构式）如下：

$$\text{主电机（I 轴）}_{\substack{7.5\ kW \\ 1450\ r/min}} - \frac{\phi 150}{\phi 290} - \text{II} - \begin{bmatrix} \dfrac{19}{36} \\ \dfrac{22}{33} \\ \dfrac{16}{38} \end{bmatrix} - \text{III} - \begin{bmatrix} \dfrac{27}{37} \\ \dfrac{17}{46} \\ \dfrac{38}{26} \end{bmatrix} - \text{IV} - \begin{bmatrix} \dfrac{80}{40} \\ \dfrac{18}{71} \end{bmatrix} - \text{V（主轴）}$$

② 进给运动。

X6132 铣床进给运动为工作台（工件）的纵向、横向和垂直方向的移动。进给电机的回转运动，经进给变速机构，分别传递给三个进给方向的进给丝杠，获得工作台的纵向、横向和垂直方向的运动，进给速度各 18 级，纵向、横向进给速度范围为 12 ~ 960 mm/min，垂直方向为 4 ~ 320 mm/min，并可实现快速移动。其进给运动传动链为（传动结构式）如下：

$$进给电机 \atop 1.5\text{ kW} \atop 1\,410\text{ r/min} - \frac{17}{32} - VI - \frac{20}{44} - VII - （经三联齿轮组） - VIII - （经三联齿轮组） - IX - （经曲回机构） - （M1接合、M2脱开） - X$$

$$\frac{40}{26} \times \frac{44}{42}（快进） \cdots\cdots （M1脱开、M2接合）$$

$$\frac{38}{52} - XI - \frac{29}{47}$$

$$\frac{47}{38} - XIII - \frac{18}{18} - XVIII - \frac{16}{20} - M5接合 - XIX - （纵向进给）$$

$$\frac{47}{38} - XIII - \frac{38}{47} - M4接合 - XIV - （横向进给）$$

$$M3接合 - XII - \frac{22}{27} \times \frac{27}{33} \times \frac{22}{44} - XVII - （垂直进给）$$

2）X5032 型立式升降台铣床

X5032 型立式升降台铣床如图 6.5 所示，其主轴轴线与工作台垂直，呈直立状态。立式升降台铣床的使用范围很广，除了可以加工平面、斜面、沟槽外，还可以加工螺旋面、凸轮曲面等其他成型面。是一种强力金属切削机床，该机床刚性好，进给变速范围广，有利于进行高速切削。

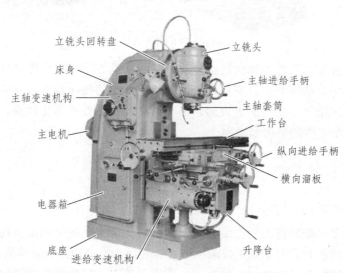

立铣头回转盘　立铣头　主轴进给手柄　床身　主轴变速机构　主轴套筒　主电机　工作台　纵向进给手柄　横向溜板　电器箱　底座　进给变速机构　升降台

图 6.5　X5032 型立式升降台铣床

X5032 型立式升降台铣床规格、操纵机构、传动变速等与 X6132 型铣床基本相同。两者的主要不同点如下：

（1）X5032 型立式升降台铣床的主轴位置与工作台面垂直，安装在可以偏转的铣头壳体内，主轴可在正垂面内做±45°偏转，以调整铣床主轴轴线与工作台面间的相对位置。

（2）X5032 型立式升降台铣床的工作台与横向溜板连接处没有回转盘，所以，工作台在水平面内不能扳转角度。

（3）X5032 型立式升降台铣床的主轴带有套筒伸缩装置，主轴可沿自身轴线 0 ~ 70 mm 做手动进给。

（4）X5032 型立式升降台铣床的正面增设了一个纵向手动操作手柄，使铣床的操作更加方便。

3）龙门铣床

龙门铣床简称龙门铣，如图 6.6 所示。它有一个龙门式框架，门式框架由立柱和顶梁构成，中间还有横梁，横梁可沿两立柱导轨做升降运动。横梁上有 1～2 个带垂直主轴的铣头，可沿横梁导轨做横向运动。两立柱上还可分别安装一个带有水平主轴的铣头，它可沿立柱导轨做升降运动。这些铣头可同时加工几个表面，每个铣头都有独立的主运动传动部件，其中包括单独的驱动电机、变速箱、操纵机构和主轴等。

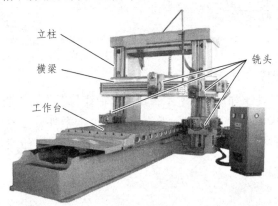

图 6.6　龙门铣床

加工时，工作台带动工件做纵向进给运动，工件从铣刀下通过后即被加工。由于加工过程中是多刀连续切削，切削力大且变化频繁，因此要求龙门铣床具有很好的刚性和抗振性。龙门铣床上可以用多把铣刀同时加工表面，加工精度和生产效率都比较高，适用于在成批和大量生产中加工大型工件的平面和斜面。

6.2.3　铣刀及其安装

1. 常用铣刀介绍

铣刀的种类很多，按照铣刀的安装方式不同，可分为带孔铣刀和带柄铣刀，带孔铣刀多用于卧式铣床，带柄铣刀多用于立式铣床。带柄铣刀分为直柄铣刀和锥柄铣刀两类。

按用途可分为铣削平面用铣刀、铣削直角沟槽用铣刀、铣削特形沟槽用铣刀和铣削特形面用铣刀等，见表 6.3。

表 6.3　常用铣刀的种类及应用

名称与图例		特点及应用
铣削平面用铣刀	圆柱铣刀	圆柱铣刀用于卧式铣床上加工平面。刀齿分布在铣刀的圆周上，按齿形分为直齿和螺旋齿两种。按齿数分粗齿和细齿两种。螺旋齿粗齿铣刀齿数少，刀齿强度高，容屑空间大，适用于粗加工；细齿铣刀适用于精加工

名称与图例	特点及应用
 铣削平面用铣刀　　套式端铣刀 　　可转位硬质合金刀片端铣刀	端铣刀主切削刃分布在铣刀的一端,工作时轴线垂直于被加工平面,常用在立式铣床上加工平面。这类铣刀主要采用硬质合金刀片,切削生产率较高
 铣削直角沟槽用铣刀　　立铣刀	立铣刀主要用在立式铣床上加工平面、台阶和槽,也可以利用靠模加工成形表面。立铣刀圆周上的螺旋切削刃是主切削刃,端面上的切削刃是副切削刃,故切削时一般不宜沿铣刀轴线方向进给
 三面刃铣刀	三面刃铣刀简称三面刃,三个刃口均有后角,刃口锋利,切削轻快。三面刃铣刀是标准的机床刀具,通常在卧铣床上使用,一般用于铣沟槽和台阶
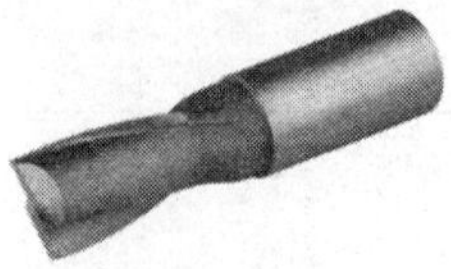 键槽铣刀	键槽铣刀是铣削键槽的专用刀具。它仅有两个刀瓣,其圆周切削刃和端面切削刃都可作为主切削刃,使用时先沿轴向进给切入工件,然后沿键槽方向进给铣出键槽全长
 锯片铣刀	锯片铣刀外形与圆柱铣刀或三面铣刀相似,但厚度较薄,用于切断工件或铣切窄深槽。这种铣刀由外圆周边缘向中心厚度逐渐变薄,形成侧面间隙,以避免铣刀被工件夹断
 铣削特形沟槽用铣刀　　T 形槽铣刀	T 形槽铣刀是加工 T 形槽的专用工具,直槽铣出后,可一次铣出精度达到要求的 T 形槽,铣刀端刃有合适的切削角度,刀齿按斜齿、错齿设计,切削平稳、切削力小。用于加工各种机械台面或其他构体上的 T 形槽

名称与图例	特点及应用
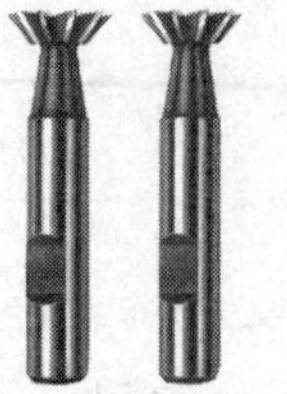 铣削特形沟槽用铣刀 **燕尾槽铣刀**	燕尾槽铣刀用于加工燕尾和燕尾槽
 **单角铣刀**	单角铣刀主要用于加工各种角度。其特点是切削刃为双刃呈一定的角度分布、齿数多，铣削平稳
 **对称双角铣刀**  **不对称双角铣刀**	双角铣刀是角度铣刀中的一种。双角铣刀又可以分对称双角铣刀和不对称双角铣刀。这类铣刀主要用于加工各种角度槽。不对称双角铣刀用来铣削角度槽、斜面及螺旋沟、台阶面。其特点是切削刃为双刃呈一定的角度分布，齿数多，铣削平稳
 铣削特形面用铣刀 **凹半圆铣刀**	凹半圆铣刀是成型铣刀中的一种，在外圆上具有凹半圆形刀齿，用来加工凸半圆形面的铲齿成型铣刀
 **凸半圆铣刀**	凸半圆铣刀为成型铣刀中的一种，凸半圆铣刀主要用于加工底部为凹半圆的沟槽

名称与图例	特点及应用
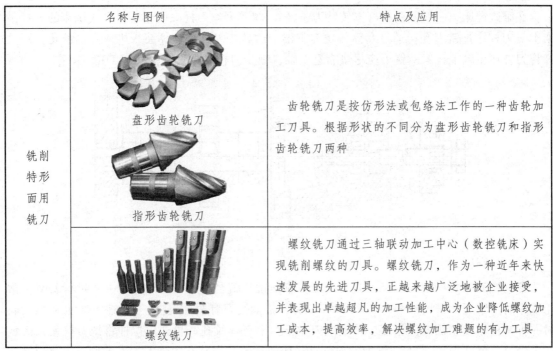 盘形齿轮铣刀 指形齿轮铣刀	齿轮铣刀是按仿形法或包络法工作的一种齿轮加工刀具。根据形状的不同分为盘形齿轮铣刀和指形齿轮铣刀两种
螺纹铣刀	螺纹铣刀通过三轴联动加工中心（数控铣床）实现铣削螺纹的刀具。螺纹铣刀，作为一种近年来快速发展的先进刀具，正越来越广泛地被企业接受，并表现出卓越超凡的加工性能，成为企业降低螺纹加工成本，提高效率，解决螺纹加工难题的有力工具

（左侧合并列："铣削特形面用铣刀"）

2. 铣刀的安装

各种不同种类和不同规格的铣刀，大多是通过铣刀杆安装在铣床主轴上的。铣刀杆是用来将铣刀安装在铣床主轴上的铣床附件。要安装铣刀，首先要根据铣床主轴孔的结构、铣刀的不同类型和规格选用相应形式和规格的刀杆。

铣床上一般采用 7∶24 圆锥的铣刀杆（或称刀柄）与铣床主轴锥孔配合。若刀杆为莫氏圆锥，则需用通过中间过渡锥套与主轴锥孔配合。锥体尾端有内螺纹孔，通过拉紧螺杆将铣刀杆拉紧在主轴锥孔内。锥体前端有一带两缺口的凸缘，与主轴轴端的凸键配合。

刀杆上装夹铣刀部分由于铣刀种类不同、铣刀的装夹方法不同，其结构种类也很多，常见的有安装带孔铣刀的普通光轴刀杆、安装套式端铣刀的专用刀杆、安装直柄铣刀用的套筒夹簧刀杆等（见图 6.7）。

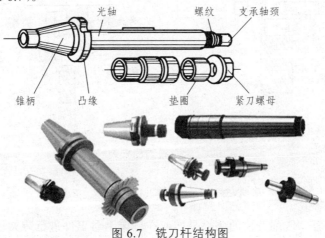

图 6.7　铣刀杆结构图

1）带孔铣刀的安装

在卧式铣床上一般使用拉杆安装铣刀，如图 6.8 所示。刀杆一端安装在卧式铣床的刀杆吊架上，刀杆穿过铣刀孔，通过套筒将铣刀定位，然后将刀杆的锥体装入机床主轴锥孔，用拉杆将刀杆在主轴上拉紧。铣刀应尽量靠近主轴，减少刀杆的变形，提高加工精度。

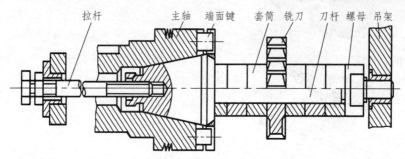

图 6.8　带孔铣刀的安装

2）带柄铣刀的安装

带柄铣刀有直柄铣刀和锥柄铣刀两种。直柄铣刀直径较小，可用弹簧夹头进行安装。常用铣床的主轴通常采用锥度为 7∶24 的内锥孔。锥柄铣刀有两种规格，一种锥柄锥度为 7∶24，另一种锥柄锥度采用莫氏锥度。锥柄铣刀的锥柄上有螺纹孔，可通过拉杆将铣刀拉紧，安装在主轴上。锥度为 7∶24 的锥柄铣刀可直接或通过锥套安装在主轴上，另一种采用莫氏锥度的锥柄铣刀，由于与主轴锥度规格不同，安装时要根据铣刀锥柄尺寸选择合适的过渡锥套，过渡锥套的外锥锥度为 7∶24，与主轴锥孔一致，其内锥孔为莫氏锥度，与铣刀锥柄相配。带柄铣刀的安装如图 6.9 所示。

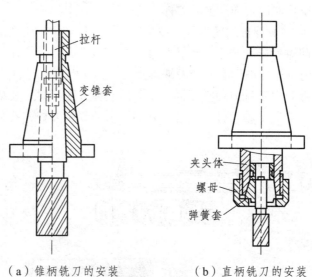

（a）锥柄铣刀的安装　　　　　（b）直柄铣刀的安装

图 6.9　带柄铣刀的安装

6.2.4　铣床附件及工件安装

对于铣削加工而言，铣削方法的关键是如何在铣床上对工件进行装夹。在铣床上进行批量较大的工件生产时，通常用专用的铣床夹具安装。在铣床上进行单件和小批量生产时，最常用的方法是用平口虎钳、压板和分度头来装夹工件。对于较小型的工件，一般采用平口虎钳装夹；对大、中型的工件则多是在铣床工作台上直接用压板来装夹；而对于轴类、套类或有等分要求及曲线外形的零件则多采用分度头或回转工作台来装夹。

1. 铣床附件及其应用

1）平口虎钳

平口虎钳是铣床上常用的机床附件。常用的平口虎钳主要有非回转式和回转式两种（见图 6.10）。两种平口虎钳的结构基本相同，只是回转式平口虎钳的底座设有转盘，钳体可绕转盘轴线在 360° 范围内任意扳转，使用方便，适应性很强。平口虎钳以钳口宽度为标准规格，常用的有 100 mm、125 mm、136 mm、160 mm、200 mm、250 mm 等 6 种。

平口虎钳的固定钳口本身精度及其相对底座底面的位置精度均较高。底座下面带有两个定位键，可以用铣床工作台的 T 形槽定位和连接，以保证固定钳口与工作台纵向进给方向垂直或平行。当加工工件的精度要求较高时，先用百分表校正平口钳在工作台上的位置，然后再夹紧工件。平口虎钳一般用于夹持小型较规则的零件，如较方正的板块类零件、盘套类零件、轴类零件和小型支架等。

平口虎钳安装工件时，应使工件被加工面高于钳口，否则应用垫铁垫高工件；应防止工件与垫铁间有间隙；为保护工件的已加工表面，可以在钳口与工件之间垫软金属片。

（a）回转式

（b）非回转式

图 6.10 平口虎钳

2）回转工作台

回转工作台又称圆转台，是带有可转动的台面、用以装夹工件并实现回转和分度定位的机床附件，主要用于较大零件的分度工作或非整圆弧面的加工。转台按结构不同又分为立轴式回转工作台、卧轴式回转工作台和万能回转工作台，如图 6.11 所示。铣床上常用的是立轴式回转工作台，它又分为手动进给回转工作台和自动进给回转工作台，如图 6.12 所示。手动进给回转工作台的内部有一副蜗轮蜗杆，手轮与蜗杆同轴连接。转动手轮，通过蜗轮蜗杆传动使转台转动。转台周围有刻度，用来观察和确定转台的位置；结合手轮上的刻度盘可读出转台的准确位置。

3）万能分度头

万能分度头是安装在铣床上用于将工件分成任意等分的机床附件。利用分度刻度环和游标，定位销和分度盘以及交换齿轮，将装卡在顶尖间或卡盘上的工件分成任意角度，可将圆周分成任意等分，辅助机床利用各种不同形状的刀具进行各种沟槽、正轮、凸轮等的加工工作。按夹持工件的最大直径，万能分度头的常用规格有 160 mm、200 mm、250 mm、320 mm 等几种，其中 FW250 型万能分度头是铣床上应用最普遍的一种，其外形如图 6.13 所示。

卧轴式回转工作台

万能回转工作台

图 6.11　回转工作台

手动进给回转工作台

自动进给回转工作台

图 6.12　立轴式回转工作台

图 6.13　万能分度头

（1）分度头的功用。

① 使工件绕本身轴线进行分度（等分或不等分）。如六方、齿轮、花键等等分的零件。

② 将工件的轴线相对铣床工作台台面扳成所需要的角度（水平、垂直或倾斜）。因此，可以加工不同角度的斜面。

③ 在铣削螺旋槽或凸轮时，能配合工作台的移动使工件连续旋转。

（2）分度头的结构。

分度头的底座内装有回转体，分度头主轴可随回转体在垂直平面内向上 90°和向下 10°范围内转动。主轴前端常装有三爪卡盘或顶尖。分度时拔出定位销，转动手柄，通过齿数比为 1：1

的直齿圆柱齿轮副传动，带动蜗杆转动，又经传动比为 1∶40 的蜗轮蜗杆副传动，带动主轴旋转分度。分度头的传动比 i=蜗杆的头数/蜗轮的齿数=1/40，即当手柄通过速比为 1∶1 的一对直齿轮带动蜗杆转动一周时，蜗轮带动主轴转过 1/40 周，其传动结构如图 6.14 所示。

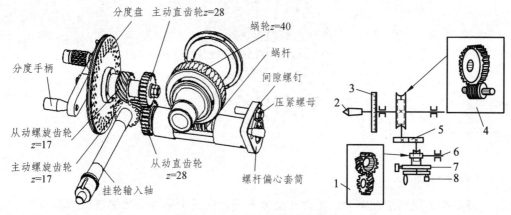

图 6.14　分度头的传动结构图

1—1∶1 螺旋齿轮传动；2—主轴；3—刻度盘；4—1∶40 蜗轮传动；5—1∶1 直齿轮传动；
6—挂轮轴；7—分度盘；8—定位销

例如：若在某工件整个圆周上的分度 z 等分，则每分一个等分就要求分度头主轴转 1/z 圈。这时，分度手柄所需转的圈数 n 即可由下列比例关系推得：

$$1:40=\frac{1}{z}:n,\ \ 即\ n=\frac{40}{z}$$

式中　n——手柄转数；

　　　z——工件的等分数；

　　　40——分度头定数。

（3）分度盘与分度叉。

① 分度盘。国产分度头一般配有两块分度盘，分度盘正反两面有许多数目不同的等距孔圈。

第一块分度盘正面各圈孔数分别为：24、25、28、30、34、37；

反面各圈孔数分别为：38、39、41、42、43。

第二块分度盘正面各圈孔数分别为：46、47、49、51、53、54；

反面各圈孔数分别为：57、58、59、62、66。

② 分度叉。为了避免每一次分度要数一次孔数的麻烦，并且为了防止分错，在分度盘上附有分度叉。分度叉的夹角大小可以松开螺钉进行调整，在调节时应注意使分度叉间的孔数比需要摇的孔数多一孔作为基准孔零件来计算。

例如，铣削齿数为 z=35 的齿轮，每一次分度时手柄转过的转数为

$$n=\frac{40}{z}=\frac{40}{35}=1\frac{5}{35}=1\frac{1}{7}$$

即每加工完一个齿，手柄需要转过 $1\frac{1}{7}$ 转。这 $\frac{1}{7}$ 转是通过分度盘来控制的。简单分度时，分度盘固定不动。此时将分度盘上的定位销拔出，调整孔数为 7 的倍数的孔圈上，即 28、42、49

均可。若选用 28 孔数，即 1/7=4/28。所以，分度时，手柄转过一转后，再沿孔数为 28 的孔圈上转过 4 个孔间距即可，如图 6.15 所示。

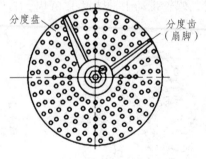

图 6.15 分度盘

2. 工件的装夹

装夹就是在金属切削加工时，工件在机床上或者夹具中装好后才能进行切削加工。装夹包括两个方面：

（1）定位。使工件在机床上或夹具中占有某一个正确的位置。

（2）夹紧。对工件施加一定的外力，使工件在加工过程中保持定位后的正确位置不变。

一般工件在机床上的装夹方式，取决于生产批量、工件大小及复杂程度、加工精度要求及定位的特点等。主要装夹方法见表 6.4。

表 6.4 工件的一般装夹方法

方法	图 示
用平口钳装夹	平行铁　　圆棒
用压板装夹	
用分度头装夹	

方法	图　　示
用 V 形铁装夹	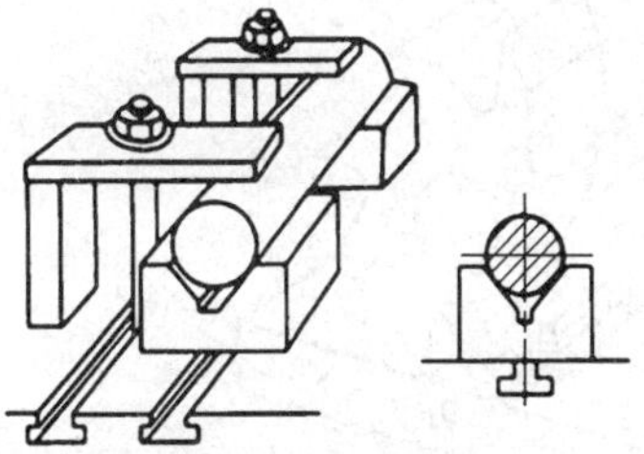
用圆形转台装夹	
用专用夹具装夹	

6.3　铣工实训内容

6.3.1　铣工的基本操作

1. 铣平面

用铣削方法加工工件的平面称为铣平面。平面是构成机器零件的基本表面之一，平面质量的好坏，主要从它的平整程度和表面粗糙度两个方面来衡量。铣平面是铣床加工的基本工作内容，铣削平面的方法很多，可用圆柱铣刀或端铣刀，也可以用其他铣刀。

1）周铣与端铣

在铣床上铣削工件时，由于铣刀的结构不同，工件上所加工的部位不同，所以具体的切削方式、方法也不一样。根据铣刀在切削时刀刃与工件接触的位置不同，铣削方法可分为周铣、端铣以及周铣与端铣同时进行的混合铣削。

（1）圆周铣。

圆周铣简称周铣，是指利用分布在铣刀圆柱面上的切削刃来形成平面（或表面）的铣削方法。周铣时，铣刀的旋转轴线与工件被加工表面相平行。图 6.16 所示分别为在卧铣和立铣上进行的周铣。

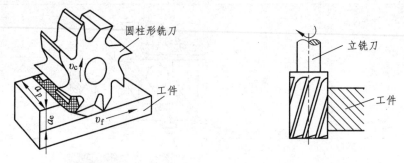

图 6.16　周铣

根据铣刀切削部位产生的切削力与进给方向的关系，铣削方式可分为顺铣和逆铣。顺铣是指铣削时，铣刀对工件的作用力在进给方向上的分力与工件进给方向相同的铣削方式，如图 6.17（a）所示。逆铣是指铣削时，铣刀对工件的作用力在进给方向上的分力与工件进给方向相反的铣削方式，如图 6.17（b）所示。

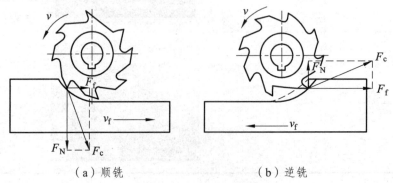

（a）顺铣　　　　　　　　　　（b）逆铣

图 6.17　顺铣和逆铣

如图 6.18 所示，顺铣时工件的进给会受工作台传动丝杠与螺母之间间隙的影响，因为顺铣时水平方向的铣削分力 F_f 方向与工作台进给方向 v_f 相同，F_f 作用在丝杠和螺母的间隙上，铣削力忽大忽小，使工作台窜动和进给量不均匀，便会啃伤工件，损坏刀具。逆铣时其水平方向上的铣削分力 F_f 方向与工作台进给方向 v_f 相反，两种作用力同时作用在丝杠与螺母的接合面上，工作台在进给运动中，绝不会发生工作台的窜动现象，即水平方向上的铣削分力 F_f 不会拉动工作台。但是在实际上，铣刀的刀刃开始接触工件后，将在表面滑行一段距离才真正切入金属。这就使得刀刃容易磨损，并增加加工表面的粗糙度。逆铣时，铣刀对工件有上抬的切削分力，影响工件安装在工作台上的稳固性。

（2）端面铣。

端面铣简称端铣，是用分布在铣刀端面上的切削刃铣削并形成已加工表面的铣削方法。端铣时，铣刀的旋转轴线与工件被加工表面相垂直。图 6.19 所示分别为在立铣和卧铣上进行的端铣。

端铣时，铣刀的切入边与切出边的切削力方向是相反的。这样根据铣刀与工件之间相对位置的不同，端铣可分为对称铣削和非对称铣削。

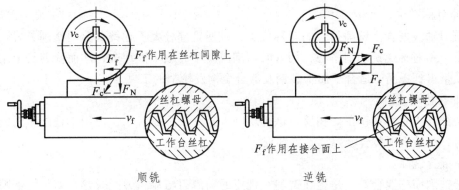

顺铣　　　　　　　　　　逆铣

图 6.18　周铣时的切削力对工作台的影响

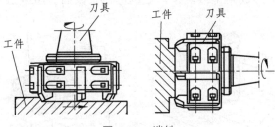

图 6.19　端铣

对称铣削如图 6.20 所示。铣削宽度 a_e 对称于铣刀轴线的端铣方式，称为对称铣削。铣削时，以轴线为对称中心，切入边与切出边所占的铣削宽度相等，切入边为逆铣；切出边为顺铣。

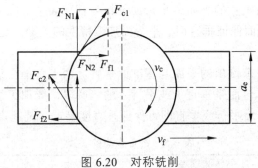

图 6.20　对称铣削

非对称铣削如图 6.21 所示。铣削宽度 a_e 不对称于轴线的端铣方式，称为非对称铣削。按切入边和切出边所占铣削宽度的比例的不同，非对称铣削又分为非对称顺铣和非对称逆铣两种。

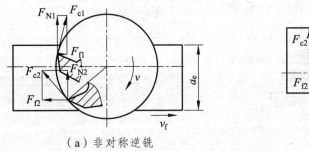

（a）非对称逆铣　　　　　　　　　　（b）非对称顺铣

图 6.21　非对称铣削

　　① 非对称逆铣。

　　当铣刀轴线偏置于铣削弧长的对称位置，且逆铣部分大于顺铣部分的铣削方式，称为不对称逆铣。不对称逆铣切削平稳，切入时切削厚度小，减小了冲击，从而使刀具耐用度和加工表面质量得到提高。适合于加工碳钢及低合金钢及较窄的工件。

　　② 非对称顺铣。

　　其特征与不对称逆铣正好相反。这种切削方式一般很少采用，但用于铣削不锈钢和耐热合金钢时，可减少硬质合金刀具剥落磨损。

　　（3）混合铣削。

　　混合铣削简称混合铣，是指在铣削时铣刀的圆周刃与端面刃同时参与切削的铣削方法。混合铣时，工件上会同时形成两个或两个以上的已加工表面。图 6.22 所示分别为在立铣和卧铣上进行的混合铣。

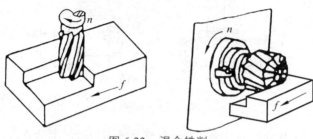

图 6.22　混合铣削

　　2）铣削垂直面和平行面

　　垂直面是指与基准面垂直的平面，平行面是指与基准面平行的平面。铣削垂直面、平行面前，应先加工基准面，而保证垂直面、平行面加工精度的关键，是工件的正确定位和装夹。

　　（1）铣削垂直面。

　　所谓垂直面，就是要求铣出的平面与基准面垂直。而不管是在立式铣床还是卧式铣床上加工出来的平面都与工作台面是垂直（或平行）的。所以，要加工垂直面，只要在安装工件时保证基准面与工作台台面平行或垂直即可保证垂直度要求。铣垂直面的要点见表 6.5。

表 6.5　铣垂直面的要点

操作条件	操作图示	操作要点
在卧式铣床上用圆柱铣刀铣垂直面	（图示）	工件基准面靠向平口钳的固定钳口，为保证基准面与固定钳口的良好贴合，夹紧工件时可在活动钳口与工件间放置一圆铜棒
	工件　工件基准面　辅助夹具角铁（图示）	当工件宽而薄，不能用平口钳定位装夹时，可使用角铁装夹工件，保证基准面垂直于工作台台面

操作条件	操作图示	操作要点
在卧式铣床上用端铣刀铣垂直面	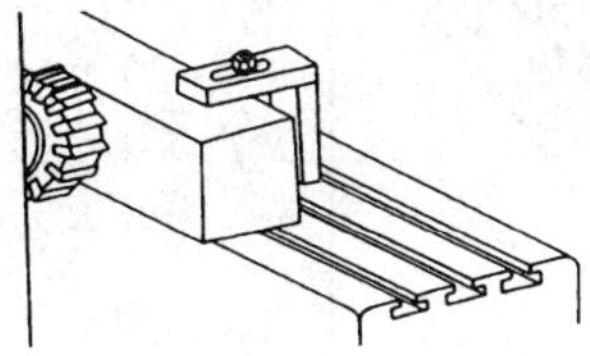	将工件的基准面紧贴工作台台面，再用压板夹紧工件
	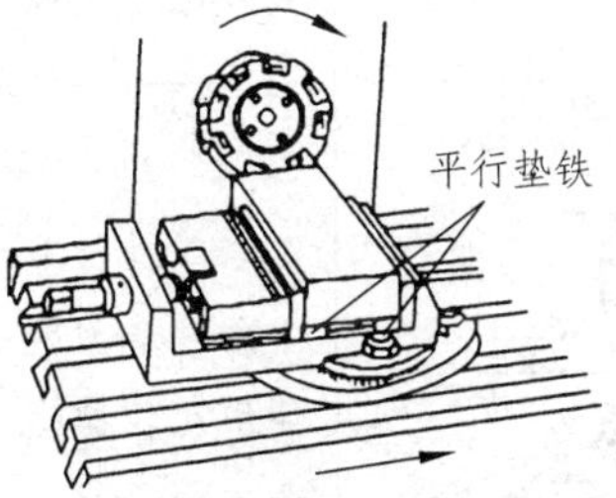 平行垫铁	先把平口钳的固定钳口校正，使其与主轴轴线平行，安装工件时，将基准面靠向平口钳的固定钳口，保证基准面与固定钳口贴合良好
在立式铣床上用端铣刀铣垂直面	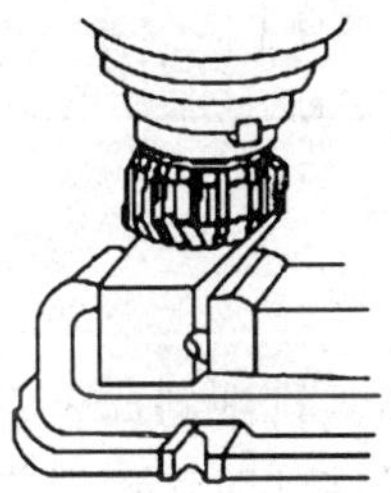	安装工件时，将基准面靠向平口钳的固定钳口，保证基准面与固定钳口贴合良好
	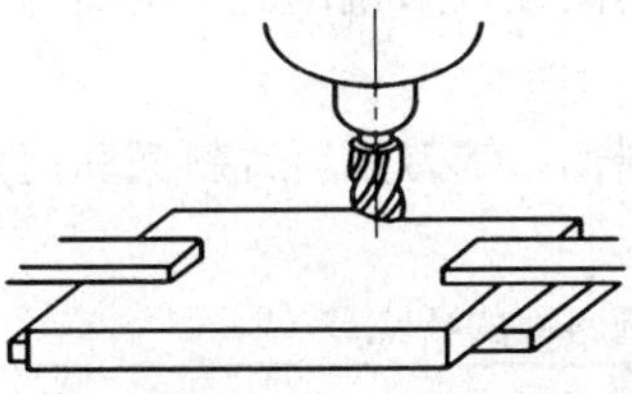	当工件基准面宽而长、加工面较窄的垂直面时，将工件的基准面紧贴工作台台面，再用压板夹紧工件

（2）铣削平行面。

　　加工平行面除了与加工单一平面一样需要保证平面的直线度、平面度和粗糙度要求外，还需要保证相对于基准面的位置精度及与基准面的尺寸精度要求。铣平行面的要点见表 6.6。

表 6.6　铣平行面的要点

操作条件	操作图示	操作要点
用平口钳装夹工件铣平行面	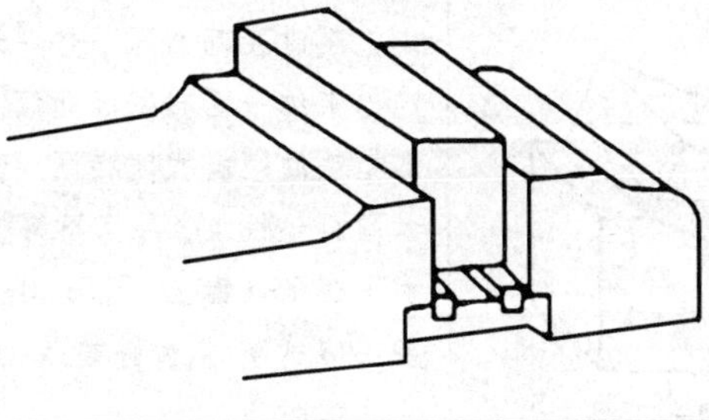	工件基准面靠向平口钳钳体导轨面，基准面与钳体导轨之间垫两块厚度相等的平行垫块，也称等高块（便于抽动平行垫块检查基准面是否与钳体导轨面平行）。可以在卧式铣床上用圆形铣刀周铣，也可在立式铣床上用端铣刀端铣

续表

操作条件	操作图示	操作要点
用压板装夹工件铣平行面	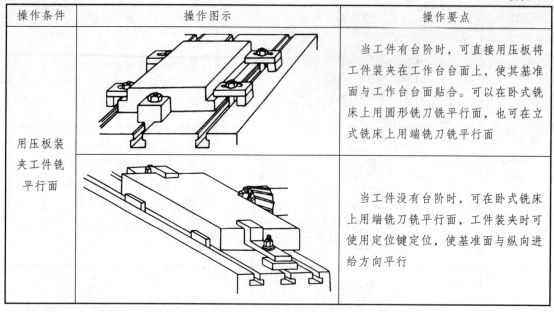	当工件有台阶时，可直接用压板将工件装夹在工作台台面上，使其基准面与工作台台面贴合。可以在卧式铣床上用圆形铣刀铣平行面，也可在立式铣床上用端铣刀铣平行面
		当工件没有台阶时，可在卧式铣床上用端铣刀铣平行面，工件装夹时可使用定位键定位，使基准面与纵向进给方向平行

2. 铣斜面和台阶

1）铣斜面

斜面是指与工件基准面成一定倾斜角度的平面。铣削斜面，工件、铣床、刀具之间的关系必须满足两个条件：一个是工件的斜面应平行于铣削时铣床工作台的进给方向。另一个是工件的斜面应与铣刀的切削位置相吻合，即用圆柱铣刀铣削时，斜面与铣刀的外圆柱面相切；用端面铣刀铣削时，斜面与铣刀端面相重合。

普通铣床上铣斜面的方法有工件倾斜铣斜面、铣刀倾斜铣斜面和用角度铣刀铣斜面三种，铣斜面的要点见表6.7。

表6.7　铣斜面的要点

操作方法		操作图示	操作要点
工件倾斜铣斜面	按划线装夹工件铣斜面		装夹工件时，使所划刻线与平口钳钳口平行，用铣刀铣去刻线以上的区域实体。由于划线费时，装夹和找正工件也很慢，一般用于单件生产
	用倾斜垫铁装夹铣斜面	2 1 1—倾斜垫铁；2—工件	铣削时在基准面下垫一块倾斜的垫铁，铣出来的平面与基准面倾斜，其倾斜程度与垫铁的倾斜程度相同。该方法将工件置于倾斜垫铁上，再将倾斜垫铁与工件一起装夹在平口钳上，主要用于成批生产，此装夹方式要求倾斜垫铁的宽度应小于工件的宽度

操作方法		操作图示	操作要点
工件倾斜铣斜面	用分度头装夹工件铣斜面	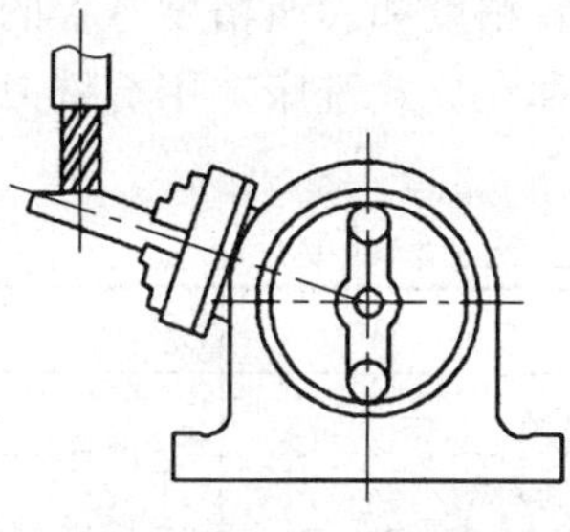	利用分度头主轴上的卡盘夹持工件，使被加工工件的轴线，倾斜成需要的角度，铣削斜面
	用靠铁装夹工件铣斜面	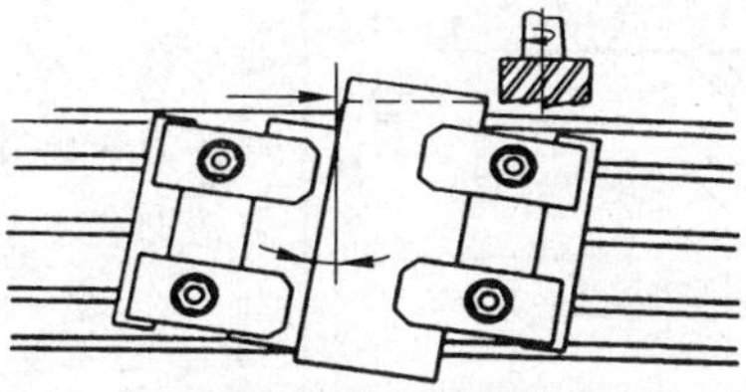	用于外形尺寸较大的工件，将工件的一个侧面靠向靠铁的基准面，用压板压紧，用铣刀铣削斜面
	调整平口钳体角度装夹工件铣斜面	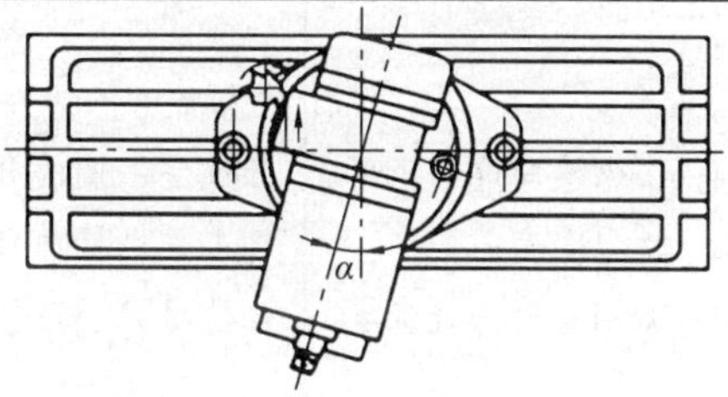 斜面与横向进给方向平行 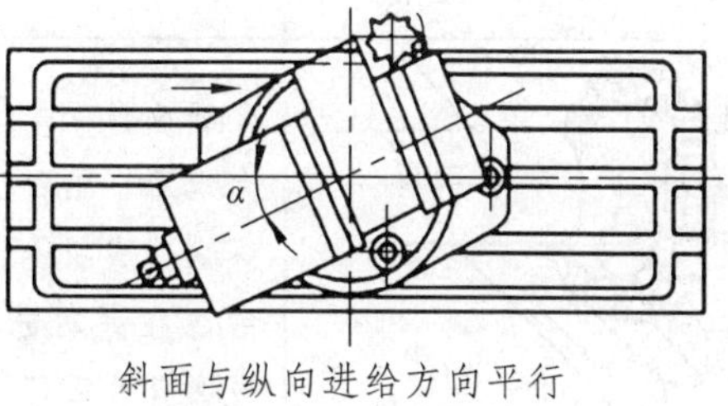 斜面与纵向进给方向平行	工件用平口钳装夹，然后将平口钳钳体旋转一定角度，再用立铣刀或端铣刀铣削斜面
铣刀倾斜铣斜面		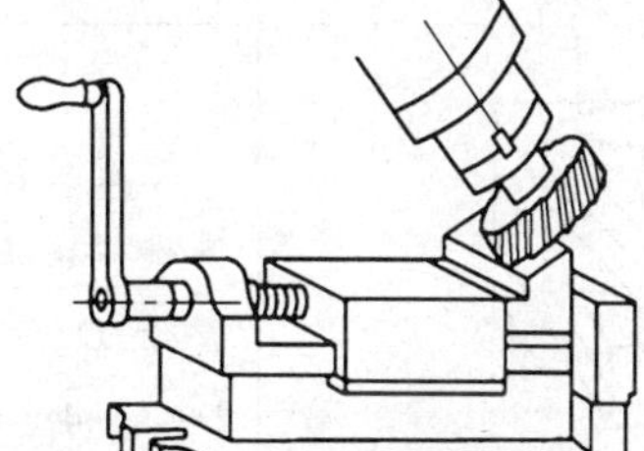	将铣床主轴按要求偏转所需角度，进行斜面铣削
用角度铣刀铣斜面		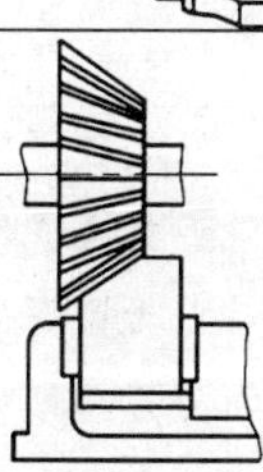 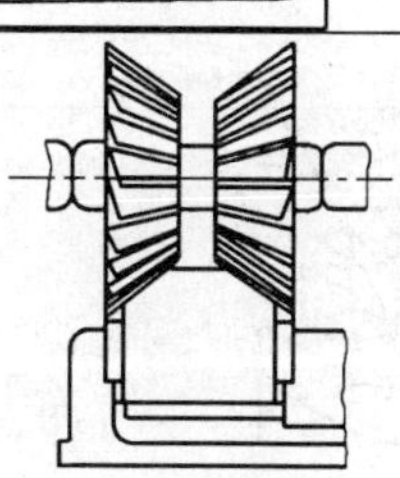 铣单斜面　　　铣双斜面	斜面的倾斜角度由铣刀保证。此方法由于受铣刀刀刃宽度的限制，只适用于铣宽度较窄的斜面

2）铣台阶

在机械加工中，许多零件是带有台阶平面的，如阶梯垫铁等。零件上的台阶，根据其结构要求（如台阶的平面度、尺寸精度、位置精度和表面精度等）的不同，可采用不同的加工方法，通常可在卧式铣床上用三面刃铣刀和在立式铣床上用端铣刀或立铣刀进行加工。其具体铣削方法及要点见表6.8。

表6.8　铣台阶的要点

操作方法		操作图示	操作要点
用三面刃铣刀铣台阶	用一把三面刃铣刀	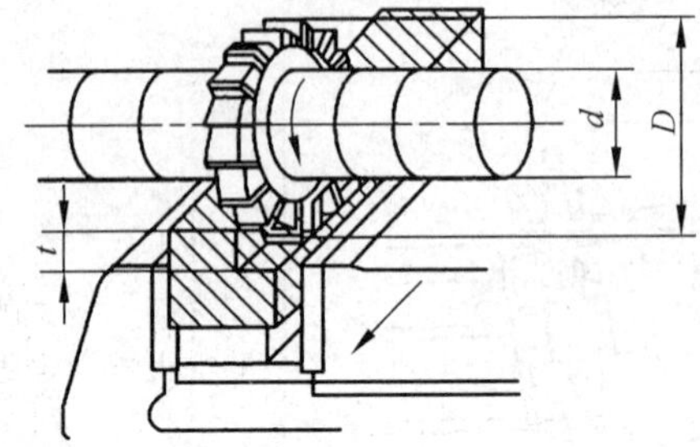	由于三面刃铣刀的直径和刀齿尺寸都比较大，容屑槽也较大，所以刀齿的强度大，排屑、冷却较好，生产率高。铣削时，三面刃铣刀的圆柱面刀刃起主要切削作用，两个侧面刃起修光作用
		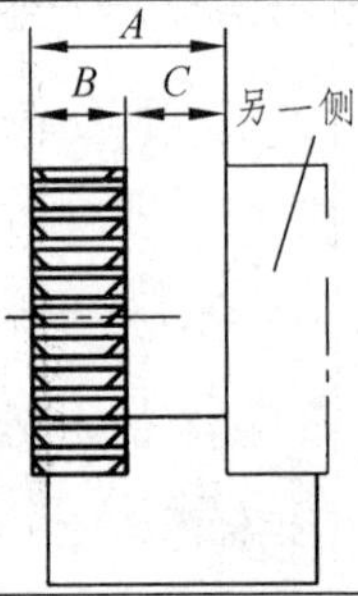 A—工件横向进给距离； B—铣刀宽度； C—双面台阶凸台宽度	铣完一侧的台阶后，退出工件，再将工作台横向移动一个距离A，然后再铣另一台阶
	用两把三面刃铣刀组合	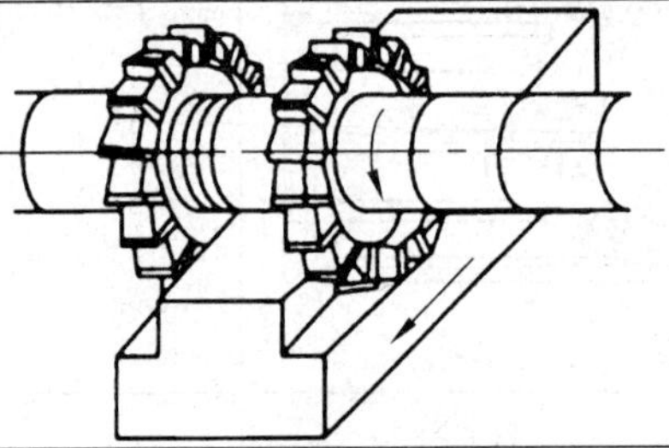	在成批或大量生产时，一般采用组合铣刀铣削台阶面。此种方法，采用等直径成组铣刀和调整垫圈，经调正后可在一次进给运动后铣出双台阶或多台阶零件
用端铣刀铣台阶		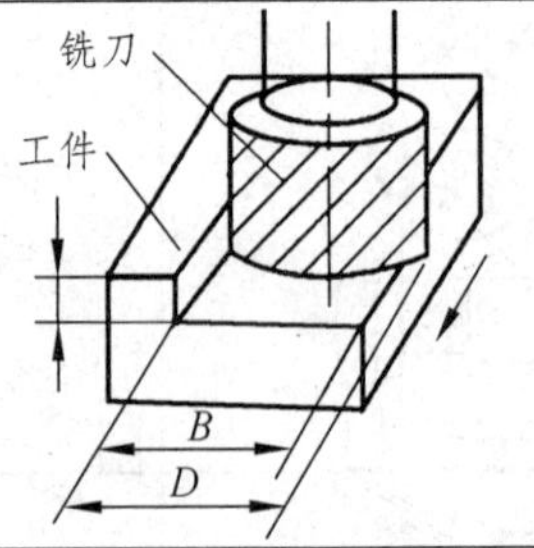	宽度较宽而深度较浅的台阶，常用端铣刀在立式铣床上加工。端铣刀的直径D应大于台阶宽度B，一般按$D=（1.4～1.6）B$选取
用立铣刀铣台阶		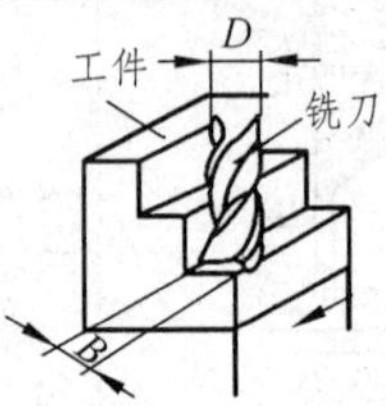	深度较深的台阶或多台阶，常用立铣刀在立式铣床上加工。铣削时，立铣刀大圆周刀刃起主要切削作用，端面刀刃起修光作用。在条件允许的条件下，尽可能选用直径较大的立铣刀

3. 铣键槽

由于轴类零件上键槽的两侧面与平键两侧面相配合传递转矩，是主要工作面，因此，键槽宽度尺寸精度要求较高，同时要求键槽两侧面的表面粗糙度值较小，键槽对轴的轴线对称度也较高，槽的深度精度要求较低。

在轴类零件上加工键槽时，轴类零件的装夹方法很多。装夹工件时，不但要保证工件的稳定可靠，还要保证工件的轴线位置不变，以保证键槽的中心平面通过轴线。铣键槽的要点见表 6.9。

表 6.9　铣键槽的要点

操作方法	操作图示	操作要点
用平口钳装夹	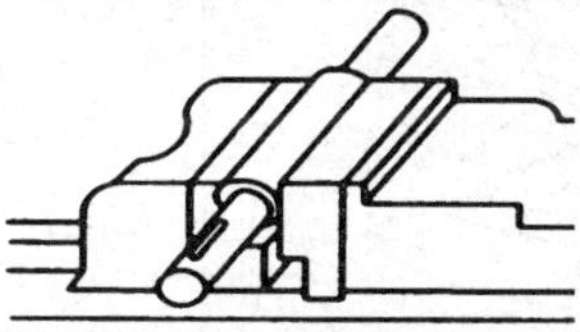	用平口钳装夹工件，装夹简单、稳固，但安装找正麻烦，影响键槽的深度尺寸和键槽的对称度，适用于单件生产
用 V 形架和压板装夹	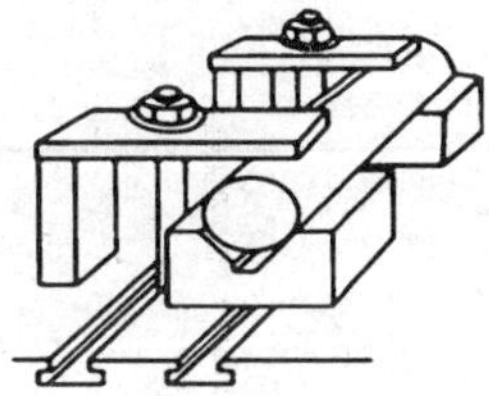	工件对中性好，当工件直径变动时，不影响键槽的对称性
用分度头装夹	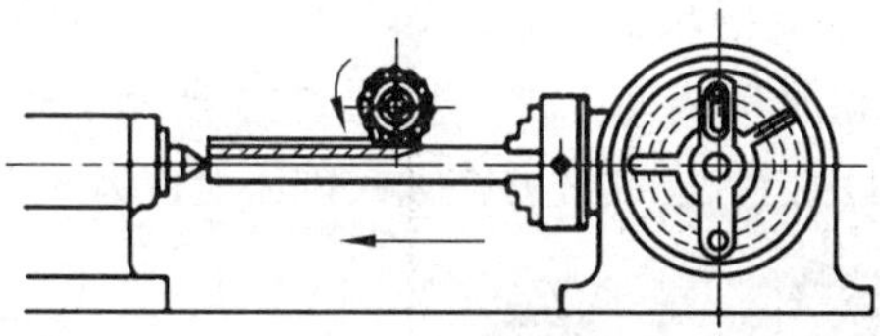	用分度头主轴和尾座采用一夹一顶（或两顶尖）方式装夹工件，键槽的对称性不受工件直径变化的影响。但在安装分度头和尾座时，应用标准量棒在两顶尖或一夹一顶装夹，用百分表校正其上母线与工作台纵向进给方向的平行度

4. 铣成形面

在机器制造中，经常会遇到有些零件表面素线不是直线而是曲线，这些带有曲线的零件表面叫成形面（特形面）。铣成形面的主要方法有用成形刀铣削法、用圆形工作台铣削法、用靠模铣削法等。其加工要点见表 6.10。

表 6.10　铣成形面的要点

操作方法	操作图示	操作要点
用成形刀铣削法	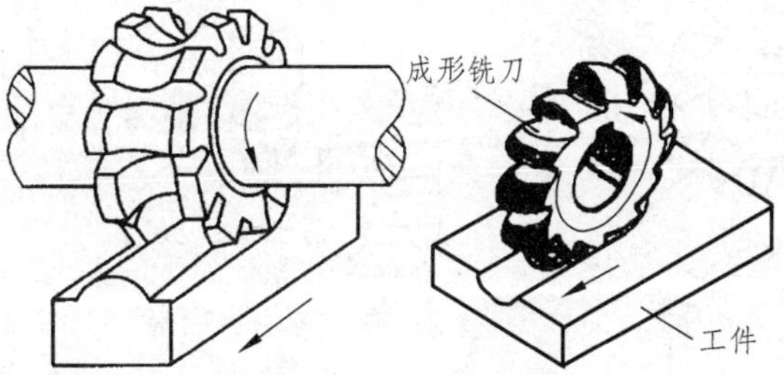	在卧式铣床上用成形铣刀加工，成形铣刀的形状要与成形面的形状相吻合

操作方法	操作图示	操作要点
圆形工作台铣削法		通过圆形旋转工作台的旋转铣削加工成形面
靠模铣削法	工件　靠模　　　立铣刀	用靠模加工

5. 铣齿形

齿轮齿形的加工原理可分为两大类：展成法（又称范成法），它是利用齿轮刀具与被切齿轮的互相啮合运转而切出齿形的方法；如插齿和滚齿加工等；成形法（又称型铣法），它是利用仿照与被切齿轮齿槽形状相符的盘状铣刀或指状铣刀切出齿形的方法。在铣床上加工齿形的方法属于成形法。铣削时，常用分度头和尾架装夹工件，如图 6.23 所示。可用盘状模数铣刀在卧式铣床上铣齿[见图 6.24（a）]，也可用指状模数铣刀在立式铣床上铣齿[见图 6.24（b）]。

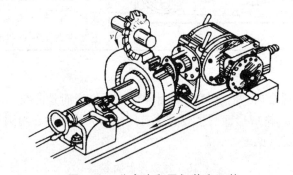

图 6.23　分度头和尾架装夹工件

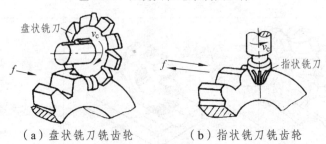

（a）盘状铣刀铣齿轮　　　　　（b）指状铣刀铣齿轮

图 6.24　用盘状铣刀和指状铣刀加工齿轮

6.3.2 铣削工艺实训科目

1. 项目描述

如图 6.25 所示六面体，毛坯材料为 80 mm×110 mm×110 mm 的 45 钢，按单件小批量生产方式，试述其加工工艺。

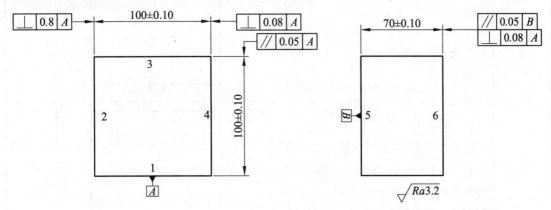

图 6.25　铣削六面体

2. 六面体的技术要求

（1）尺寸公差：长和高应保证在 100±0.10 mm，宽应保证在 70±0.10 mm；

（2）平面 2 和平面 4 相对平面 1 的垂直度公差为 0.08 mm，平面 3 相对平面 1 的平行度公差为 0.05 mm，平面 6 相对平面 5 的平行度公差为 0.05 mm，平面 6 相对平面 1 的垂直度公差为 0.08 mm；

（3）全部表面粗糙度 Ra 均为 3.2。

3. 六面体的铣削方法分析

本工件适合用端铣法，工件为六面体，且无沟槽类结构。用端铣不仅能提高加工效率，而且还能提高表面粗糙度。

4. 六面体的铣削工艺

六面体的铣削工艺见表 6.11。

表 6.11　六面体的铣削工艺

工序号	工序内容	工序简图
1	铣面 1（基准 A），以面 3 为粗基准，粗加工平面 1.0~102.5 mm 然后松开工件以较小夹紧力重新夹紧，再精铣至 102 mm	

工序号	工序内容	工序简图
2	铣面 2，以面 1 为精基准与虎钳固定钳口贴平，垫好垫铁，在活动钳口与工件间置圆棒夹紧。粗、精铣面 2 至尺寸 102 mm，并去毛刺	
3	铣面 4，以面 1 为精基准与虎钳固定钳口贴平，垫好垫铁，在活动钳口与工件间置圆棒夹紧。粗、精铣面 2 至尺寸 100 mm，并去毛刺	
4	铣面 3，把面 2 和固定钳口贴平，垫好垫铁，粗、精铣面 3 至尺寸 100 mm，并去毛刺	
5	铣面 5，把面 1 和固定钳口贴平，垫好垫铁，然后用直角尺校正好垂直度。粗、精铣面 5 至尺寸 72 mm，并去毛刺	
6	铣面 6，把面 1 和固定钳口贴平，垫好垫铁，然后用直角尺校正好垂直度。粗、精铣面 6 至尺寸 70 mm，并去毛刺	
7	钳工去除毛刺	
8	按零件图检验	

✕ 复习题

（1）X6132 型万能卧式铣床主要由哪几部分组成的？各部分的主要作用是什么？

（2）铣削的主运动和进给运动各是什么？

（3）铣床的主要附件有哪几种？其主要作用是什么？

（4）铣床能加工哪些表面？各用什么刀具？

（5）铣床主要有哪几类？卧铣和立铣的主要区别是什么？

（6）用来制造铣刀的材料主要是什么？

（7）如何安装带柄铣刀和带孔铣刀？

（8）逆铣和顺铣相比，其突出优点是什么？

（9）在铣床上为什么要开车对刀？为什么必须停车变速？

（10）分度头的转动体在水平轴线内可转动多少度？

（11）在轴上铣封闭式和敞开式键槽可选用什么铣床和刀具？

（12）铣床上工件的主要安装方法有哪几种？

第7章 刨工实训

7.1 刨工实训安全操作规程

（1）在刨床上工作时，要特别注意工件在工作台上的装卡必须牢固和准确。

（2）刨刀或刨刀杆必须牢固、正确地装在刀盒里，刀头不能伸出太长，（以适合加工为准），同样，刨刀头装在刨杆上时也必须牢固、正确。

（3）学生在进行操作加工时，应站在工作台的侧面，切削时不得面对铁屑飞出方向观察刨削加工情况，以免切削飞入眼里。不准用手触摸加工表面。

（4）凡是运动部位，均不准用手去摸、也不要靠得太近，如走刀机构，操作者应始终和它保持一定距离。

（5）如果要调整某一部位（如变速），一定要先停车后调整，以免发生设备及人身事故。

（6）对机床润滑部位，要做到勤上油，勤擦拭。

（7）工、量具要放得整齐有序，量具不要放在机床上。

7.2 刨工实训理论知识

7.2.1 刨削加工简介

1. 刨削特点

在牛头刨床上进行刨削加工时，刨刀的纵向往复直线运动为主运动，零件随工作台做横向间歇进给运动，如图 7.1 所示。

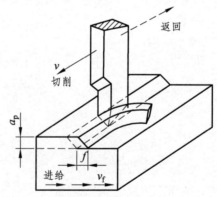

图 7.1 牛头刨床的刨削运动和切削用量

刨削加工具有以下特点：

1）生产率一般较低

刨削是不连续的切削过程，刀具切入、切出时切削力有突变，会引起冲击和振动，限制了刨削速度的提高。此外，单刃刨刀实际参加切削的长度有限，一个表面往往要经过多次行程才能加工出来，刨刀返回行程时不进行工作。由于以上原因，刨削生产率一般低于铣削，但对于狭长表面（如导轨面）的加工，以及在龙门刨床上进行多刀、多件加工，其生产率可能高于铣削。

2）刨削加工通用性好、适应性强

刨床结构较车床、铣床等简单，调整和操作方便；刨刀形状简单，和车刀相似，制造、刃磨和安装都较方便；刨削时一般不需加切削液。

2. 刨削加工范围

刨削加工的尺寸精度一般为 IT9～IT8，表面粗糙度 Ra 值为 6.3～1.6，用宽刀精刨时，Ra 值可达 1.6。此外，刨削加工还可保证一定的相互位置精度，如面对面的平行度和垂直度等。刨削在单件、小批生产和修配工作中得到广泛应用。刨削主要用于加工各种平面（水平面、垂直面和斜面）、各种沟槽（直槽、T 形槽、燕尾槽等）和成形面等，如图 7.2 所示。

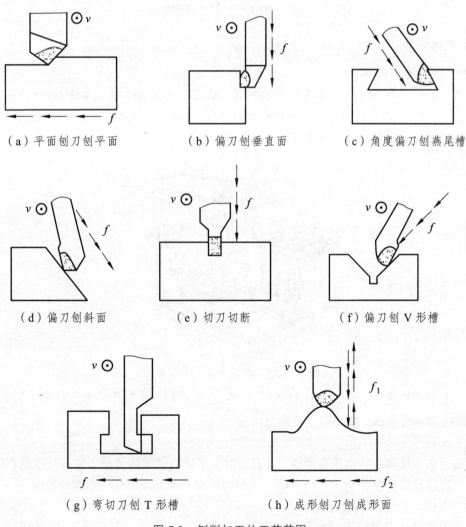

（a）平面刨刀刨平面　　　（b）偏刀刨垂直面　　　（c）角度偏刀刨燕尾槽

（d）偏刀刨斜面　　　（e）切刀切断　　　（f）偏刀刨 V 形槽

（g）弯切刀刨 T 形槽　　　（h）成形刨刀刨成形面

图 7.2　刨削加工的工艺范围

7.2.2 刨床简介

刨床主要有牛头刨床和龙门刨床两种，常用的是牛头刨床。牛头刨床最大的刨削长度一般不超过 1 000 mm，适合于加工中小型零件。龙门刨床由于其刚性好，而且有 2～4 个刀架可同时工作，因此，它主要用于加工大型零件或同时加工多个中、小型零件，其加工精度和生产率均比牛头刨床高。刨床上加工的典型零件如图 7.3 所示。

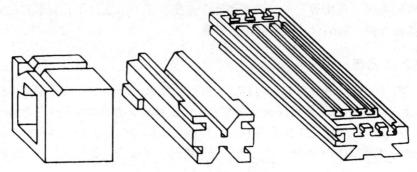

图 7.3 刨床上加工的典型零件

1. 牛头刨床

1）牛头刨床的组成

如图 7.4 所示为 B6065 型牛头刨床的外形。型号 B6065 中，B 为机床类别代号，表示刨床，读作"刨"；6 和 0 分别为机床组别和系别代号，表示牛头刨床；65 为主参数最大刨削长度的 1/10，即该刨床的最大刨削长度为 650 mm。

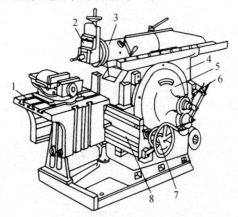

图 7.4 B6065 型牛头刨床外形图

1—工作台；2—刀架；3—滑枕；4—床身；5—摆杆机构；6—变速机构；7—进给机构；8—横梁

B6065 型牛头刨床主要由以下几部分组成：

（1）床身。

床身用来支撑和连接刨床各部件。其顶面的水平导轨供滑枕带动刀架进行往复直线运动，侧面的垂直导轨供横梁带动工作台升降。床身内部有主运动变速机构和摆杆机构。

（2）滑枕。

滑枕用来带动刀架沿床身水平导轨作往复直线运动。滑枕往复直线运动的快慢、行程的长度和位置，均可根据加工需要调整。

（3）刀架。

刀架用来夹持刨刀，其结构如图 7.5 所示。当转动刀架手柄 5 时，滑板 4 带着刨刀沿刻度转盘 7 上的导轨上、下移动，调整背吃刀量或加工垂直面时做进给运动。松开转盘 7 上的螺母，将转盘扳转一定角度，可使刀架斜向进给，用来加工斜面。刀座 3 装在滑板 4 上。抬刀板 2 可绕刀座上的销轴向上抬起，以使刨刀在返回行程时离开零件已加工表面，减少刀具与零件的摩擦。

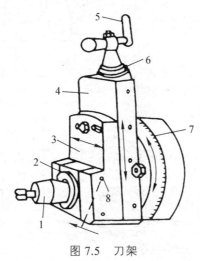

图 7.5　刀架

1—刀夹；2—抬刀板；3—刀座；4—滑板；5—手柄；6—刻度环；7—刻度转盘；8—销轴

（4）工作台。

工作台用来安装零件，可随横梁做上下调整，也可沿横梁导轨做水平移动或间歇进给运动。

2）牛头刨床的传动系统

B6065 型牛头刨床的传动系统主要包括摆杆机构和棘轮机构。

（1）摆杆机构。

摆杆机构的作用是将电动机传来的旋转运动变为滑枕的往复直线运动，结构如图 7.6 所示。摆杆 7 上端与滑枕内的螺母 2 相连，下端与支架 5 相连。摆杆齿轮 3 上的偏心滑块 6 与摆杆 7 上的导槽相连。当摆杆齿轮 3 由小齿轮 4 带动旋转时，偏心滑块就在摆杆 7 的导槽内上下滑动，从而带动摆杆 7 绕支架 5 中心左右摆动，于是滑枕便做往复直线运动。摆杆齿轮转动一周，滑枕带动刨刀往复运动一次。

（2）棘轮机构。

棘轮机构的作用是使工作台在滑枕完成回程与刨刀再次切入零件之前的瞬间，做间歇横向进给，横向进给机构如图 7.7（a）所示，棘轮机构的结构如图 7.7（b）所示。

齿轮 5 与摆杆齿轮为一体，摆杆齿轮逆时针旋转时，齿轮 5 带动齿轮 6 转动，使连杆 4 带动棘爪 3 逆时针摆动。棘爪 3 逆时针摆动时，其上的垂直面拨动棘轮 2 转过若干齿，使丝杠 8 转过相应的角度，从而实现工作台的横向进给。而当棘轮顺时针摆动时，由于棘爪后面为一斜面，只能从棘轮齿顶滑过，不能拨动棘轮，所以工作台静止不动，这样就实现了工作台的横向间歇进给。

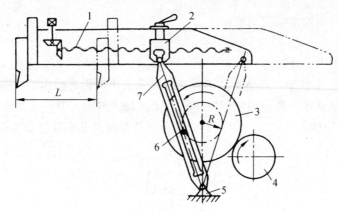

图 7.6　摆杆机构

1—丝杠；2—螺母；3—摆杆齿轮；4—小齿轮；5—支架；6—偏心滑块；7—摆杆

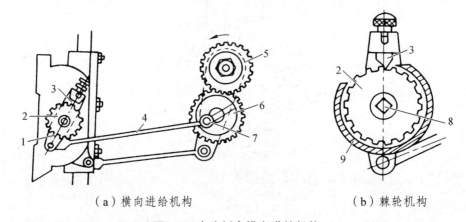

（a）横向进给机构　　　　　　　　（b）棘轮机构

图 7.7　牛头刨床横向进给机构

1—棘爪架；2—棘轮；3—棘爪；4—连杆；5，6—齿轮；7—偏心销；8—横向丝杠；9—棘轮罩

3）牛头刨床的调整

（1）滑枕行程长度、起始位置、速度的调整。

刨削时，滑枕行程的长度 L 一般应比零件刨削表面长 30～40 mm。如图 7-6 所示，滑枕的行程长度调整是通过改变摆杆齿轮上偏心滑块的偏心距离来实现的，偏心滑块的偏心距越大，摆杆摆动的角度就越大，滑枕的行程长度也就越长；反之，则越短。

松开滑枕内的锁紧手柄，转动丝杠，即可改变滑枕行程的起始点，使滑枕移到所需要的位置。

调整滑枕速度时，必须在停车之后进行，否则将打坏齿轮，如图 7.4 所示，可以通过变速机构 6 来改变变速齿轮的位置，使牛头刨床获得不同的转速。

（2）工作台横向进给量的大小、方向的调整。

工作台的进给运动既要满足间歇运动的要求，又要与滑枕的工作行程协调一致，即在刨刀返回行程将结束时，工作台连同零件一起横向移动一个进给量。牛头刨床的进给运动是由棘轮机构实现的。

如图 7.7 所示，棘爪架空套在横梁丝杠轴上，棘轮用键与丝杠轴相连。工作台横向进给量的大小，可通过改变棘轮罩的位置，从而改变棘爪每次拨过棘轮的有效齿数来调整。

棘爪拨过棘轮的齿数较多时，进给量大；反之则小。此外，还可通过改变偏心销 7 的偏心距来调整，偏心距小，棘爪架摆动的角度就小，棘爪拨过的棘轮齿数少，进给量就小；反之，进给量则大。

若将棘爪提起后转动 180°，可使工作台反向进给。当把棘爪提起后转动 90°时，棘轮便与棘爪脱离接触，此时可手动进给。

2. 龙门刨床

龙门刨床的外形如图 7.8 所示。龙门刨床因有一个"龙门"式的框架而得名。与牛头刨床不同的是，在龙门刨床上加工时，零件随工作台的往复直线运动为主运动，进给运动是垂直刀架沿横梁上的水平移动和侧刀架在立柱上的垂直移动。

龙门刨床适用于刨削大型零件，零件长度可达几米、十几米、甚至几十米。也可在工作台上同时装夹几个中、小型零件，用几把刀具同时加工，故生产率较高。龙门刨床特别适于加工各种水平面、垂直面及各种平面组合的导轨面、T 形槽等。

龙门刨床的主要特点是，自动化程度高，各主要运动的操纵都集中在机床的悬挂按钮站和电气柜的操纵台上，操作十分方便；工作台的工作行程和空回行程可在不停车的情况下实现无级变速；横梁可沿立柱上下移动，以适应不同高度零件的加工；所有刀架都有自动抬刀装置，并可单独或同时进行自动或手动进给，垂直刀架还可转动一定的角度，用来加工斜面。

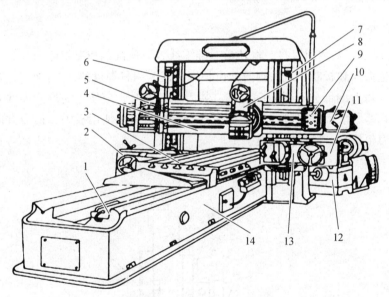

图 7.8 B2010A 型龙门刨床

1—液压安全器；2—左侧刀架进给箱；3—工作台；4—横梁；5—左垂直刀架；6—左立柱；7—右立柱；8—右垂直刀架；9—悬挂按钮站；10—垂直刀架进给箱；11—右侧刀架进给箱；12—工作台减速箱；13—右侧刀架；14—床身

7.2.3 刨刀及其安装

1. 常用刨刀介绍

刨刀的几何形状与车刀相似，但刀杆的截面积比车刀大 1.25 ~ 1.5 倍，以承受较大的冲击力。刨刀的前角 γ_0 比车刀稍小，刃倾角取较大的负值，以增加刀头的强度。刨刀的一个显著特点是刨刀的刀头往往做成弯头，如图 7.9 所示为弯、直头刨刀比较示意图。做成弯头的目的是当刀具碰到零件表面上的硬点时，刀头能绕 O 点向后上方弹起，使切削刃离开零件表面，不会啃入零件已加工表面或损坏切削刃，因此，弯头刨刀比直头刨刀应用更广泛。

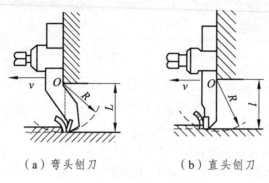

（a）弯头刨刀　　　　（b）直头刨刀

图 7.9　弯头刨刀和直头刨刀

刨刀的形状和种类依加工表面形状不同而有所不同。常用刨刀及其应用如图 7.2 所示。平面刨刀用以加工水平面；偏刀用于加工垂直面、台阶面和斜面；角度偏刀用以加工角度和燕尾槽；切刀用以切断或刨沟槽；内孔刀用以加工内孔表面（如内键槽）；弯切刀用以加工 T 形槽及侧面上的槽；成形刀用以加工成形面。

2. 刨刀的安装

如图 7.10 所示，安装刨刀时，将转盘对准零线，以便准确控制背吃刀量，刀头不要伸出太长，以免产生振动和折断。直头刨刀伸出长度一般为刀杆厚度的 1.5～2 倍，弯头刨刀伸出长度可稍长些，以弯曲部分不碰刀座为宜。装刀或卸刀时，应使刀尖离开零件表面，以防损坏刀具或者擦伤零件表面，必须一只手扶住刨刀，另一只手使用扳手，用力方向自上而下，否则容易将抬刀板掀起，碰伤或夹伤手指。

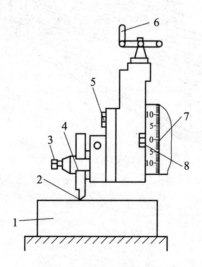

图 7.10　刨刀的安装

1—零件；2—刀头伸出要短；3—刀夹螺钉；4—刀夹；5—刀座螺钉；
6—刀架进给手柄；7—转盘对准零线；8—转盘螺钉

3. 工件的安装

在刨床上零件的安装方法视零件的形状和尺寸而定。常用的有平口虎钳安装、工作台安装和专用夹具安装等，装夹零件方法与铣削相同，可参照铣床中零件的安装及铣床附件所述内容。

7.3 刨工实训内容

1. 刨平面

1）刨水平面

刨削水平面的顺序：

（1）正确安装刀具和零件。

（2）调整工作台的高度，使刀尖轻微接触零件表面。

（3）调整滑枕的行程长度和起始位置。

（4）根据零件材料、形状、尺寸等要求，合理选择切削用量。

（5）试切，先用手动试切。进给 1~1.5 mm 后停车，测量尺寸，根据测得结果调整背吃刀量，再自动进给进行刨削。当零件表面粗糙度 Ra 值低于 6.3 时，应先粗刨，再精刨。精刨时，背吃刀量和进给量应小些，切削速度应适当高些。此外，在刨刀返回行程时，用手掀起刀座上的抬刀板，使刀具离开已加工表面，以保证零件表面质量。

（6）检验。零件刨削完工后，停车检验，尺寸和加工精度合格后即可卸下。

2）刨垂直面和斜面

刨垂直面的方法如图 7.11 所示。此时采用偏刀，并使刀具的伸出长度大于整个刨削面的高度。刀架转盘应对准零线，以使刨刀沿垂直方向移动。刀座必须偏转 10°~15°，以使刨刀在返回行程时离开零件表面，减少刀具的磨损，避免零件已加工表面被划伤。刨垂直面和斜面的加工方法一般在不能或不便于进行水平面刨削时才使用。

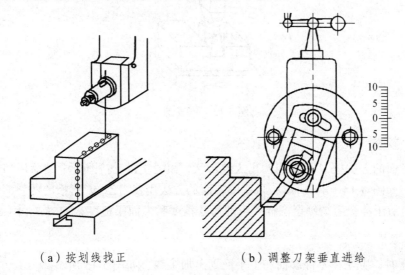

（a）按划线找正　　　　　　（b）调整刀架垂直进给

图 7.11　刨垂直面

刨斜面与刨垂直面基本相同，只是刀架转盘必须按零件所需加工的斜面扳转一定角度，以使刨刀沿斜面方向移动。如图 7.12 所示，采用偏刀或样板刀，转动刀架手柄进行进给，可以刨削左侧或右侧斜面。

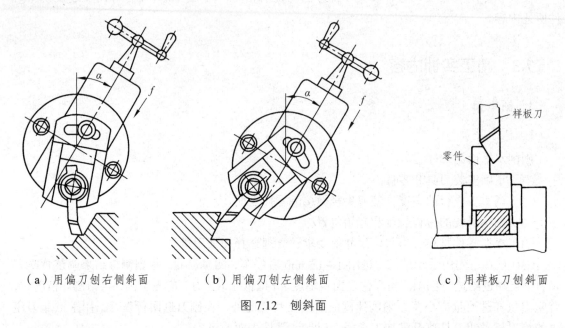

（a）用偏刀刨右侧斜面　　　　　（b）用偏刀刨左侧斜面　　　　　（c）用样板刀刨斜面

图 7.12　刨斜面

2. 刨沟槽

1）刨直槽

刨直槽时用切刀以垂直进给完成，如图 7.13 所示。

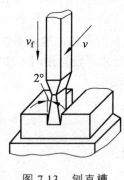

图 7.13　刨直槽

2）刨 V 形槽

先按刨平面的方法把 V 形槽粗刨出大致形状，如图 7.14（a）所示；然后用切刀刨 V 形槽底的直角槽，如图 7.14（b）所示；再按刨斜面的方法用偏刀刨 V 形槽的两斜面，如图 7.14（c）所示；最后用样板刀精刨至图样要求的尺寸精度和表面粗糙度，如图 7-14（d）所示。

3）刨 T 形槽

刨 T 形槽时，应先在零件端面和上平面划出加工线，如图 7.15 所示。

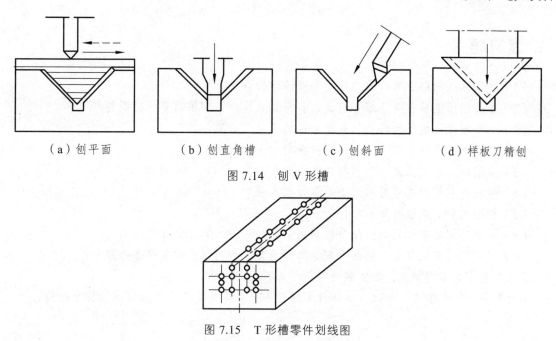

| （a）刨平面 | （b）刨直角槽 | （c）刨斜面 | （d）样板刀精刨 |

图 7.14　刨 V 形槽

图 7.15　T 形槽零件划线图

4）刨燕尾槽

刨燕尾槽与刨 T 形槽相似，应先在零件端面和上平面划出加工线，如图 7.16 所示。刨侧面时须用角度偏刀，刀架转盘要扳转一定角度，刨削步骤如图 7.17 所示。

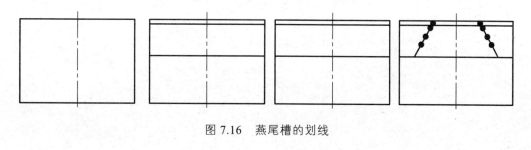

图 7.16　燕尾槽的划线

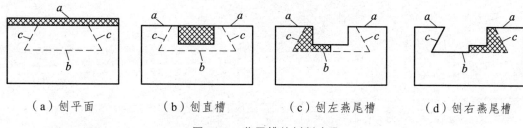

| （a）刨平面 | （b）刨直槽 | （c）刨左燕尾槽 | （d）刨右燕尾槽 |

图 7.17　燕尾槽的刨削步骤

3. 刨成形面

在刨床上刨削成形面，通常是先在零件的侧面划线，然后根据划线分别移动刨刀做垂直进给和移动工作台做水平进给，从而加工出成形面，如图 7.2（h）所示。也可用成形刨刀加工，使刨刀刃口形状与零件表面一致，一次成形。

复习题

（1）牛头刨床刨削平面时的主运动和进给运动各是什么？

（2）牛头刨床主要由哪几部分组成？各有什么作用？刨削前需如何调整？

（3）牛头刨床刨削平面时的间歇进给运动是靠什么实现的？

（4）滑枕往复直线运动的速度是如何变化的？为什么？

（5）刨削加工中刀具最容易损坏的原因是什么？

（6）牛头刨床横向进给量的大小是靠什么实现的？

（7）刨削的加工范围有哪些？

（8）常见的刨刀有哪几种？试分析切削量大的刨刀为什么做成弯头的？

（9）刀座的作用是什么？刨削垂直面和斜面时，如何调整刀架的各个部分？

（10）刨刀和车刀相比，其主要差别是什么？

（11）牛头刨床在刨工件时，其摇杆（摆杆）长度是否有变化？靠何种机构来补偿？

第8章 磨工实训

8.1 磨工实训安全操作规程

（1）检查工件的清洁度，预针孔上黄油，检查工件的装夹是否正确、是否可靠。

（2）工作台两端不能站人。

（3）开始磨削前，关上防护门和防护罩。

（4）开车前，砂轮与工件之间要有一定间隙。

（5）调整好行程挡块的位置。

（6）测量工件、装夹工件应在停车后等砂轮完全停下来，而且离开工件一段距离后再进行。

（7）操作时，不得两人同时操作。

（8）砂轮旋转时，不得站立在砂轮旋转的正前方。

（9）工夹量具不得随意乱放，手不要搁在防护盖上。

（10）操作完毕，清理机床卫生，打扫工作场地。

8.2 磨工实训理论知识

8.2.1 磨削加工简介

磨削加工是用砂轮以较高的线速度对工件进行加工的方法，其实质是砂轮上的磨料从工件表面层切除细微切屑的过程。根据工件被加工表面的性质不同，磨削分为外圆磨削、内圆磨削、平面磨削等几种。

由于磨削加工容易得到高的加工精度和好的表面质量，所以磨削主要用于精加工。它不仅能加工一般材料（如碳钢、铸铁和有色金属等），还可以加工一般工艺难以加工的硬材料（如淬火钢、硬质合金等）。

磨削精度一般可达 IT6~IT5，表面粗糙度 Ra 一般为 0.8~0.08 μm。

8.2.2 磨床简介

1. 外圆磨床

外圆磨床分为普通外圆磨床和万能外圆磨床，其中万能外圆磨床是应用最广泛的磨床。图 8.1 是 M1432A 型万能外圆磨床的外形图。

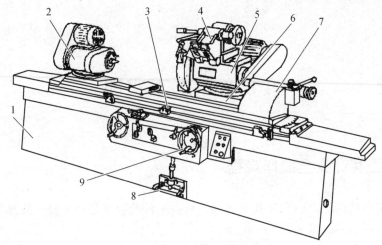

图 8.1　M1432A 型万能外圆磨床外观图

1—床身；2—头架；3—工作台；4—内圆磨具；5—砂轮架；6—滑鞍；7—尾座；8—脚踏操纵板；9—横向进给手轮

M1432A 编号的意义：

M—磨床类型；1—外圆磨床组；4—万能外圆磨床的系别代号；32—最大磨削直径的 1/10，即最大磨削直径为 320 mm；A—在性能和结构上做过一次重大改进。

万能外圆磨床主要由床身、工作台、头架、内圆磨具、尾座和砂轮架等几部分组成。头架和尾架用于夹持工件并带动工件旋转，工件可获得几种不同的转速（工件的圆周进给运动）；安装在砂轮架上的砂轮由电动机通过皮带带动作高速旋转（主运动），砂轮架可沿着床身上的横导轨前后移动（横向进给运动）；工作台由上下两层组成，上层对下层可旋转一微小的角度，用于磨削锥体。头架和尾架固定在工作台的上层随工作台一起做纵向进给运动。

万能外圆磨床的砂轮架上和头架上都装有转盘，能扳转一定的角度，并增加了内圆磨具等附件，因此，万能外圆磨床还可以磨削内圆柱面和锥度较大的内、外圆锥面。

2. 平面磨床

表面质量要求较高的各种平面的半精加工和精加工，常采用平面磨削。平面磨削常用的机床是平面磨床，砂轮的工作表面可以是圆周表面，也可以是端面。

当采用砂轮周边磨削方式时，磨床主轴按卧式布局；当采用砂轮端面磨削方式时，磨床主轴按立式布局。平面磨削时，工件可安装在做往复直线运动的矩形工作台上，也可安装在做圆周运动的圆形工作台上。

按主轴布局及工作台形状的组合，普通平面磨床可分为下列四类：

（1）卧轴矩台式平面磨床，见图 8.2（a）。在这种机床中，工件由矩形电磁工作台吸住。砂轮做旋转主运 n，工作台做纵向往复运动 f_1，砂轮架做间歇的竖直切入运动 f_3 和横向进给运动 f_2。

（2）立轴矩台式平面磨床，见图 8.2（b）。在这种机床上，砂轮做旋转主运动 n，矩形工作台做纵向往复运动 f_1，砂轮架做间歇的竖直切入运动 f_2。

（3）立轴圆台式平面磨床，见图 8.2（c）。在这种机床上，砂轮做旋转主运动 n，圆工作台旋转做圆周进给运动 f_1，砂轮架做间歇的切入运动 f_2。

（4）卧轴圆台式平面磨床，见图 8.2（d）。在这种机床上，砂轮做旋转主运动 n，圆工作台旋转做圆周进给运动 f_1，砂轮架做连续的径向进给运动 f_2 和间歇的竖直切入运动 f_3。此外，工作台的回转中心线可以调整至倾斜位置，以便磨削锥面。

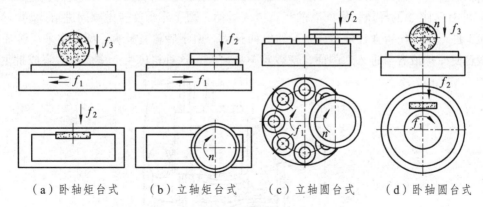

（a）卧轴矩台式　　　（b）立轴矩台式　　　（c）立轴圆台式　　　（d）卧轴圆台式

图 8.2　平面磨床的分类

上述四类平面磨床中，用砂轮端面磨削的平面磨床与用轮缘磨削的平面磨床相比，由于端面磨削的砂轮直径往往比较大，能同时磨出工件的全宽，磨削面积较大，所以，生产率较高。但是，端面磨削时，砂轮和工件表面是成弧形线或面接触，接触面积大，冷却困难，切屑也不易排出，所以，加工精度和表面粗糙度稍差。圆台式平面磨床与矩台式平面磨床相比较，圆台式的生产率稍高些，这是由于圆台式是连续进给，而矩台式有换向时间损失。但是，圆台式只适于磨削小零件和大直径的环形零件端面，不能磨削长零件。而矩台式可方便地磨削各种常用零件，包括直径小于矩台宽度的环形零件。目前，用得较多的是卧轴矩台式平面磨床和立轴圆台式平面磨床。

1）卧轴矩台平面磨床

卧轴矩台平面磨床如图 8.3 所示。这种机床大砂轮主轴通常是由内连式异步电动机直接带动的。电动机轴就是主轴，电动机的定子就装在砂轮架 3 的壳内，砂轮架 3 可延滑座 4 的燕尾导轨做间接性的横向进给运动（手动或液动）。滑座 4 和砂轮架 3 一起，沿立柱 5 的导轨做间歇的垂直切入运动（手动）。工作台 2 沿床身 1 的导轨做纵向往复运动（液压传动）。

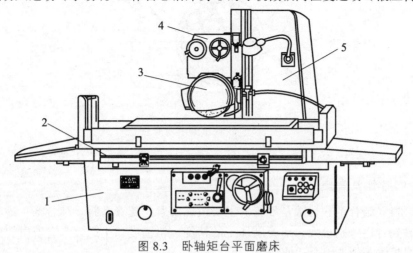

图 8.3　卧轴矩台平面磨床

1—床身；2—工作台；3—砂轮架；4—滑座；5—立柱

2）立轴圆台平面磨床

立轴圆台平面磨床如图 8.4 所示。砂轮架 1 的主轴也是由内连式异步电动机直接驱动。砂轮架 1 可沿立柱 2 的导轨，做间歇的竖直切入运动，圆工作台旋转做圆周进给运动。为了便于装卸工件，圆工作台 4 还能沿床身导轨纵向移动，由于砂轮直径大，所以常采用镶片砂轮。这种砂轮使冷却液容易进入切削面，使砂轮不易堵塞。这种机床生产率高，适宜成批生产。

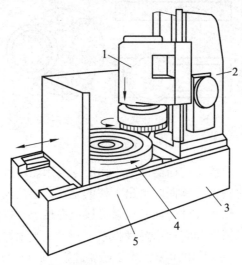

图 8.4　立轴圆台平面磨床

1—砂轮架；2—立柱；3—底座；4—工作台；5—床身

8.2.3　砂轮及其安装

砂轮是磨削的主要工具，它是由磨料和结合剂（也叫黏结剂）构成的多孔物体，如图 8.5 所示。砂轮表面上杂乱地排列着许多磨粒，磨削时砂轮高速旋转，切下粉末状切屑。

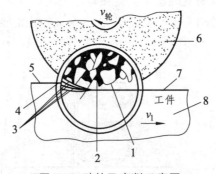

图 8.5　砂轮及磨削示意图

1—磨粒；2—结合剂；3—加工表面；4—空隙；5—待加工表面；6—砂轮；7—已加工表面；8—工件

1. 砂轮的特性及种类

砂轮中磨料、结合剂和孔隙是砂轮的主要组成要素。随着磨料、结合剂、砂轮制造工艺等的不同，砂轮特性差别很大，对磨削加工的精度、粗糙度和生产效率有着重要的影响。因此，必须根据具体条件选用合适的砂轮。

砂轮的特性由磨料、粒度、硬度、结合剂（黏结剂）、形状尺寸等因素来决定，分别介绍如下。

1）磨料

磨料是制造砂轮的主要原料，它担负着切削工作。因此，磨料必须锋利，并具备高的硬度、良好的耐热性和一定的韧度。常见的磨粒有刚玉类和碳化硅类两类。刚玉类（Al_2O_3）适用于磨削钢料及一般刀具；碳化硅类适用于磨削铸铁、青铜等脆性材料及硬质合金刀具。

2）粒度

粒度指磨粒颗粒的大小。粒度分磨粒与微粉两种。磨粒用筛选法分类，其粒度号以筛网上一英寸长度内的孔眼数表示。例如 60#粒度的磨粒表示能通过每英寸有 60 个孔眼的筛网，微粉用显微测量法分类，其粒度号以磨粒的实际尺寸来表示。

磨粒粒度的选择主要与加工表面粗糙度和生产效率有关。粗磨时，磨削余量大，表面粗糙度值较大，应选用较粗的磨粒。因磨粒粗、气孔大，磨削深度可较大，砂轮不易堵塞和发热。精磨时，余量较小，表面粗糙度值较低，可选取较细磨粒。一般磨粒愈细，磨削表面粗糙度值愈小。

3）结合剂

砂轮中用以黏结磨粒的物质称为结合剂。砂轮的强度、抗冲击性、耐热性及耐腐蚀能力主要取决于结合剂的性能。砂轮中常用的结合剂为陶瓷结合剂。此外，还有树脂结合剂、橡胶结合剂和金属结合剂等。

4）硬度

砂轮的硬度是指砂轮表面上的磨粒在磨削力作用下脱落的难易程度。砂轮的硬度软，表示砂轮的磨粒容易脱落；砂轮的硬度硬，表示磨粒较难脱落。砂轮的硬度和磨料的硬度是两个不同的概念。同一种磨料可以做成不同硬度的砂轮，它主要取决于结合剂的性能、数量及砂轮的制造工艺。磨削与切削的显著差别是砂轮具有自锐性，选择砂轮的硬度，实际上是选择砂轮的自锐性，使锋利的磨粒不要太早脱落，也不要磨钝了还不脱落。砂轮的硬度等级如表 8.1 所示。

表 8.1　砂轮的硬度等级

等级	大级	超软	软	中软	中	中硬	硬	超硬
	小级	超软	软 1 软 2 软 3	中软 1 中软 2	中 1 中 2	中硬 1 中硬 2 中硬 3	硬 1 硬 2	超硬
代号	GB/T 2484—2006	D　E　F	G　H	J　K	L	M　N　P	Q　R　S	T　Y

选择砂轮硬度的一般原则是加工软金属时，为了使磨料不至于过早脱落，则选用硬砂轮；加工硬金属时，为了能及时使磨钝的磨粒脱落，从而露出具有尖锐棱角的新磨粒（即自锐性），选用软砂轮。前者是因为在磨削软材料时，砂轮的工作磨粒磨损很慢，不需要太早脱离；后者是因为在磨削硬材料时，砂轮的工作磨粒磨损较快，需要较快地更新。

精磨时，为了保证磨削精度和粗糙度，应选用稍硬的砂轮；工作材料的导热性差，易产生烧伤和裂纹时（如磨硬质合金等），选用的砂轮应软一些。

5）形状尺寸

根据机床结构与磨削加工的需要，砂轮可制成各种形状与尺寸，如图8.6所示。

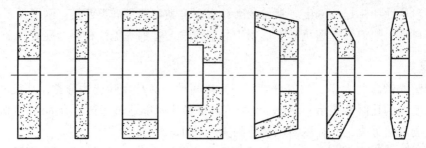

（a）平形　（b）薄片形（c）筒形　（d）单面凹形　（e）碗形　（f）蝶形　（g）双斜边形

图8.6　砂轮的形状

为了使用和保管的方便，在砂轮的端面上一般印有标志。例如，砂轮上的标志为P400×40×127A60L5V35，它的含意是，P表示砂轮的形状为平形，400×40×127分别表示砂轮的外径、厚度和内孔直径尺寸（mm），A表示磨粒为棕刚玉，60表示粒度为60号，L表示硬度为L级（中软），5表示组织为5号（磨料率52%），V表示结合剂为陶瓷，35表示最高工作线速度为35 m/s。

由于更换砂轮很麻烦，因此，除了加工重要的工件和生产批量较大时，需要按照以上所述的原则选用砂轮外，一般只要机床上现有的砂轮大致符合磨削要求，就不必重新选择，而是通过适当地修整砂轮，选用合适的磨削用量来满足加工要求。

2. 砂轮的安装、平衡与修整

在磨床上安装砂轮应特别小心，因为砂轮在高速旋转条件下工作，使用前应仔细检查，不允许有裂纹。安装必须牢靠，并应经过静平衡调整，以免造成人身和设备事故。

1）砂轮的安装

砂轮的安装如图8.7所示。砂轮内孔与砂轮轴或法兰盘外圆之间，不能过紧，否则磨削时容易受热膨胀，易将砂轮胀裂；也不能过松，否则砂轮容易发生偏心，失去平衡，以致引起振动。一般配合间隙为0.1～0.8 mm，高速砂轮间隙要小些。用法兰盘装夹砂轮时，两个法兰盘直径应相等，其外径不应小于砂轮外径的1/3。在法兰盘与砂轮端面间用厚纸板或耐油橡皮等做衬垫，使压力均匀分布，螺母的拧紧力不能过大，否则砂轮会破裂。注意紧固螺纹的旋向应与砂轮的旋向相反，即当砂轮逆时针旋转时，用右旋螺纹，这样砂轮在磨削力作用下，将带动螺母越旋越紧。

2）砂轮的平衡

一般直径大于125 mm的砂轮在安装时都要进行平衡，使砂轮的重心与其旋转轴线重合。由于几何形状的不对称，外圆与内孔的不同轴，砂轮各部分松紧程度的不一致，以及安装时的偏心等原因，砂轮重心往往不在旋转轴线上，就会产生不平衡现象。不平衡的砂轮容易使砂轮主轴产生振动或摆动，使工件表面产生振痕，使主轴与轴承迅速磨损，甚至造成砂轮破裂。

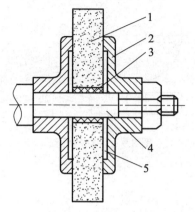

图 8.7 砂轮的安装

1—砂轮；2—法兰盘；3—衬套；4—砂轮轴；5—弹性垫板

一般砂轮直径愈大，圆周速度越高，工件表面粗糙度要求越高，认真仔细地平衡砂轮就越有必要。平衡砂轮的方法是在砂轮两侧法兰盘的环形槽内装入几块平衡块（见图 8.8），反复调整平衡块的位置，直到砂轮在平衡架的平衡轨道上任意位置都能静止，这种方法叫砂轮的静平衡。

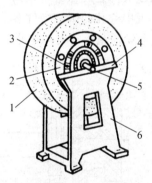

图 8.8 砂轮静平衡检验

1—砂轮；2—砂轮套筒；3—平衡块；4—平衡轨道；5—心轴；6—平衡架

3）砂轮的修整

在磨削的过程中，砂轮的磨粒在摩擦、挤压作用下，它的棱角逐渐磨圆变钝，或者在磨韧性材料时，磨屑常常嵌塞在砂轮表面的孔隙中，使砂轮表面堵塞，最后使砂轮丧失切削能力。这时，砂轮与工件之间会产生打滑现象，并可能引起振动和出现噪声，使磨削效率下降，表面粗糙度变差。同时，由于磨削力及磨削热的增加，会引起工件变形和影响磨削精度，严重时还会使磨削表面出现烧伤和细小裂纹。此外，由于砂轮硬度的不均匀及磨粒工作条件的不同，使砂轮工作表面磨损不均匀，各部分磨粒脱落不等，使砂轮丧失外形精度，影响工件表面的形状精度及粗糙度。凡遇到上述情况，砂轮就必须进行修整，切去表面上一层磨料，使砂轮表面重新露出光整锋利的磨粒，恢复砂轮的切削能力与外形精度。

砂轮常用金刚石进行修整，如图 8.9 所示。金刚石具有很高的硬度和耐磨性，是修整砂轮的主要工具。修整时要用充足的冷却液，防止修整器因温度过高而被破坏。

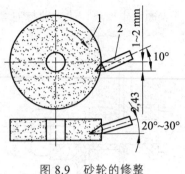

图 8.9 砂轮的修整

1—砂轮；2—金刚石笔

8.3 磨工实训内容

8.3.1 外圆磨床的基本操作

1. 工件的安装

磨削外圆时，最常见的安装方法是用两个顶尖将工件支承起来，如图 8.10 所示。或者工件被装夹在卡盘上。磨床上使用的顶尖都是死顶尖，以减少安装误差，保证加工精度。顶尖安装适用于有中心孔的轴类零件。无中心孔的圆柱零件多采用三爪自定心卡盘装夹，不对称的或形状不规则的工件则采用四爪卡盘或花盘装夹。此外，空心工件常装在心轴上磨削外圆。

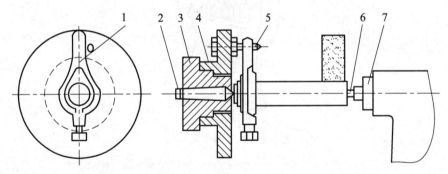

图 8.10 外圆磨削时工件的安装

1—夹头；2—前顶尖；3—头架主轴；4—拨盘；5—拨杆；6—后顶尖；7—尾架套

2. 磨削外圆

工件的外圆一般在普通外圆磨床或万能外圆磨床上磨削。外圆磨削一般有纵磨、横磨和深磨三种方式。

1）纵磨法

如图 8.11（a）所示，纵磨法磨削外圆时，砂轮的高速旋转为主运动 n_0，工件做圆周进给运动的同时，还随着工作台做纵向往复运动，实现沿工件轴向进给 f_a，每单次行程或往复行程终了时，砂轮做周期性的横向移动，实现沿工件径向的进给 f_r，从而逐渐磨去工件径向的全部留磨余量。磨削到尺寸后，进行无横向进给的光磨过程，直至火花消失为止。由于纵磨法每

次的径向进给量 f_r 少，磨削力小，散热条件好，充分提高了工件的磨削精度和表面质量，能满足较高的加工质量要求，但磨削效率较低。纵磨法磨削外圆适合磨削较大的工件，是单件、小批量生产的常用方法。

2）横磨法

如图 8.11（b）所示，采用横磨法磨削外圆时，砂轮宽度比工件的磨削宽度大，工件不需做纵向（工件轴向）进给运动，砂轮以缓慢的速度连续地或断续做横向进给运动，实现对工件的径向进给 f_r，直至磨削达到尺寸要求。其特点是：充分发挥了砂轮切削能力，磨削效率高，同时也适用于成形磨削。然而，在磨削过程中，砂轮与工件接触范围大，使得磨削力增大，工件易发生变形和烧伤。另外，砂轮形状误差直接影响工件几何形状精度，磨削精度较低，表面粗糙度较大。因而必须使用功率大，刚性好的磨床，磨削的同时给予充足的切削液以达到降温的目的。使用横磨法，要求工艺系统刚性要好，工件宜短不宜长。短阶梯轴轴颈的精磨工序通常采用这种磨削方法。

3）深磨法

如图 8.11（c）所示，深磨法是一种比较先进的方法，生产率高，磨削余量一般为 0.1～0.35 mm。用这种方法可一次走刀将整个余量磨完。磨削时，进给量较小，一般取纵进给量为 1～2 mm/r，约为"纵磨法"的 15%，加工工时为纵磨法的 30%～75%。

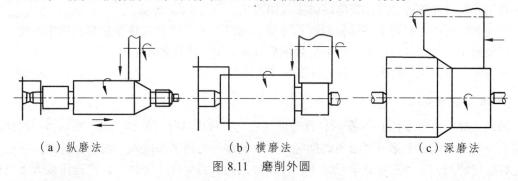

（a）纵磨法　　　　　　　　（b）横磨法　　　　　　　　（c）深磨法

图 8.11　磨削外圆

3. 磨削内圆

利用外圆磨床的内圆磨具可磨削工件的内圆。磨削内圆时，工件大多数是以外圆或端面作为定位基准，装夹在卡盘上进行磨削的（见图 8.12），磨内圆锥面时，只需将内圆磨具偏转一个圆周角即可。

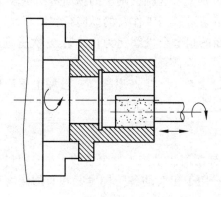

图 8.12　磨削内圆

与外圆磨削不同，内圆磨削时，砂轮磨削的直径受到工件孔径的限制，一般较小。砂轮磨损较快，需经常修整和更换。内圆磨削使用的砂轮要比外圆磨削使用的砂轮软些，这是因为内圆磨削时砂轮和工件接触的面积较大。另外，砂轮轴直径比较小，悬伸长度较大，刚性很差，故磨削深度不能大，生产率较低。

8.3.2 平面磨床的基本操作

1. 工件的安装

磨平面的时候，一般是以一个平面为基准磨削另一个平面。若两个平面都要磨削且要求平行时，则可以互为基准，反复磨削。

磨削中小型工件的平面，常采用电磁吸盘工作台吸住工件，电磁吸盘工作台的作用是使大部分磁力线都能通过工件再回到吸盘体，而不是通过盖板直接回去，这样才能保证工件被牢固地吸在工作台上。

2. 磨削平面

磨削平面的方法通常有周磨法和端磨法两种。在卧轴矩台平面磨床上磨削平面，由于采用砂轮的周边进行磨削，通常称为周磨法，如图 8.2（a）、（d）所示；在立轴圆台平面磨床磨削，采用砂轮端面进行磨削，简称端磨法，如图 8.2（b）、（c）所示。

平面磨削时因砂轮与工件的接触面积比磨外圆时要大，因此发热多并容易堵塞砂轮，故要尽可能地用磨削液进行加工，特别是对精密磨削加工，这点尤其重要。

在实际生产当中，周磨法可分为以下几种方法进行磨削平面，以适应不同生产率的要求。

1）横向磨削法

横向磨削法如图 8.13（a）所示，这种磨削法是当每次纵向行程终了时，磨头做一次横向进给，等到工件表面上第一层金属磨削完毕，砂轮按预先磨削深度做一次垂直进给，按照上述过程逐层磨削，直到把所有余量磨去，使工件达到所需尺寸。粗磨时，应选用较大垂直进给量和横向进给量，精磨时则两者均应选较小值。

这种磨削法适用于宽长工件，也适用于相同小件按序排列集合磨削。

2）深度磨削法

深度磨削法如图 8.13（b）所示。这种磨削法的纵向进给量较小，砂轮只做两次垂直进给，第一次进给量等于全部的进给余量，当工作台的纵向行程终了时，将砂轮移动 3/4~4/5 的砂轮宽度，直到将工件整个表面的粗磨余量磨完为止，第 2 次垂直进给量等于精磨余量，其磨削过程与横向磨削法相同。

这种方法由于垂直进给量次数少，生产率较高，且加工质量也有保证，但磨削抗力大，仅适用于在动力大、刚性好的磨床上磨较大的工件。

3）阶梯磨削法

如图 8.13（c）所示，阶梯磨削法是按工件余量的大小，将砂轮修整成阶梯形，使其在一次垂直进给中磨去全部余量。用于粗磨的各阶梯宽度和磨削深度都应相同，二期精磨阶梯的宽度应大于砂轮宽度的 1/2，磨削深度等于精磨余量（0.03~0.05 mm）。磨削时，横向进给量应小些。

　　由于磨削用量分配在各阶梯的轮面上，各段轮面的磨粒受力均匀，磨损也均匀，能较多的发挥砂轮的磨削性能。但砂轮修整工作较为麻烦，应用上受到一定限制。

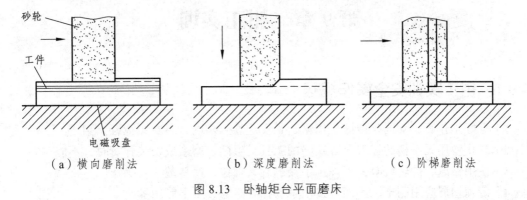

（a）横向磨削法　　　　　　　（b）深度磨削法　　　　　　　（c）阶梯磨削法

图 8.13　卧轴矩台平面磨床

复习题

（1）磨削加工的特点是什么？

（2）万能外圆磨床由哪几部分组成，各有何作用？

（3）磨削外圆时，工件和砂轮需做哪些运动？

（4）磨削用量有哪些？在磨不同表面时，砂轮的转速是否应改变？为什么？

（5）磨削时需要大量切削液的目的是什么？

（6）常见的磨削方式有哪几种？

（7）平面磨削常用的方法有哪几种，各有何特点，如何选用？

（8）平面磨削时，工件常由什么固定？

（9）砂轮的硬度指的是什么？

（10）表示砂轮特性的内容有哪些？

第9章 钳工实训

9.1 钳工实训安全操作规程

（1）穿好工作服，女同学戴好工作帽，长发应卷入帽内，不准穿拖鞋、裙子。

（2）禁止使用无手柄的锉刀及有缺陷的工具，錾削、磨削或安装弹簧时，不能对人。

（3）使用钻床、砂轮机时，不许用手接触旋转部位，严禁戴手套操作。

（4）清理切屑应用刷子，不能直接用手或棉纱清除，更不能用嘴吹。

（5）工量具应按次序排列整齐，常用的工量具，应放在工作位置附近，且不能超出钳工台边缘。

（6）量具不能与工件、工具混放在一起，应放在量具盒内或专用板架上，精密量具应轻放。

（7）禁止使用有裂纹、带毛刺、手柄松动等不符合安全要求的工具。

（8）两人以上一起工作要注意协调配合；

（9）工作中注意周围人员及自身安全，防止因挥动工具、工具脱落、工件及铁屑飞溅造成伤害。

9.2 钳工实训理论知识

9.2.1 钳工简介

1. 钳工概述

钳工是以手工操作为主的切削加工方法，是一门有着悠久历史的技术工种，是一项综合性知识应用实现的技能，更是贯穿整个人类生活的社会技术。从远古石器时代的石刀、石斧、石箭等简单制作，到现代利用先进技术设备加工精密复杂的零件都展示了钳工的无穷魅力。在长久的生活中钳工展示了人类无穷的智慧以及成为推动整个社会技术发展的动力。钳工以其悠久的历史，对生活的全面影响，对人类智慧的综合体现和对人、对知识、对技能的综合要求而展示了其多面性的特征。

2. 钳工的特点

1）三大优点

（1）加工灵活。

在不适于机械加工的场合，尤其是在机械设备的维修工作中，钳工可获得满意的效果。

（2）可加工形状复杂和高精度的零件。

技术熟练的钳工可加工出比现代化机床加工的零件还要精密和光洁的零件，可以加工出现代化机床都无法加工的形状非常复杂的零件，如高精度量具、样板、开头复杂的模具等。

（3）投资小。

钳工加工所用工具和设备价格低廉，携带方便。

2）两大缺点

（1）生产效率低，劳动强度大。

（2）加工质量不稳定，加工质量的高低受工人技术熟练程度的影响较大。

3. 钳工的操作方法

钳工的基本操作可分为：

1）辅助性操作

即划线，它是根据图样在毛坯或半成品工件上划出加工界线的操作。

2）切削性操作

有錾削、锯削、锉削、攻螺纹、套螺纹、钻孔（扩孔、铰孔）、刮削和研磨等多种操作。

3）装配性操作

即装配，将零件或部件按图纸技术要求组装成机器的工艺过程。

4）维修性操作

即维修，对在役机械、设备进行维修、检查、修理的操作。

4. 钳工的工作范围

普通钳工的工作范围：

（1）加工前的准备工作，如清理毛坯，毛坯或半成品工件上的划线等；

（2）单件零件的修配性加工；

（3）零件装配时的钻孔、铰孔、攻螺纹和套螺纹等；

（4）加工精密零件，如刮削或研磨机器、量具和工具的配合面、夹具与模具的精加工等；

（5）零件装配时的配合修整；

（6）机器的组装、试车、调整和维修等。

钳工是一种比较复杂、细微、工艺要求较高的工作。目前虽然有各种先进的加工方法，但钳工具有所用工具简单，加工多样灵活、操作方便，适应面广等特点，故有很多工作仍需要由钳工来完成。因此钳工在机械制造及机械维修中有着特殊的、不可取代的作用。

9.2.2　钳工常用的设备和工具

1. 钳工工作台

简称钳台，常用硬质木板或钢材制成，要求坚实、平稳，台面高度约 800～900 mm，台面上装台虎钳和防护网，如图 9.1 所示。台虎钳的安装高度应该与工人身高相适应，一般安装上台虎钳后，钳口的高度与一般操作者的手肘平齐，使得操作方便省力。

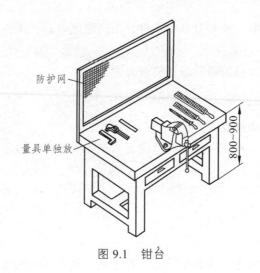

图 9.1 钳台

2. 台虎钳

台虎钳是用来夹持工件的，常用的有带砧座固定式和回转式两种。回转式台虎钳能在水平面内回转，应用较广，它由活动钳口、钳口板和固定钳口等组成，如图 9.2 所示。其规格以钳口的宽度来表示，常用的有 100 mm、125 mm、150 mm 三种。使用虎钳时应注意：

（1）工件尽量夹在钳口中部，以使钳口受力均匀。

（2）夹紧后的工件应稳定可靠，便于加工，并不产生变形。

（3）夹紧工件时，一般只允许依靠手的力量来扳动手柄，不能用手锤敲击手柄或随意套上长管子来扳手柄，以免损坏丝杠、螺母或钳身。

（4）不要在活动钳身的光滑表面进行敲击作业，以免降低配合性能；

（5）加工时用力方向最好是朝向固定钳身。

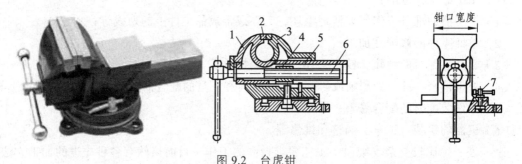

图 9.2 台虎钳

1—活动钳口；2—钳口板；3—固定钳口；4—螺母；5—砧面；6—丝杆；7—固定螺钉

3. 钻床

钻床是用来加工孔的设备。钳工常用的钻床有台式钻床（见图 9.3）、立式钻床、摇臂钻床等。

钻床的使用要求：

（1）严禁戴手套操作，工件装夹要牢靠。在进行钻削加工时，要将工件装夹牢固，严禁戴手套操作，以防工件飞脱或手套被钻头卷绕而造成人身事故。

图 9.3　台式钻床

（2）钻床运转正常才可操作。立钻使用前必须先空转试车，在机床各机构都能正常工作时才可操作。

（3）钻通孔时要谨防钻坏工作台面。钻通孔时必须使钻头能通过工作台面上的让刀孔，或在工件下面垫上垫铁，以免钻坏工作台面。

（4）变换转速应在停车后进行。变换主轴转速或机动进给量时，必须停车后进行调整，以防变换时损坏齿轮。

（5）要保持钻床清洁。在使用过程中，工作台面必须保持清洁。下班时必须将机床外露滑动面及工作台面擦净，并对各滑动面及各注油孔眼加注润滑油。

4．砂轮机

砂轮机是用来刃磨刀具和工具的，如图 9.4 所示。

图 9.4　砂轮机

（1）砂轮机由电动机、砂轮、机体（机座）、托架和防护罩组成。

（2）砂轮机的使用要求：

① 砂轮转动要平稳。

砂轮质地较脆，工作时转速很高，使用时用力不当会发生砂轮碎裂造成人身事故。因此，安装砂轮时一定要使砂轮平衡，装好后必须先试转 3 ~ 4 min，检查砂轮转动是否平稳，有无振动和其他不良现象。砂轮机启动后，应先观察运转情况，待转速正常后方可进行磨削。使用时，要严格遵守安全操作规程。

② 砂轮的旋转方向应能够使磨屑向下飞向地面。

砂轮的旋转方向应正确，以使磨屑向下方飞离砂轮。使用砂轮时，要戴好防护眼镜。

③ 不能站在砂轮的正面磨削。

磨削时，工作者应站立在砂轮的侧面或斜侧位置，不要站在砂轮的正面。

④ 磨削时施力不宜过大或撞击砂轮。

磨削时不要使工件或刀具对砂轮施加过大压力或撞击，以免砂轮碎裂。

⑤ 应保持砂轮表面平整。

要经常保持砂轮表面平整，发现砂轮表面严重跳动，应及时修整。

⑥ 托架与砂轮间的距离应在 3 mm 以内。

砂轮机的托架与砂轮间的距离一般应保持在 3 mm 以内，以免磨削件轧入而使砂轮破裂。

⑦ 要对砂轮定期检查。

应定期检查砂轮有无裂纹，两端螺母是否锁紧。

5. 其他常用工具

其他常用工具有錾削用的手锤和各种錾子，锉削用的各种锉刀，锯割用的锯弓和锯条，孔加工用的麻花钻、各种铆钻和铰刀，攻丝、套丝用的各种丝锥、板牙和铰杠，各种扳手和起子等，如图 9.5 所示。

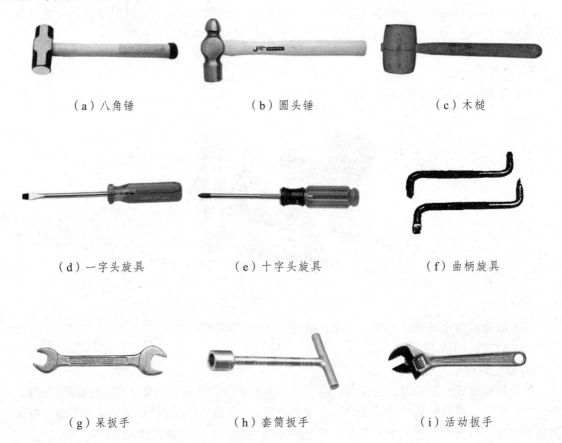

| （a）八角锤 | （b）圆头锤 | （c）木槌 |

| （d）一字头旋具 | （e）十字头旋具 | （f）曲柄旋具 |

| （g）呆扳手 | （h）套筒扳手 | （i）活动扳手 |

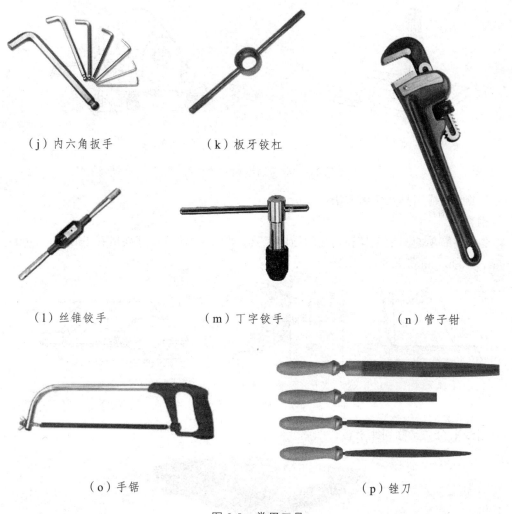

（j）内六角扳手　　　　　　（k）板牙铰杠

（l）丝锥铰手　　　（m）丁字铰手　　　　　（n）管子钳

（o）手锯　　　　　　　　　（p）锉刀

图 9.5　常用工具

9.3　钳工实训内容

9.3.1　钳工的基本操作

1. 划线、锯削和锉削

1）划线

划线是指在毛坯或工件上，用划线工具划出待加工部位的轮廓线或作为基准的点和线。如图 9.6 所示，这些点和线标明了工件某部分的形状、尺寸或特性，并确定了加工的尺寸界线。在机加工中，划线主要用于下料、锉削、钻削及车削等加工工艺中。

划线分平面划线和立体划线两种。只需要在工件的一个表面上划线就能明确表示加工界线的，称为平面划线，如图 9.6（a）所示。需要在工件的几个互成不同角度（通常是互相垂直）的表面上划线，才能明确表示加工界线的，称为立体划线，如图 9.6（b）所示。

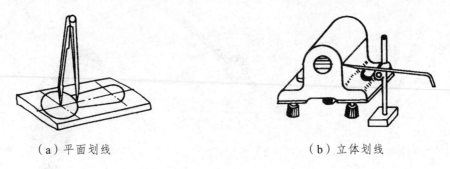

（a）平面划线　　　　　　　　　　　（b）立体划线

图 9.6　平面划线和立体划线

（1）平面划线工具及使用方法。

① 钢直尺。

它是一种简单的测量工具和划线的导向工具，如图 9.7 所示，其规格有 150 mm、300 mm、500 mm、1 000 mm 等几种。

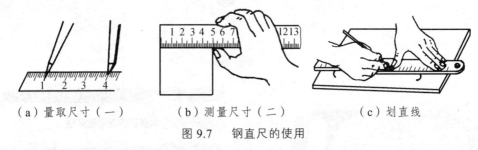

（a）量取尺寸（一）　　　（b）测量尺寸（二）　　　（c）划直线

图 9.7　钢直尺的使用

② 划线平台，又称划线平板，如图 9.8 所示。

图 9.8　划线平台

划线平台用铸铁毛坯精刨或刮削制成。它的作用是用来安放工件和划线工具，并在其工作面上完成划线和检测。

③ 划针。

划针常用来在工件上划线条，由弹簧钢丝或高速钢制成，直径一般为 $\phi 3 \sim 5$ mm，长度为 200 ~ 300 mm，尖端磨成 15° ~ 20° 的尖角，并经热处理淬火使之硬化，如图 9.9 所示。

（a）高速钢直划针　　　　　　　　　　（b）钢丝弯头划针

图 9.9　划针

在用钢直尺和划针连接两点的直线时，应先用划针和钢直尺定好一点的划线位置，然后调整钢直尺使之与另一点的划线位置对准，再划出两点的连接直线；划线时针尖要紧靠导向工具的边缘，上部向外侧倾斜 15°～20°，向划线移动方向倾斜约 45°～75°，如图 9.10 所示；针尖要保持尖锐，划线要尽量一次划成，使划出的线条既清晰又准确；不用时，划针不能插在衣袋中，最好套上塑料管不使针尖外露。

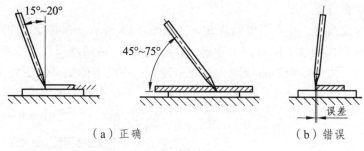

（a）正确　　　　　　　　　　　　（b）错误

图 9.10　划针的用法

④ 直角尺。

直角尺是钳工常用的测量工具[见图 9.11（a）]，划线时常用作划平行线[见图 9.11（b）]或垂直线[见图 9.11（c）]的导向工具，也可用来找正工件在划线平台上的垂直位置。

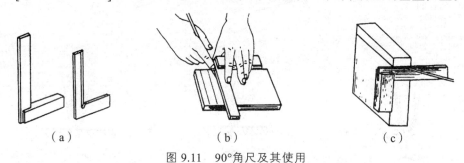

（a）　　　　　　　　　（b）　　　　　　　　　（c）

图 9.11　90°角尺及其使用

⑤ 划规。

划规是用来划圆和圆弧、等分线段、等分角度以及量取尺寸的工具，如图 9.12 所示。在滑杆上调整两个划规脚，即可得所需的尺寸。

使用时，划规两脚的长短要磨得稍有不同，而且两脚合拢时脚尖能靠紧，这样才可划出尺寸较小的圆弧；划规的脚尖应保持尖锐，以保证划出的线条清晰；用划规划圆时，作为旋转中心的一脚应加以较大的压力，另一脚则以较轻的压力在工件表面上划出圆或圆弧，避免中心滑动，如图 9.13 所示。

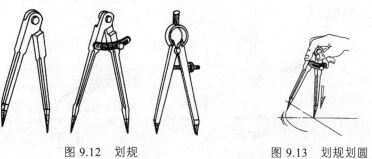

图 9.12　划规　　　　　　　　　　图 9.13　划规划圆

⑥ 样冲。

样冲用于在工件所划加工线条上打样冲眼（冲点），作加强界限标志和作圆弧或钻孔时的定位中心（称中心样冲眼），如图9.14（a）所示。

打样冲眼开始时，样冲向外倾斜，如图9.14（b）所示，使样冲尖端对正线的中部，然后直立样冲，用小锤子打击样冲顶部，如图9.14（c）所示。薄壁零件要轻打，粗糙表面要重打，精加工过的表面禁止打样冲眼。

冲点时，位置要准确，冲点不可偏离线条，如图9.15所示；在曲线上冲点距离要小些，如直径小于20 mm的圆周线上应有四个冲点，直径大于20 mm的圆周线上应有8个以上冲点；在直线上冲点距离可大些，但短直线至少有三个冲点；在线条的交叉转折处必须冲点；冲点的深浅要掌握适当，在薄壁上或光滑表面上冲点要浅，粗糙表面上要深些。

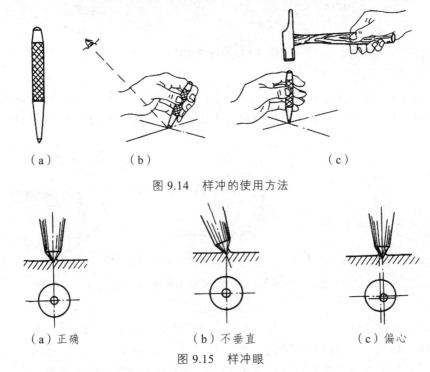

（a）　　　　（b）　　　　　　　　（c）

图9.14　样冲的使用方法

（a）正确　　　　　（b）不垂直　　　　　（c）偏心

图9.15　样冲眼

⑦划线盘。

划线盘用来在划线平台上对工件进行划线，如图9.16所示。一般情况下，划针的直头端用来划线，弯头端用于对工件安放位置的找正。

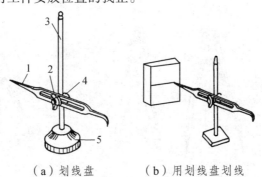

（a）划线盘　　　（b）用划线盘划线

图9.16　划线盘及其应用

1—划针；2—锁紧螺母；3—立柱；4—升降块；5—底座

⑧ 游标高度尺。

游标高度尺是一种既能划线又能测量的工具，如图 9.17（a）所示。它附有划线脚，能直接表示出高度尺寸，其读数精度一般为 0.02 mm，可作为精密划线工具。其使用方法如图 9.17（b）所示。使用前，应将划线刃口平面下落，使之与底座工作面相平行，再看尺身零线与游标零线是否对齐，零线对齐后方可划线。游标高度尺的校准可在精密平板上进行。

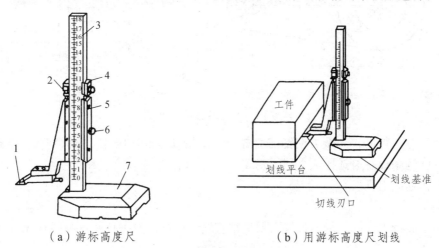

（a）游标高度尺　　　　　　　　　　（b）用游标高度尺划线

图 9.17　游标高度尺及其应用

1—量爪；2—微调螺母；3—尺身；4—微调装置；5—游标；6—紧固螺钉；7—底座

（2）划线基准。

所谓基准，就是工件上用来确定其他点、线、面的位置所依据的点、线、面。设计时，在图样上所选定的用来确定其他点、线、面位置的基准，称为设计基准。划线时，在工件上所选定的用来确定其他点、线、面位置的基准，称为划线基准。划线应从划线基准开始。划线基准选择的基本原则是应尽可能使划线基准与设计基准相一致。

划线基准的选择一般有以下 3 种类型：

① 以两个互相垂直的平面（或直线）为基准，如图 9.18（a）所示。

② 以两条互相垂直的中心线为基准，如图 9.18（b）所示。

③ 以一个平面和一条中心线为基准，如图 9.18（c）所示。

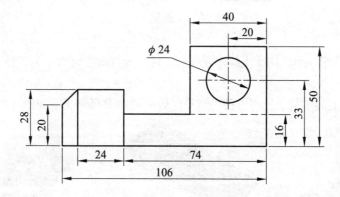

（a）以两个互相垂直的平面（或直线）为基准

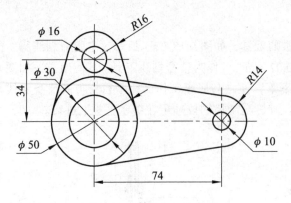
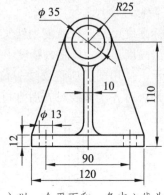

（b）以两条互相垂直的中心线为基准　　　　（c）以一个平面和一条中心线为基准

图9.18　划线基准的类型

划线时，在工件的每一个方向都需要选择一个划线基准。因此，平面划线一般选择两个划线基准；立体划线一般选择三个划线基准。

（3）立体划线工具。

① 方箱。

方箱用于夹持工件并能翻转位置而划出垂直线，一般附有夹持装置和制有 V 形槽，如图9.19 所示。

② V 形架。

通常是两个 V 形架一起使用，用来安放圆柱形工件，划出中心线找出中心等，如图 9.20 所示。

③ 直角铁。

可将工件夹在直角铁的垂直面上进行划线，如图 9.21 所示。

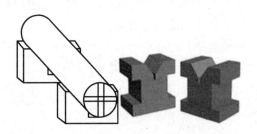

图 9.19　方箱　　　　　　　图 9.20　V 形架　　　　　　　9.21　直角铁

④ 千斤顶。

千斤顶通常是三个一组，用于支撑不规则的工件，支撑高度可做一定调整，如图 9.22 所示。

⑤ 垫铁。

垫铁用于支持毛坯工件，使用方便，但只能做少量的高低调节，如图 9.23 和图 9.24 所示。

图 9.22　千斤顶　　　　　　图 9.23　楔形垫铁　　　　　　图 9.24　夹具型垫铁

（4）找正。

对于毛坯工件，划线前一般要先做好找正工作。找正就是利用划线工具使工件上有关的表面与基准面（如划线平台）之间处于合适的位置。找正时应注意：

① 工件上有不加工表面时，应按不加工表面找正后再划线，这样可使加工表面与不加工表面之间保持尺寸均匀。如图 9.25 所示的轴承架毛坯，内孔和外圆不同心，底面和 A 面不平行，划线前应找正。在划内孔加工线之前，应先以外圆（不加工）为找正依据，用单脚规找出其中心，然后按求出的中心划出内孔的加工线，这样内孔和外圆就可达到同心要求。在划轴承座底面之前，应以 A 面（不加工）为依据，用划线盘找正成水平位置，然后划出底面加工线，这样底座各处的厚度就比较均匀。

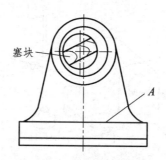

图 9.25　毛坯工件的找正

② 当工件上有两个以上的不加工表面时，应选重要的或较大的表面为找正依据，并兼顾其他不加工表面，这样可使划线后的加工表面与不加工表面之间尺寸比较均匀，而使误差集中到次要或不明显的部位。

③ 当工件上没有不加工表面时，通过对各加工表面自身位置的找正后再划线，可使各加工表面的加工余量得到合理分配，避免加工余量相差悬殊。

（5）划线时工件的放置与找正基准确定方法。

① 选择工件上与加工部分有关而且比较直观的面（如凸台、对称中心和非加工的自由表面等）作为找正基准，使非加工面与加工面之间厚度均匀，并使其形状误差反映在次要部位或不显著部位。

② 选择有装配关系的非加工部位作找正基准，以保证工件经划线和加工后能顺利进行装配。

③ 在多数情况下，还必须有一个与划线平台垂直或倾斜的找正基准，以保证该位置上的非加工面与加工面之间的厚度均匀。

（6）划线步骤的确定。

划线前，必须先确定各个划线表面的先后划线顺序及各位置的尺寸基准线。尺寸基准的选择原则有以下几点：

① 应与图样所用基准（设计基准）一致，以便能直接量取划线尺寸，避免因尺寸间的换算而增加划线误差。

② 以精度高且加工余量少的型面作为尺寸基准，以保证主要型面的顺利加工和便于安排其他型面的加工位置。

③ 当毛坯在尺寸、形状和位置上存在误差和缺陷时，可将所选的尺寸基准位置进行必要的调整——划线借料，使各加工面都有必要的加工余量，并使其误差和缺陷能在加工后排除。

下面以轴承座为例，说明划线步骤和操作，如图 9.26 所示。

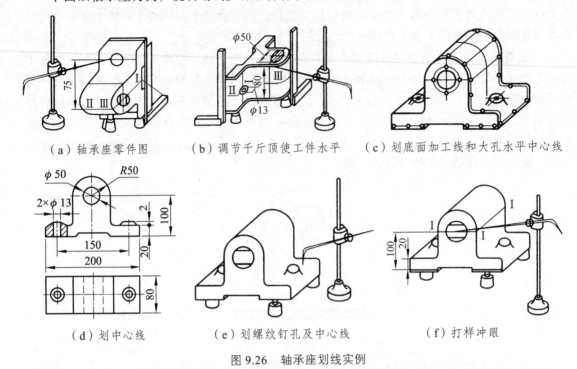

（a）轴承座零件图　　　　（b）调节千斤顶使工件水平　　　（c）划底面加工线和大孔水平中心线

（d）划中心线　　　　　（e）划螺纹钉孔及中心线　　　　（f）打样冲眼

图 9.26　轴承座划线实例

①分析图样，检查毛坯是否合格，确定划线基准。轴承座孔为重要孔、应以该孔中心线为划线基准，以保证加工时孔壁均匀，如图 9.26（a）所示。

②清除毛坯上的氧化皮和毛刺。在划线表面涂上一层薄而均匀的涂料，毛坯用石灰水为涂料，已加工表面用紫色涂料或绿色涂料。对有孔的工件，还要用铅块或木块堵孔，以便确定孔的中心。

③支承、找正工件。用三个千斤顶支承工件底面，并依孔中心及上平面调节千斤顶，使工件水平，如图 9.26（b）所示。

④划出各水平线。划出基准线及轴承座底面四周的加工线，如图 9.26（c）所示。

⑤将工件翻转 90°并用直角尺找正后划螺钉孔中心线，如图 9.26（d）所示。

⑥将工件翻转 90°并用直角尺在两个方向上找正后、划螺钉孔线及两大端加工线，如图 9.26（e）所示。

⑦检查划线，确认正确后，打样冲眼，样冲眼不得偏离线条，且应分布合理，圆周不应少于 4 个，直线处的间距可大些，曲线处则小些。线条交点必须打孔，圆中心处冲眼须打大些，如图 9.26（f）所示。划线时，同一面上的线条应在一次支承中划全，避免补划时因再次调节支承产生误差。

2）锯削

锯削是用手锯把金属材料（或工件）分割开来或锯出沟槽的操作。

（1）手锯。

手锯是对材料或工件进行分割和切槽的锯削工具，它由锯弓和锯条组成。

①锯弓。

锯弓主要用于安装并张紧锯条，分为固定式和可调式两种，如图 9.27 所示。固定式只能安装一种长度的锯条，可调式一般可以安装三种长度的锯条，通常采用可调式锯弓。

（a）固定式　　　　　　　　　　　　　（b）可调式

图 9.27　锯弓的种类

② 锯条。

锯条是直接锯割材料和工件的刀具，一般由渗碳钢冷轧制成，也可用碳素工具钢或合金钢制成后，经热处理淬硬使用。锯条的规格分为长度规格和粗细规格，长度规格是以锯条两端安装孔的中心距表示的，常用锯条长度是 300 mm。锯条齿距大小以 25 mm 长度所含齿数多少分为粗齿、中齿、细齿三种，主要根据加工材料的硬度、厚薄来选择。锯削软材料或厚工件时，因锯屑相对较多，要求有比较大的容屑空间，应该选用粗齿锯条；锯削硬材料及薄工件时，因为材料较硬，锯齿不易切入，锯屑量相对较少，不需要大的容屑空间。另外，薄工件在锯削中锯齿易被工件勾住而发生崩裂，一般至少要有 3 个齿同时接触工件，使锯齿受力减小，此时应选用细齿锯条。锯齿粗细的划分及用途如表 9.1 所示。

表 9.1　锯齿的粗细规格和应用

	每 25 mm 长度内齿数	应　用
粗	14～18	锯削软钢、黄铜、铝、铸铁、紫铜、人造胶质材料
中	22～24	锯削中等硬度钢，厚壁的钢管、铜管
细	32	薄片金属、厚壁的钢管
细变中	32～20	一般工厂中用

a. 锯齿的切削角度。

如图 9.28 所示为锯齿的切削角度。锯条的切削部分由许多形状相同的锯齿组成，每个齿相当于一把錾子，都有切削能力。常用的锯齿角度有后角 40°、楔角 50°、前角 0°。

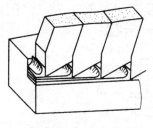

（a）锯齿的立体图

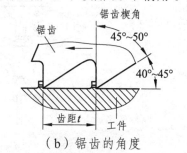

（b）锯齿的角度

图 9.28　锯齿的形状

b. 锯路。

为了减少锯缝两侧面对锯条的摩擦阻力，避免锯割时锯条被夹住，制造时将锯齿按一定的规律左右错开，排成一定的形状称为锯路。锯路有交叉形和波浪形，如图 9.29 所示。锯条有了锯路，使工件上的锯缝宽度大于锯条背部的厚度，防止"夹锯"和磨损锯条。

（a）交叉排列　　　　　　　　　　（b）波浪排列

图 9.29　锯路

c. 锯条的安装。

锯削前首先要安装好锯条。安装时，使齿尖的方向朝前，如图 9.30 所示。锯条的松紧要适当，装好后锯条应尽量与锯弓在同一平面内，不要有扭曲现象。

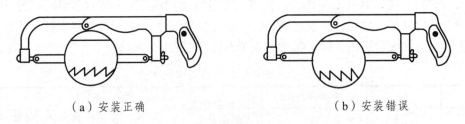

（a）安装正确　　　　　　　　　　（b）安装错误

图 9.30　锯条的装夹

（2）锯削的操作要点。

① 锯削的基本姿势。

a. 握锯方法。

锯削时，右手满握锯柄，左手轻扶在锯弓前端，如图 9.31 所示。

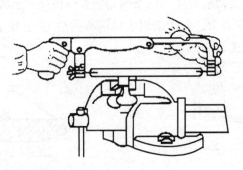

图 9.31　手锯的握法

b. 站立位置及姿势。

站立位置与錾削基本相同，右脚支撑身体重心，双手扶正手锯放在工件上，左臂微弯曲，右臂与锯削方向基本保持平行，如图 9.32 所示。

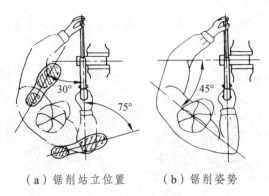

（a）锯削站立位置　　　　（b）锯削姿势

图 9.32　锯削站立位置与姿势

② 起锯操作方法。

起锯是锯削的开始，起锯质量直接关系到锯削质量和尺寸误差的大小。起锯方法有两种：一种是远起锯（从工件远离操作者一端开始），如图 9.33（a）所示；一种是近起锯（从工件靠近操作者的一端开始），如图 9.33（b）所示。为保证锯削顺利进行，开始锯削时用左手拇指按住锯削位置对锯条进行引导，也可用物体靠在锯条侧面或在锯缝处用錾子錾出一个浅缝。如图 9.33（c）所示为拇指靠住锯条开始锯割。

起锯角即工件切母线与锯条间的夹角。起锯时起锯角 θ 应控制在 $10° \sim 15°$，若起锯角太大，起锯时不平稳，锯齿易被工件棱边卡住引起崩裂；起锯角太小，同时参加锯削的锯齿数太多，不宜切入材料。如图 9.33（d）所示起锯角

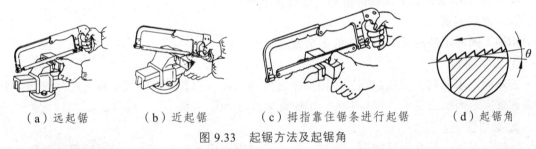

（a）远起锯　　　（b）近起锯　　　（c）拇指靠住锯条进行起锯　　　（d）起锯角

图 9.33　起锯方法及起锯角

③ 锯削动作。

如图 9.34 所示为锯削动作，双脚站立不动。推锯时，右腿保持伸直状态，身体重心慢慢转移到左腿上，左膝盖弯曲，身体随锯削行程的加大自然前倾；当锯弓前推行程达锯条长度的 3/4 时，身体重心后移，慢慢回到起始状态，并带动锯弓行程至终点后回到锯削开始状态。

锯削运动有两种方式，一种是直线运动，适用于薄型工件、直槽及锯割面精度要求较高的场合；一种是摆动式运动，适用范围较广。摆动式操作过程是推锯时，左手微上翘，右手下压；回锯时，右手微上翘，左手下压，形成摆动。这样锯割轻松，效率高。

动作要领：身动锯才动，身停锯不停，身回锯缓回。

④ 锯削压力。

锯割时，手锯推出为切削过程，退回时不参加切削，为避免锯齿磨损，提高工作效率，推锯时，应施加压力，回锯时，不施加压力而自然拉回。锯削硬材料比软材料的压力要大。

⑤ 锯条行程和运动速度。

锯割时，尽量使锯条的全长都参加切削，即使不用锯条全长锯割行程也不应小于锯条长

度的 2/3。锯削速度控制在 20 ~ 40 次/分钟，且推锯速度比回锯速度要慢，锯割硬材料比软材料要慢。

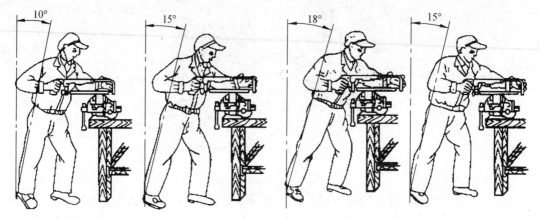

图 9.34　锯削动作

（3）锯削注意事项。

① 锯割硬材料应加冷却液对锯条进行润滑冷却。

② 当锯削工作接近结束时，压力要小，速度要慢，防止工件突然断裂折断锯条或发生其他伤害事故。

③ 锯削过程中不要突然用力，防止锯条折断崩出伤人。

④ 要使用锯条有效全长进行锯割，避免锯条局部磨损。

（4）锯削实例。

锯削不同的工件需要采用不同的锯削方法。

① 锯削圆钢。

若断面要求较高，应从起锯开始由一个方向锯到结束；若断面要求不高，则可以从几个方向起锯，使锯削面变小，容易锯入，工作效率高。

② 锯切管子。

一般情况下，钢管壁厚较薄，因此，锯管子时应选用细齿锯条。一般不采用一锯到底的方法，而是当管壁锯透后随即将管子沿着推锯方向转动一个适当的角度，再继续锯割，依次转动，直至将管子锯断，如图 9.35 所示。这样，一方面可以保持较长的锯割缝口，提高效率；另一方面也能防止因锯缝卡住锯条或管壁勾住锯齿而引起锯条损伤，消除因锯条跳动所造的锯割表面不平整的现象。对于已精加工过的管件为防止装夹变形，应将管件夹在有 V 形槽的两块木板之间。

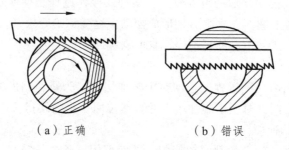

（a）正确　　　　　　　　（b）错误

图 9.35　锯切管子

③ 锯削扁钢。

为了得到整齐的锯缝，应从扁钢较宽的面下锯，这样锯缝较浅，锯条不致卡住，如图 9.36 所示。

④ 锯削窄缝。

锯削窄缝时，应将锯条转 90°安装，平放锯弓推锯，如图 9.37 所示。

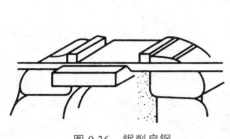

图 9.36　锯削扁钢

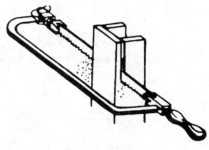

图 9.37　锯削窄缝

⑤ 锯削型钢。

角钢和槽钢的锯法与锯削扁钢的方法基本相同，但工件应不断改变夹持位置。

3）锉削

（1）锉削加工的应用。

用锉刀对工件表面进行切削加工，使它达到零件图纸要求的形状、尺寸和表面粗糙度，这种加工方法称为锉削。

锉削加工简便，工作范围广，多用于錾削、锯削之后。锉削可对工件上的平面、曲面、内外圆弧、沟槽以及其他复杂表面进行加工。锉削的最高精度可达 IT8～IT7，表面粗糙度 Ra 可达 1.6～0.8。锉削可用于成形样板，模具型腔以及部件，机器装配时的工件修整，是钳工主要操作方法之一。

（2）锉刀。

① 锉刀的材料及构造

锉刀常用碳素工具钢 T10、T12 制成，并经热处理淬硬到 HRC62～67。

锉刀由锉刀面、锉刀边、锉刀舌、锉刀尾、木柄等部分组成，其大小以锉刀面的工作长度来表示。

锉刀的锉齿是在剁锉机上剁出来的，其构造如图 9.38 所示。

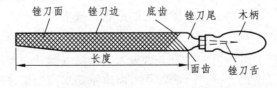

9.38　锉刀的构造

② 锉刀的种类。

锉刀按用途不同分为普通锉（或称钳工锉）、特种锉和整形锉（或称什锦锉）三类，其中普通锉使用最多。

普通锉按截面形状不同分为平锉、方锉、圆锉、半圆锉和三角锉 5 种；按其长度可分为 100 mm、125 mm、150 mm、200 mm、250 mm、300 mm、350 mm、400 mm 和 450 mm 等 9 种；按其齿纹可分为单齿纹、双齿纹（大多用双齿纹）；按其齿纹疏密可分为粗齿、细齿和油光锉等（锉刀的粗细以每 10 mm 长的齿面上锉齿齿数来表示，粗锉为 4 ~ 12 齿，细齿为 13 ~ 24 齿，油光锉为 30 ~ 36 齿）。图 9.39 所示为不同形状锉刀的用法。

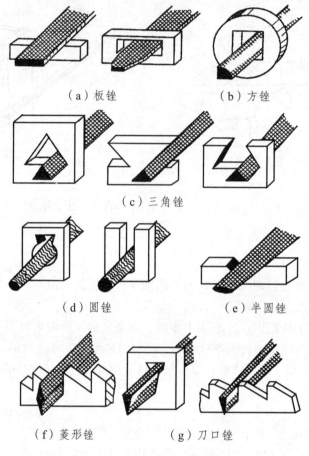

（a）板锉　　　　　　　　　（b）方锉

（c）三角锉

（d）圆锉　　　　　　　　　（e）半圆锉

（f）菱形锉　　　　　　　　（g）刀口锉

图 9.39　不同形状锉刀的用法

③ 锉刀的选用。

合理选用锉刀，对保证加工质量，提高工作效率和延长锉刀使用寿命有很大的影响。一般选择锉刀的原则是：

a. 根据工件形状和加工面的大小选择锉刀的形状和规格。

b. 根据加工材料软硬、加工余量、精度和表面粗糙度的要求选择锉刀的粗细。粗锉刀的齿距大，不易堵塞，适宜于粗加工（即加工余量大、精度等级和表面质量要求低）及铜、铝等软金属的锉削；细锉刀适宜于钢、铸铁以及表面质量要求高的工件的锉削；油光锉只用来修光已加工表面，锉刀越细，锉出的工件表面越光，但生产率越低。

（3）锉削操作。

① 装夹工件。

工件必须牢固地夹在虎钳钳口的中部，需锉削的表面略高于钳口，不能高得太多，夹持已加工表面时，应在钳口与工件之间垫铜片或铝片。

②锉刀的握法。

正确握持锉刀有助于提高锉削质量。

a. 较大锉刀的握法。

用右手握锉刀柄，柄端顶住掌心，大拇指放在柄的上部，其余手指由下而上满握锉刀柄。左手的握锉姿势有两种，将左手拇指肌肉压在锉刀头上，中指、无名指捏住锉刀前端，也可用左手掌斜压在锉刀前端，各指自然放平，如图 9.40 所示。

锉削时，右手用力推动锉刀，并控制锉削方向，左手使锉刀保持水平位置，并在回程时消除压力或稍微抬起锉刀。注意：推出锉刀时，双手加在锉刀上的压力应保持锉刀平稳，不得使锉刀上下摆动，这样才能锉出平整的平面。锉刀的推力大小主要由右手控制，而压力大小由两手同时控制。

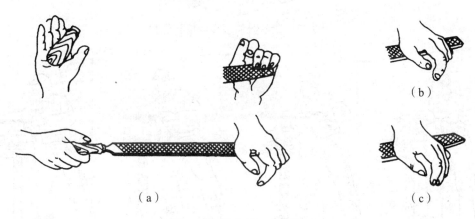

（b）

（a）　　　　　　　　　（c）

图 9.40　较大锉刀的握法

b. 小型锉刀的握法。

小型锉刀主要用于对零件进行整形加工，修整零件上细小部位的尺寸、形状位置精度和表面粗糙度，如图 9.41 所示。

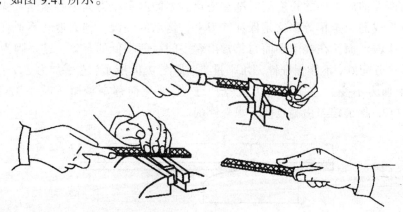

图 9.41　小型锉刀的握法

③锉削的姿势。

正确的锉削姿势能够减轻疲劳，提高锉削质量和效率。人的站立姿势为左腿在前弯曲，右腿伸直在后，身体向前倾（约 10°左右），重心落在左腿上。锉削时，两腿站稳不动，靠左膝的屈伸使身体做往复运动；手臂和身体的运动要相互配合，并要充分利用锉刀的全长。正确的锉削姿势如图 9.42 和图 9.43 所示。

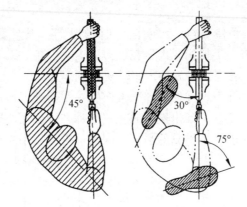

图 9.42　锉削时的站立步位和姿势

图 9.43　锉削动作

④ 锉刀的运用。

由于锉刀两端伸出工件的长度随时都在变化，因此两手压力大小必须随着变化，使两手的压力对工件形成的力矩相等，这是保证锉刀平直运动的关键。锉刀运动不平直，工件中间就会凸起或产生鼓形面。在锉削平面时，常出现中间高两端低的现象，这是因为两手用力没有随着锉刀推进分配好，不能保证锉刀水平推进。如图 9.44 所示，左手加力 F_1，右手加力 F_2，锉削时，右手加力不变，左手随着力臂 L_1、L_2 的变化而逐渐调整（减小），使力矩平衡（$F_1 \times L_1 = F_2 \times L_2$），保证锉刀由高点向下水平锉削。

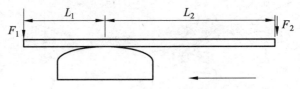

图 9.44　两手用力分配情况

锉削速度一般为每分钟 30～60 次。太快，操作者容易疲劳，且锉齿易磨钝；太慢，切削效率低。

　　锉削时锉刀的平直运动是锉削的关键。锉削的力有水平推力和垂直压力两种，推力主要由右手控制，其大小必须大于锉削阻力才能锉去切屑；压力是由两个手控制的，其作用是使锉齿深入金属表面。图 9.45 为锉削时的用力方法。

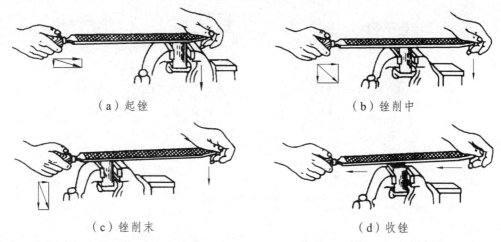

（a）起锉　　　　　　　　　　　　　　　　（b）锉削中

（c）锉削末　　　　　　　　　　　　　　　　（d）收锉

图 9.45　锉平面时的两手用力

　　（4）平面的锉削方法及锉削质量检验。

　　① 平面锉削。

　　平面锉削是最基本的锉削，常用的有以下三种锉削方式：

　　a. 顺向锉法。

　　锉刀沿着工件表面横向或纵向移动，锉削平面可得到正直的锉痕，比较美观，适用于工件锉光、锉平或锉顺锉纹，如图 9.46 所示。

　　b. 交叉锉法。

　　以交叉的两个方向顺序地对工件进行锉削。由于锉痕是交叉的，容易判断锉削表面的不平程度，因此也容易把表面锉平。交叉锉法去屑较快，适用于平面的粗锉，如图 9.47 所示。

　　c. 推锉法。

　　两手对称地握着锉刀，用两大拇指推锉刀进行锉削。这种方式适用于较窄表面且已锉平、加工余量较小的情况，来修正和减少表面粗糙度，如图 9.48 所示。

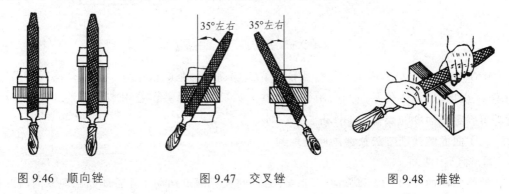

图 9.46　顺向锉　　　　　　图 9.47　交叉锉　　　　　　图 9.48　推锉

　　② 用直角尺检查锉削平面质量。

　　a. 检查平面的直线度和平面度。

用钢尺和直角尺以透光法来检查，要多检查几个部位并进行对角线检查。

b. 检查垂直度。

用直角尺采用透光法检查，应先选择基准面，然后对其他面进行检查，如图 9.49 所示。

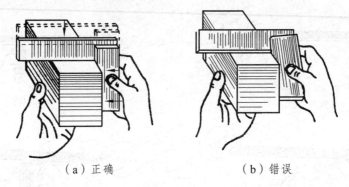

（a）正确　　　　　　（b）错误

图 9.49　用角尺检验工件垂直度

c. 检查尺寸。

根据尺寸精度用钢尺和游标尺在不同尺寸位置上多测量几次。

d. 检查表面粗糙度。

一般用眼睛观察即可，也可用表面粗糙度样板进行对照检查。

③ 用刀口尺检验工件平面度的方法。

a. 将刀口尺垂直紧靠在工件表面，并在纵向、横向和对角线方向逐次检查，如图 9.50 所示。

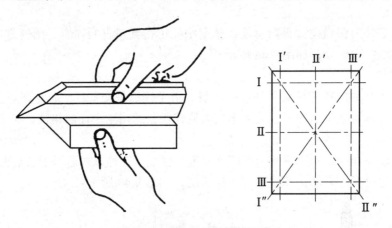

图 9.50　用刀口尺检验平面度

b. 检验时，如果刀口尺与工件平面透光微弱而均匀，则该工件平面度合格；如果进光强弱不一，则说明该工件平面凹凸不平。可在刀口尺与工件紧靠处用塞尺插入，根据塞尺的厚度即可确定平面度的误差，如图 9.51 所示。

（5）曲面的锉削方法及锉削质量检验。

① 锉削内曲面。

锉削内曲面（如 R12 圆弧面）时，锉刀同时完成前进运动、随着曲面向左或向右的移动、绕锉刀中心线的转动等，如图 9.52（a）所示。锉削至划线位置后，用半径规检测圆弧半径，待合格后，用推锉修整锉纹。

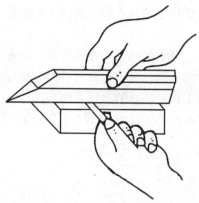

图 9.51　用塞尺测量平面度误差值

② 锉削外曲面。

锉削外曲面（如 $R2.5$ 圆弧面）时，先用锉削多边形的方法，逼近圆弧划线进行锉削。待圆弧形状基本形成后，锉刀在顺向锉削的同时完成前进运动和绕曲面回转中心的转动，如图 9.52（b）所示。锉削至划线位置后，用半径规检测圆弧半径，待合格后，用波浪形锉削方式修整锉纹，如图 9.52（c）所示。

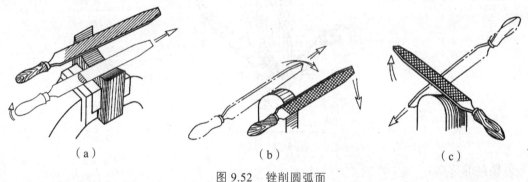

（a）　　　　　　　　　　　（b）　　　　　　　　　　　（c）

图 9.52　锉削圆弧面

③ 曲面检测。

和平面度的检测原理相同，曲面检测也采用透光法。测量时，半径规必须垂直于被检测面，如图 9.53 所示。

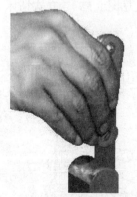

图 9.53　曲面的检测

（6）锉削注意事项。

① 锉刀必须装柄使用，以免刺伤手腕。松动的锉刀柄应装紧后再用。

②不准用嘴吹锉屑，也不要用手清除锉屑。当锉刀堵塞后，应用钢丝刷顺着锉纹方向刷去锉屑。

③对铸件上的硬皮或粘砂、锻件上的飞边或毛刺等，应先用砂轮磨去，然后锉削。

④锉削时不准用手摸锉过的表面，因手有油污再锉时易打滑。

⑤锉刀不能作橇棒或敲击工件，防止锉刀折断伤人。

⑥放置锉刀时，不要使其露出工作台面，以防锉刀跌落伤脚；也不能把锉刀与锉刀叠放，或锉刀与量具叠放。

2. 钻孔、扩孔和铰孔

1）钻孔

（1）钻削。

①钻孔是指用钻头在实体材料上加工出孔的操作，如图9.54所示。

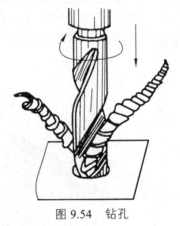

图 9.54　钻孔

②钻削的特点。

钻削的特点是钻头转速高、摩擦严重、热量多、散热困难、切削温度高；切削量大、排屑困难、易产生振动。钻头的刚性和精度都较差，故钻削加工精度低，一般尺寸精度为 IT11 ~ IT10，粗糙度 Ra 为 100 ~ 25 μm。

③钻孔设备常用的有台式钻床（见图9.55）、立式钻床、摇臂钻床、手电钻等。

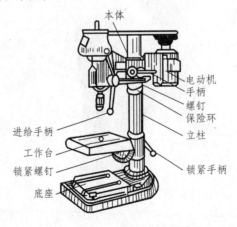

图 9.55　Z4012 台式钻床

（2）钻头（麻花钻）。

① 钻头的分类

一般分为直柄钻头（见图 9.56）和锥柄钻头（见图 9.57）两类。钻头一般用高速钢 W18Cr4V 或 W9Cr4V2 制成，淬硬后的硬度为 HRC62～68。钻头由柄部、颈部和工作部分（切削部分和导向部分）组成。

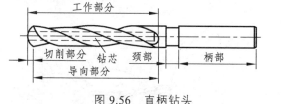

图 9.56　直柄钻头

图 9.57　锥柄钻头

a. 柄部是钻头的夹持部分，用于装夹定心和传递扭矩动力。

钻头直径小于 12 mm 时，柄部为圆柱形；钻头直径大于 12 mm 时，柄部一般为莫氏锥度。

b. 颈部是工作部分和柄部之间的连接部分，用作钻头磨削时砂轮退刀用，并用来刻印商标和规格号等。

c. 工作部分包括切削部分和导向部分。

切削部分起主要切削作用，由前、后刀面、横刃、两主切削刃组成。

导向部分有两条螺旋形棱边，在切削过程中起导向及减少摩擦的作用。两条对称螺旋槽起排屑和输送切削液的作用。在钻头重磨时，导向部分逐渐变为切削部分投入切削工作，如图 9.58 所示。

② 麻花钻头的刃磨。

a. 标准麻花钻的刃磨要求两刃长短一致，顶角对称。

顶角符合要求，通常为 $2\varphi = 118° \pm 2°$。获得准确、合适的后角，通常外缘处的后角为 $\alpha = 10° \sim 14°$，横刃斜角为 $\gamma = 50° \sim 55°$，如图 9.59 所示。两主切削刃长度以及和钻头轴心线组成的两角要相等，否则将使钻出的孔扩大或歪斜；同时，由于两主切削刃所受的切削抗力不均衡，造成钻头很快磨损，因此两个主后面要刃磨光滑。

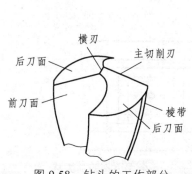

图 9.58　钻头的工作部分

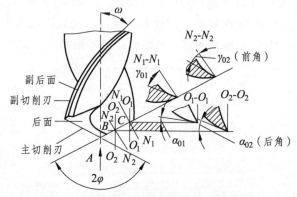

图 9.59　钻头的几何角度

b. 标准麻花钻的刃磨采用两手握法：右手握住钻头的头部，左手握住柄部，如图 9.60 所示。

钻头与砂轮的相对位置：钻头轴心线与砂轮圆柱母线在水平面内的夹角等于钻头顶角的一半，被刃磨部分的主切削刃处于水平位置。

刃磨动作：将主切削刃在略高于砂轮水平中心平面处先接触砂轮，右手缓慢地使钻头绕自己的轴线由下向上转动，同时施加适当的刃磨压力，这样可使整个后面都磨到。左手配合右手做缓慢的同步下压运动，刃磨压力逐渐加大，这样便于磨出后角。其下压的速度及其幅度随要求的后角大小而变，为保证钻头近中心处磨出较大后角，还应做适当的右移运动，如图 9.61 所示。刃磨时两手动作的配合要协调、自然，按此不断反复，两后面经常轮换，直至达到刃磨要求。

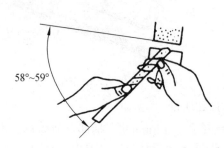

图 9.60　握法及钻头与砂轮轴心线的夹角

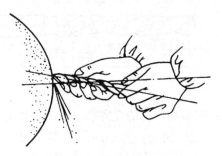

图 9.61　刃磨时的动作

钻头刃磨压力不宜过大，并要经常蘸水冷却，防止因过热退火而降低硬度。

c. 可利用检验样板对刃磨后钻头的几何角度及两主切削刃的对称度等要求进行检验。但在刃磨过程中经常用的还是采用目测的方法。目测检验时，把钻头切削部分向上竖立，两眼平视，由于两主切削刃一前一后会产生视差，往往感到左刃（前刃）高而右刃（后刃）低，所以要旋转 180°后反复看几次，如果结果一样，就说明对称了。钻头外缘处的后角可将外缘处靠近刃口部分的后刀面的倾斜情况进行直接目测。近中心处的后角要求，可通过控制横刃斜角的合理数值来保证。

（3）划线钻孔的方法。

① 钻孔时的工件划线。

按钻孔的位置尺寸要求，划出孔位的十字中心线，并打上中心冲眼（要求冲眼要小，位置要准），按孔的大小划出孔的圆周线。对钻直径较大的孔，还应划出几个大小不等的检查圆，以便钻孔时检查和修正钻孔位置，如图 9.62 所示。当钻孔的位置尺寸要求较高，为了避免敲击中心冲眼时所产生的偏差，也可直接划出以孔中心线为对称中心的几个大小不等的方格，作为钻孔时的检查线。然后将中心冲眼敲大，以便准确落钻定心，如图 9.63 所示。

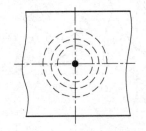

图 9.62　画出大小不等的检查圆

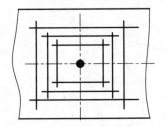

图 9.63　画出几个大小不等的方格

② 工件的装夹。

工件钻孔时，要根据工件的不同形体以及钻削力的大小（或钻孔的直径大小）等情况，采用不同的装夹（定位和夹紧）方法，以保证钻孔的质量和安全。常用的基本装夹方法如下：

a. 平正的工件采用平口钳装夹时，应使工件表面与钻头垂直。钻直径大于 8 mm 孔时，必须将平口钳用螺栓、压板固定；用虎钳夹持工件钻通孔时，工件底部应垫上垫铁，空出落钻部位，以免钻坏虎钳，如图 9.64 所示。

b. 圆柱形的工件可用 V 形铁对工件进行装夹，装夹时应使钻头轴心线与 V 形铁两个斜面的对称平面重合，保证钻出孔的中心线通过工件轴心线，如图 9.65 所示。

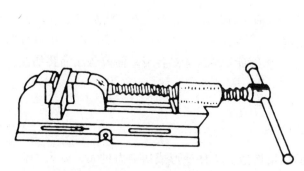

图 9.64　平正的工件用平口钳装夹

图 9.65　圆柱形的工件用 V 形铁进行装夹

c. 异型零件、底面不平或加工基准在侧面的工件，可用角铁进行装夹。由于钻孔时的轴向钻削力作用在角铁安装平面之外，故角铁必须用压板固定在钻床工作台上。

③ 起钻钻孔时，先使钻头对准钻孔中心起钻出一浅坑，观察钻孔位置是否正确，并要不断校正，使起钻浅坑与划线圆同轴。修正方法：如偏位较少，可在起钻的同时用力将工件向偏位的反方向推移，达到逐步校正的目的。如偏位较多，可在校正方向打上几个中心冲眼或用油槽錾錾出几条槽，以减少此处的钻削阻力，达到校正目的。但无论何种方法，都必须在锥坑外圆小于钻头直径之前完成，这是保证达到钻孔位置精度的重要一环。如果起钻锥坑外圆已经达到孔径，而孔位仍偏移，再校正就困难了。

④ 进给操作。当起钻达到钻孔的位置要求后，即可压紧工件完成钻孔。手进给时，进给用力不应使钻头产生弯曲，以免使钻孔轴线歪斜；钻小直径孔或深孔，进给力要小，并要经常退钻排屑，以免切屑阻塞而扭断钻头，一般在钻深达直径的 3 倍时，一定要退钻排屑。孔将钻穿时，进给力必须减小，以防进给量突然过大，增大切削抗力，造成钻头折断，或使工件随着钻头转动造成事故。

⑤ 钻孔时的切削液。为了使钻头散热冷却，减少钻削时钻头与工件、切屑之间的摩擦，以及消除黏附在钻头和工件表面上的积屑瘤，从而降低切削抗力，提高钻头寿命和改善加工孔表面的表面质量。钻孔时要加注足够的切削液，钻钢件时可用 3% ~ 5% 的乳化液；钻铸铁时，一般可不加或用 5% ~ 8% 的乳化液连续加注。

（4）钻孔安全注意事项。

① 操作钻床时不可戴手套，袖口必须扎紧，女工必须戴工作帽。

② 用钻夹头装夹钻头时要用钻夹头钥匙，不可用扁铁和手锤敲击，以免损坏夹头和影响钻床主轴精度。工件装夹时，必须做好装夹面的清洁工作。

③ 工件必须夹紧，特别是在小工件上钻较大直径孔时装夹必须牢固。孔将钻穿时，要尽量减小进给力。在使用过程中，工作台面必须保持清洁。

④ 开动钻床前，应检查是否有钻夹头钥匙或斜铁插在钻轴上。使用前必须先空转试车，在机床各机构都正常工作时才可操作。

⑤ 钻孔时不可用手和棉纱头或用嘴吹来清除切屑，必须用毛刷清除，钻出长条切屑时，要用钩子钩断后除去。钻通孔时必须使钻头能通过工作台面上的让刀孔，或在工件下面垫上垫铁，以免钻坏工作台面。钻头用钝后必须及时修磨锋利。

⑥ 操作者的头部不准与旋转着的主轴靠得太近。停车时应让主轴自然停止，不可用手去制动，也不能用反转制动。

⑦ 严禁在开车状态下装拆工件。检验工件和变换主轴转速，必须在停车状况下进行。

⑧ 清洁钻床或加注润滑油时，必须切断电源。

⑨ 钻床不用时，必须将机床外露滑动面及工作台面擦净，并对各滑动面及各注油孔加注润滑油。

2）扩孔与铰孔

（1）扩孔。

当孔径较大时，为了防止钻孔产生过多的热量而造成工件变形或切削力过大，或为了更好地控制孔径尺寸，往往先钻出比要求的孔径小的孔，然后再把孔径扩大至要求。扩孔是用麻花钻或扩孔钻对工件上已有孔进行扩大的加工方法，如图 9.66 所示。扩孔精度可达 IT10 ~ IT9，表面粗糙度 Ra 可达 12.5 ~ 3.2。

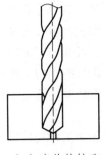
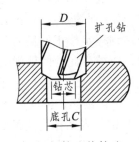

（a）麻花钻扩孔　　　　　　（b）扩孔钻扩孔

图 9.66　扩孔

在实际生产中常用麻花钻扩孔。当采用麻花钻扩孔时，底孔直径一般约为要求直径的 0.5 ~ 0.7 倍。采用扩孔钻扩孔时，底孔直径一般约为要求直径的 0.9 倍，切削速度要比钻孔小一半。扩孔后进给可采用机动或手动，采用手动进给时，进给量要均匀、一致。

由于扩孔切削条件大大改善，所以扩孔钻的结构与麻花钻相比有较大不同。图 9.66（b）所示为扩孔钻工作部分的结构简图，其结构特点如下：

① 由于中心不切削，没有横刃，切削刃只做成靠边缘的一段。

② 由于扩孔产生的切屑体积小，不需大容屑槽，扩孔钻可以加粗钻芯，提高刚度，工作平稳。

③ 由于容屑槽较小，扩孔钻可做出较多刀齿，增强导向作用。一般整体式扩孔钻为 3 ~ 4 齿。

④ 由于切削深度较小，切削角度可取较大值，使切削省力。

（2）铰孔。

在钻孔或扩孔之后，为了进一步提高孔的尺寸精度和降低表面粗糙度，需用铰刀进行铰孔。因此，铰孔是中小直径孔的半精加工和精加工方法之一。铰孔加工精度较高，机铰达 IT8 ~ IT7，表面粗糙度 Ra 为 1.6 ~ 0.8；手铰达 IT7 ~ IT6，表面粗糙度 Ra 为 0.4 ~ 0.2。由此可见手铰比机铰质量高。

当工件孔径小于 25 mm 时，钻孔后直接铰孔；工件孔径大于 25 mm 时，钻孔后需扩孔，然后再铰。

铰孔分为手工铰孔和机器铰孔两种，钳工训练的主要是手工铰孔。孔径较大的孔，由于切削力较大，多采用机器铰孔；另外，大批量生产也使用机器铰孔。

铰孔是应用较普遍的孔的精加工方法之一，铰孔后的精度和粗糙度与被铰材料及所用铰刀精度有关，铰刀精度有 H7、H8、H9 等几种等级。

① 铰刀的结构。

铰刀一般分为手用铰刀和机用铰刀两种。

铰刀由柄部、颈部和工作部分组成。其中，工作部分又分为切削部分和校准部分（锥铰刀除外），如图 9.67 所示。常用的铰刀有整体圆柱铰刀、可调节的手用铰刀、锥铰刀、螺旋槽手用铰刀以及硬质合金机用铰刀等。

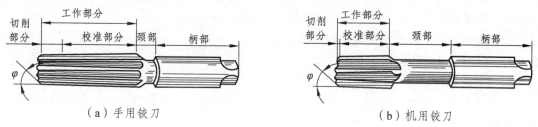

（a）手用铰刀　　　　　　　　　　　（b）机用铰刀

图 9.67　铰刀结构

② 铰削余量。

铰削余量是指由上道工序（钻孔或扩孔）留下来在直径方向的待加工量。铰削余量的控制是铰孔的关键，与孔径大小、工件材料、尺寸精度要求、表面粗糙度要求、铰刀类型、操作者经验水平有关。表 9.2 是铰削余量的推荐值。

表 9.2　铰削余量的推荐值

铰孔直径/mm	0 ~ 5	5 ~ 20	21 ~ 32	33 ~ 50	51 ~ 70
铰削余量/mm	0.1 ~ 0.2	0.2 ~ 0.3	0.3	0.5	0.8

③ 铰孔时的冷却润滑。

铰孔时，因铰刀与孔壁摩擦较严重会产生大量的热量，所以必须选用适当的切削液，以减少摩擦和散热；同时需将切屑及时冲掉，提高铰孔质量。切削液的选用见表 9.3。

④ 手工铰孔操作要点。

a. 确定底孔加工方法和切削余量。

b. 检查铰刀的质量和尺寸。

c. 工件夹正、夹牢而不变形。

d. 两手用力要平衡，按顺时针方向转动并略微用力下压（任何时候都不能倒转）；铰刀不得摇摆，以保持铰削的稳定性，避免在孔口处出现喇叭口或将孔径扩大。

e. 进给量的大小和转动速度要适当、均匀，并不断地加入切削液。

表 9.3　切削液的选用

被加工工件材料	适用的切削液
钢	1. 10%～20%的乳化液; 2. 铰孔要求较高时,用30%的菜油加70%的肥皂水; 3. 铰孔要求更高时,用菜油、柴油、猪油
铸铁	1. 不用; 2. 煤油（会引起孔径缩小）; 3. 低浓度乳化液
铝	煤油
铜	乳化液

f. 铰孔完成后,要顺时针方向旋转并退出铰刀。不论进刀还是退刀都不能反转,否则,会使切屑卡在孔壁与刀齿后刀面形成的楔形腔内,将孔壁刮毛,甚至挤崩刀刃。

g. 要变换每次的停歇位置,以消除铰刀常在同一处停歇而造成的振痕。

h. 铰削过程中,如果铰刀转不动,不能硬扳转铰刀,应小心地抽出铰刀,检查铰刀是否被切屑卡住或遇到硬点,否则会使刀刃崩裂或折断铰刀。

i. 铰削时,要注意经常清除黏在刀齿上的切屑。如铰刀刀齿出现磨损,可用油石仔细修磨刀刃,以使刀刃锋利。

⑤ 机器铰孔操作要点。

a. 要注意机床主轴、铰刀、工件底孔三者之间的同轴度是否符合要求,必要时可采用浮动装夹的方式。

b. 切削速度和进给量选择要适当。用高速钢铰刀铰削钢件时,v 取 $4～8$ m/min,f 取 $0.5～1$ mm/r;铰削铸铁件时,v 取 $6～8$ m/min,f 取 $0.5～1$ mm/r;铰削铜件时,v 取 $8～12$ m/min,f 取 $1～1.2$ mm/r。

c. 铰孔完成后,必须待铰刀退出后再停车,避免铰刀将孔壁拉出刀痕。

d. 铰削通孔时,铰刀的校准部分不能全部超过工件的下边,否则容易将孔出口处划伤和划坏孔壁。

e. 铰孔时,要及时加注润滑冷却液。

⑥ 手工铰孔加工产生问题的原因及解决方法（见表 9.4）。

表 9.4　手工铰孔加工产生问题的原因及解决方法

问题	原因	解决方法
孔径增大,误差大	1. 铰刀质量问题,如外径尺寸偏大或铰刀刃口有毛刺; 2. 切削速度过高; 3. 进给量不当或加工余量过小; 4. 铰刀弯曲; 5. 铰刀刃口上黏附切削瘤; 6. 切削液选择不合适; 7. 铰孔时两手用力不均匀,使铰刀左右晃动	1. 选择符合要求的铰刀; 2. 降低切削速度; 3. 适当调整进给量或减少加工余量; 4. 更换铰刀; 5. 选择冷却性能较好的切削液; 6. 铰孔时两手用力尽量均匀,尽量不使铰刀左右晃动

问题	原因	解决方法
孔径缩小	1. 铰刀质量问题，铰刀外径尺寸已磨损； 2. 切削速度过低； 3. 进给量过大； 4. 切削液选择不合适； 5. 铰钢件时，余量太大或铰刀不锋利，易产生弹性恢复，使孔径缩小	1. 更换铰刀； 2. 适当提高切削速度； 3. 适当降低进给量； 4. 选用润滑性能好的油性切削液； 5. 设计铰刀尺寸时，应考虑上述因素，或根据实际情况取值
铰出的内孔不圆	铰孔时两手用力不均匀，使铰刀左右晃动	铰孔时两手用力尽量均匀，尽量不使铰刀左右晃动

⑦ 铰孔操作注意事项。

a. 铰刀刀刃较锋利，刀刃上如有毛刺或切屑黏附，不可用手清除。

b. 使用铰刀时，应防止铰刀掉落而造成损伤。

c. 铰刀使用完毕要擦洗干净，涂上机油；放置时要保护好刀刃，防止与硬物碰撞。

3）钻孔、扩孔、镗孔与铰孔的联系

钻孔是在实体材料中钻出一个孔，而铰孔是扩大一个已经存在的孔。铰孔和钻孔、扩孔一样都是由刀具本身的尺寸来保证被加工孔的尺寸的，但铰孔的质量要高得多。铰孔时，铰刀从工件孔壁上切除微量金属层，以提高其尺寸精度和减小其表面粗糙度，铰孔是孔的精加工方法之一，常用作直径不很大、硬度不太高的工件孔的精加工，也可用于磨孔或研孔前的预加工。机铰生产率高，劳动强度小，适宜于大批大量生产。铰孔加工精度可达 IT8 ~ IT6 级，表面粗糙度 Ra 一般达 1.6 ~ 0.2 μm。这是由于铰孔所用的铰刀结构特殊，加工余量小，并用很低的切削速度工作的缘故。直径在 100 mm 以内的孔可以采用铰孔，孔径大于 100 mm 时，多用精镗代替铰孔。在镗床上铰孔时，孔的加工顺序一般为钻（或扩）孔—镗孔—铰孔。对于直径小于 12 mm 的孔，由于孔小镗孔非常困难，一般先用中心钻定位，然后钻孔、扩孔，最后铰孔，这样才能保证孔的直线度和同轴度。

3. 攻螺纹和套螺纹

常用的连接螺纹工件，其螺纹除采用机械加工外，还可以用钳工中的攻螺纹和套螺纹来获得。攻螺纹（也称攻丝）是用丝锥在工件内圆柱面上加工出内螺纹；套螺纹（或称套丝、套扣）是用板牙在圆柱杆上加工外螺纹。

1）攻螺纹

用丝锥在工件孔壁上切削出内螺纹的加工方法，称为攻丝。攻丝可用手攻，也可用机攻。

（1）攻丝工具。

手工攻丝常用的工具有手用丝锥和攻丝铰杠。手用丝锥是加工内螺纹的工具，常用碳素工具钢或合金工具钢制成，分为普通螺纹丝锥、圆柱管螺纹丝锥和圆锥管螺纹丝锥。

（2）攻丝方法。

丝锥在攻螺纹的过程中，切削刃主要是切削金属，但还有挤压金属的作用，因而造成金属凸起并向牙尖流动的现象，所以攻螺纹前，钻削的孔径（即底孔）应大于螺纹内径。底孔的直径可按下面的经验公式计算：

脆性材料（铸铁、青铜等）：钻孔直径 $d_0=d$（螺纹外径）$-1.1P$（螺距）。塑性材料（钢、紫铜等）：钻孔直径 $d_0=d$（螺纹外径）$-P$（螺距）。

钻孔深度的确定：攻盲孔（不通孔）的螺纹时，因丝锥不能攻到底，所以孔的深度要大于螺纹的长度，盲孔的深度可按下面的公式计算：孔的深度=所需螺纹的深度$+0.7d$

孔口倒角：攻螺纹前要在钻孔的孔口进行倒角，以利于丝锥的定位和切入。倒角的深度大于螺纹的螺距。

（3）攻丝用丝锥与铰杠。

丝锥是用来加工较小直径内螺纹的成形刀具，一般选用合金工具钢 9SiCr 制成，并经热处理制成。通常 M6～M24 的丝锥一套为两支，称头锥、二锥；M6 以下及 M24 以上一套有三支，即头锥、二锥和三锥。

每个丝锥都由工作部分和柄部组成。工作部分由切削部分和校准部分组成，轴向有几条（一般是三条或四条）容屑槽，相应地形成几瓣刀刃（切削刃）和前角。切削部分（即不完整的牙齿部分）是切削螺纹的重要部分，常磨成圆锥形，以便使切削负荷分配在几个刀齿上。头锥的锥角小些，有 5～7 个牙；二锥的锥角大些，有 3～4 个牙。校准部分具有完整的牙齿，用于修光螺纹和引导丝锥沿轴向运动。柄部有方榫，其作用是与铰扛相配合并传递扭矩。图9.68 所示为丝锥的构造。

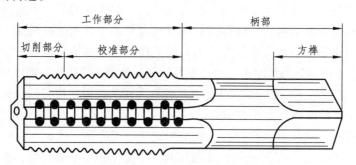

图 9.68　丝锥的构造

（4）攻螺纹的操作方法与步骤。

① 将螺纹钻孔端面孔口倒角，以利于丝锥切入。

② 旋入一两圈，检查丝锥是否与孔端面垂直（可用目测或直角尺在互相垂直的两个方向检查）。

③ 继续用铰杠（见图 9.69）轻压旋入。

图 9.69　铰杠

④ 当丝锥的切削部分已经切入工件后，可只转动而不加压，每转一圈应反转 1/4 圈，以便切屑断落，如图 9.70 所示。

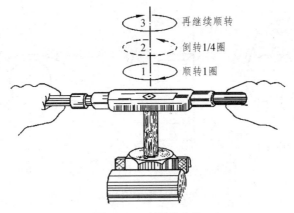

图 9.70 攻螺纹方法

（5）攻螺纹的操作要点及注意事项。

① 根据工件上螺纹孔的规格，正确选择丝锥，先头锥后二锥，不可颠倒使用。

② 工件装夹时，要使孔中心垂直于钳口，防止螺纹攻歪。

③ 用头锥攻螺纹时，先旋入 1～2 圈后，检查丝锥是否与孔端面垂直（可目测或用直角尺在互相垂直的两个方向检查）。当切削部分已切入工件后，每转 1～2 圈应反转 1/4 圈，以便切屑断落；同时不能再施加压力（即只转动不加压），以免丝锥崩牙或攻出的螺纹齿较瘦。

④ 攻钢件上的内螺纹，要加机油润滑，可使螺纹光洁、省力和延长丝锥使用寿命；攻铸铁上的内螺纹可不加润滑剂，或者加煤油；攻铝及铝合金、紫铜上的内螺纹，可加乳化液。

⑤ 不要用嘴直接吹切屑，以防切屑飞入眼内。

攻螺纹的操作步骤如图 9.71 所示。

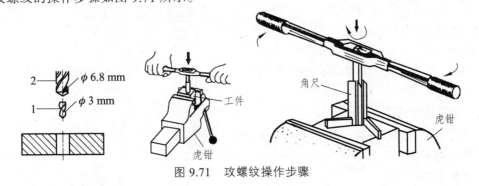

图 9.71 攻螺纹操作步骤

2）套螺纹

套螺纹是用板牙在圆柱或圆锥等表面加工出外螺纹的方法。

（1）板牙的材料。

板牙是加工外螺纹的刀具，用合金工具钢 9SiCr 制成，并经热处理淬硬。其外形像一个圆螺母，只是上面钻有 3～4 个排屑孔，并形成刀刃。

板牙由切屑部分、定位部分和排屑孔组成。圆板牙螺孔的两端有 40° 的锥度部分，是板牙的切削部分。定位部分起修光作用。板牙的外圆有一条深槽和 4 个锥坑，锥坑用于定位和紧固板牙，如图 9.72 所示。

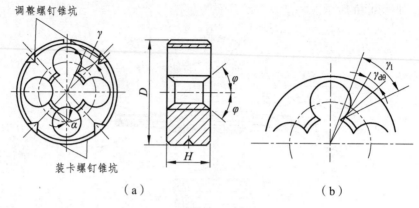

（a）　　　　　　　　　　　（b）

图 9.72　板牙的构造

（2）板牙架是用来夹持板牙、传递扭矩的工具。不同外径的板牙应选用不同的板牙架，如图 9.73 所示。

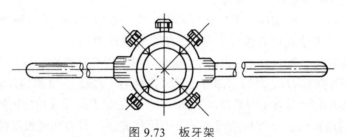

图 9.73　板牙架

（3）套螺纹前圆杆直径的确定。

套螺纹前圆杆的直径应稍小于螺纹大径的尺寸。一般圆杆直径用下式计算：

$$d_{杆}= D-0.13P$$

式中　　D——螺纹大径，mm；

　　　　P——螺距，mm。

工作时，常通过查表选取不同螺纹的圆杆直径；套管螺纹时管子外径的计算较繁，一般可查表决定。

（4）套螺纹的方法。

① 确定套丝前圆杆直径，并加工好圆杆。

② 圆杆端部倒角。

③ 安装工件。

④ 用板牙套丝。

（5）套螺纹的注意事项。

① 套螺纹前，圆杆端部应倒成 15°~20°的锥角，圆杆直径应稍小于螺纹大径的尺寸，以便板牙切入，且螺纹端部不出现锋口。

② 圆杆应衬在木板或其他软垫中在台虎钳中夹紧，且套螺纹部分伸出尽量短。

③ 套螺纹开始时，板牙要放正。转动板牙架时压力要均匀，转动要慢，并观察板牙是否歪斜。板牙旋入工件切出螺纹时，只转动板牙架，不施加压力。

④ 板牙转动一圈左右要倒转 1/2 圈进行断屑和排屑。

⑤ 在钢件上套螺纹时要加切削液润滑，使切削省力，保证螺纹质量。

3）加工螺纹时产生废品的原因及预防方法

加工螺纹时产生废品的原因及预防方法如表 9.5 和表 9.6 所示。

表 9.5　攻螺纹时产生废品的原因及预防方法

废品形式	产生废品原因	预防方法
螺纹烂牙	1. 螺纹底孔直径太小丝锥不易切入； 2. 交替使用头、二锥时，未先用手将丝锥旋入，造成头、二锥不重合； 3. 对塑性好的材料，未加切削液，或攻螺纹时，丝锥不经常倒转排屑； 4. 丝锥磨钝或铰杠掌握不稳，螺纹歪斜过多，强行校正	1. 选择合适的底孔直径； 2. 先用手将丝锥旋入，再用铰杠攻削； 3. 加切削液，并多倒转丝锥排屑； 4. 换新丝锥，或磨丝锥前面，双手用力要均衡，防止铰杠歪斜
螺纹形状不完整	1. 攻螺纹前底孔直径太大； 2. 丝锥磨钝	1. 选择合适的底孔直径； 2. 换新丝锥，或修磨丝锥
螺孔垂直度误差大	1. 攻螺纹时丝锥位置未校正； 2. 机攻时，丝锥与螺孔不同轴	1. 要多检查校正； 2. 保持丝锥与螺孔的同轴度
螺纹滑牙	1. 丝锥到底仍继续转动丝杠； 2. 在强度低的材料上攻小螺纹时，已切出螺纹，仍继续加压	1. 丝锥到底应停止转动丝杠； 2. 已切出螺纹时，应停止加压，攻完退出时应取下铰杠

表 9.6　套螺纹时产生废品的原因及预防方法

废品形式	产生废品原因	预防方法
螺纹烂牙	1. 套螺纹时圆杆直径太大，起套困难； 2. 板牙歪斜太多，强行校正； 3. 未进行润滑，板牙未经常倒转断屑	1. 选择合适的圆杆直径； 2. 多检查校正； 3. 加切削液，并多倒转板牙断屑
螺纹形状不完整	1. 套螺纹时，圆杆直径太小； 2. 圆板牙的直径调节太大	1. 选择合适的圆杆直径； 2. 正确调节圆板牙的直径
套螺纹时螺纹歪斜	1. 板牙端面与圆杆不垂直； 2. 两手用力不均匀，板牙歪斜	1. 保持板牙端面与圆杆垂直； 2. 两手用力均匀，保持平衡

4. 装配

1）装配概述

按照规定的技术要求，将零件组合成部件，或者将若干个零件和部件结合成为整机的过程，称为装配。装配是机械制造的最后阶段，装配工作的好坏，对产品质量起着决定性的作用。

（1）装配的基本概念。

零件：由一整块材料制成的产品，它是装配的最基本单元。

部件：由若干零件组成的复合单元，部件按其在装配过程中与总装配线的位置关系又可分为组件和分组件，分组件又可分为一级分组件、二级分组件等。

组件：直接进入产品总装的部件称为组件，进入组件装配的部件称为一级分组件，进入一级分组件装配的部件称为二级分组件，依此类推。任何级的分组件都是由低一级的分组件和零件所组成，而最低级的分组件则仅由若干个零件组成。

设计部件（结构部件）：体现其在机器中的功能作用。

工艺部件：体现组装方便程度，它必须能够独立稳定地存在，可以存放和运输。

配合表面：零件在装配过程中与其他零件表面相互配合的表面。

基准面：装配时用来保证零件相互间的正确位置的配合表面。

基准零件：凡具有基准面，并且部件装配工作就是这里开始的零件。

基准部件：凡总装配从这个部件开始，它的作用是连接需要装配在一起的部件，并保证部件相互间的正确位置。

（2）装配工作的基本内容。

① 装配工艺规程就是规范性的装配工艺过程，是在既定的生产条件下，最合适的、并用文件形式确定下来的装配过程。

② 装配系统图与装配生产的组织形式。

装配系统图是产品装配顺序的图解。

（3）装配的组织形式。

装配生产的组织形式有两种，即移动式装配和固定式装配。

① 移动式装配。

移动式装配是指工作对象在装配过程中，有顺序地由一个工人转移到另外一个工人，即所谓"流水装配法"。采用这种装配形式时，被装配对象连续地或间断地从一个工位移到另一个工位，用这种装配形式组织的装配线，称为装配流水线，它是大量生产的基本装配组织形式。移动式装配有以下特点：

a. 每个工作地点重复完成固定的工作内容；

b. 广泛使用专用设备和专用工具；

c. 装配质量好、生产效率高、比较先进；适用于大批量生产。

② 固定式装配。

固定式装配是将产品或者部件的全部装配工作安排在一个固定的工作地点进行，装配过程中产品的位置不变，装配所需要的零件和部件都汇集在工作地点附近，主要用于单件和小批量生产。固定式装配分为按集中原则组织的和按分散原则组织的两种。

按集中原则组织的固定式装配：这时全部装配工作都由一组工人在一个工作位置上完成，工人和装配对象都固定在同一工位上。这种装配组织形式的装配时间很长，要求工人的技术水平也很高，仅适合于单件生产。

按分散原则组织的固定式装配：这种装配方式是把装配过程分为部件装配和总装配，各部件的装配同时由几组工人去完成，总装则由另外几组工人去完成。总装配是在固定台位上进行，部件装配可以固定，也可以流水，根据生产条件而定。这种装配方式由于许多组工人同时进行工作，使用的专用工具也较多，工人能实现专业化，所以它是大、中型机器成批生产的一种装配组织形式。目前内燃机车成批生产就采用这种形式。

（4）装配工艺规程。

装配工艺规程是用文件形式规定下来的装配工艺过程。从扩大范围来讲，机器及其部、组件装配图，尺寸链分析图，各种装配夹具的应用图、检验方法图及它们的说明，零件机械加工技术要求一览表各个"装配单元"及整台机器的运转、试验规程及其所用设备图，甚至装配周期图表等，均属于装配工艺规程范围内的文件。

① 制订装配工艺规程的基本原则

a. 保证产品装配质量，并力求提高其质量；

b. 钳工装配工作量尽可能小；

c. 装配周期尽可能缩短；

d. 所占车间生产面积尽可能小，也就是力争单位面积上具有最大生产率。

编制装配工艺规程时，首先要详细研究产品的构造和作用，以及产品制造、试验和验收的技术条件。

装配工艺规程的编制应当和机械加工工艺规程、焊接工艺规程等相互配合，以达到在装配过程中尽量减少额外的机械加工、手工修配和焊接等工作。

编制装配工艺规程是从产品装配图纸开始的，根据装配图纸编出装配系统图，然后根据装配系统图制订详细的装配工艺规程。

② 编制装配工艺规程的方法和步骤。

a. 对产品进行分析；

b. 确定装配顺序；

c. 绘制装配单元系统图；

d. 划分装配工序和装配工步。

装配工序：由一个工人或者一组工人在同一地点，利用同一设备的情况下完成的装配工作，叫作装配工序。

装配工步：由一个工人或者一组工人在同一位置，利用同一工具、不改变工作方法的情况下完成的装配工作，叫作装配工步。

e. 编写装配工艺文件。

③ 装配工艺过程。

a. 装配前的准备工作；

b. 装配工作；

c. 调整、精度检验和试车；

d. 涂装、涂油、装箱。

④ 装配前的准备工作。

a. 零件的清理。

清除零件上残存的型砂、铁锈、切屑、油污等，特别要仔细清理孔、沟槽等易于存污垢的部位；所有零部件清点、归类放置。

b. 零件的清洗。

清洗方法：手工清洗、机器清洗、特殊设备清洗，如使用超声波等。

常用洗涤液：工业汽油、煤油和柴油、化学清洗液（乳化剂清洗液），有时还会用到一些特殊清洗液，比如具有挥发性的化学试剂——乙醚。

c. 零件的密封性试验。

分气压试验和液压试验，如图 9.74 和图 9.75 所示。

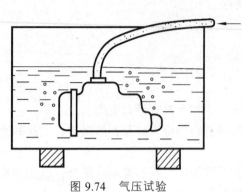

图 9.74　气压试验　　　　　　　　　图 9.75　液压试验

d. 静不平衡和动不平衡实验，如图 9.76 所示。

静不平衡：旋转件在直径方向上各个截面有不平衡量，由此产生的离心力的合力不通过旋转件的重心，称为静不平衡。

动不平衡：旋转件在直径方向上有不平衡量，由此产生的离心力形成不平衡力矩。

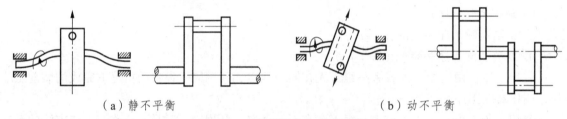

（a）静不平衡　　　　　　　　　　（b）动不平衡

图 9.76　静不平衡与动不平衡

2）典型连接件的装配方法

（1）螺纹连接的装配。

① 螺纹连接的装拆工具，如图 9.77 所示。

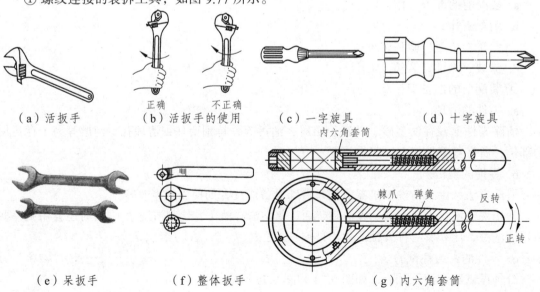

（a）活扳手　　（b）活扳手的使用　　（c）一字旋具　　（d）十字旋具

（e）呆扳手　　（f）整体扳手　　（g）内六角套筒

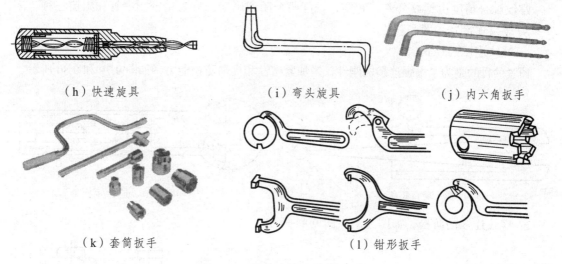

（h）快速旋具 （i）弯头旋具 （j）内六角扳手

（k）套筒扳手 （l）钳形扳手

图 9.77 螺纹连接的装拆工具

② 螺纹连接的种类，如图 9.78 所示。

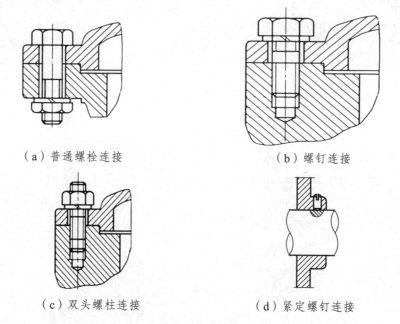

（a）普通螺栓连接 （b）螺钉连接

（c）双头螺柱连接 （d）紧定螺钉连接

图 9.78 螺纹连接的种类

③ 螺纹连接的技术要求。

a. 保证一定的拧紧力矩。

为达到螺纹连接可靠和紧固的目的，螺纹连接装配时应有一定的拧紧力矩，使得螺纹牙间产生足够的预紧力。

b. 螺纹有一定的自锁性。

通常情况下不会自行松脱，但是在冲击、振动或者交变载荷作用下，为了避免连接松动，还应该有可靠的防松装置。

c. 保证螺纹连接的配合精度。

螺纹配合精度由螺纹公差带和旋合长度两个因素确定，分为精密、中等和粗糙三种。

④ 螺纹连接的预紧和防松。

a. 螺纹连接的预紧。

预紧的目的是为了增强连接的刚性，增加紧密性和提高防松能力，如图 9.79 和 9.80 所示。

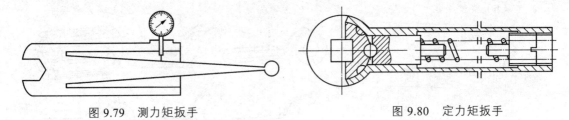

图 9.79　测力矩扳手　　　　　　　　　　　　　图 9.80　定力矩扳手

b. 螺纹连接的防松，如图 9.81～图 9.83 所示。

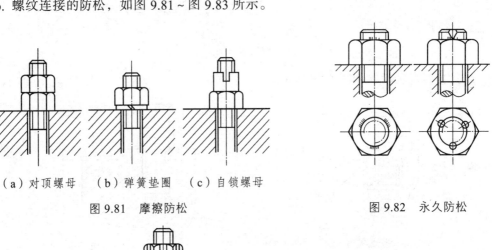

（a）对顶螺母　　（b）弹簧垫圈　　（c）自锁螺母

图 9.81　摩擦防松　　　　　　　　　　　　　图 9.82　永久防松

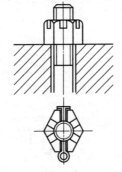

（a）开口销与槽形螺母　　　　　　（b）圆螺母与止动垫圈

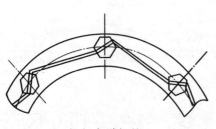
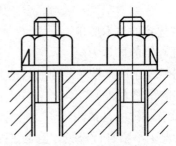

（c）串联钢丝　　　　　　　　（d）止动垫圈

图 9.83　机械防松

⑤ 螺纹连接的装配工艺。

a. 保证双头螺柱与机体螺纹的配合有足够的紧固性。

b. 双头螺柱的轴心线必须与机体表面垂直。装配时可用直角角尺进行检验，如果发现较小的偏斜时，可用丝锥校正螺孔后再装配，或将装入的双头螺柱校正至垂直。偏斜较大时，不得强行校正，以免影响连接的可靠性。

c. 装入双头螺柱的同时必须使用润滑剂，避免旋入时产生咬合现象，便于以后拆卸。

d. 注意常用双头螺柱的拧紧方法。

e. 螺杆不产生弯曲变形，螺钉的头部、螺母底面应该与连接件接触良好。

f. 被连接件应受压均匀，互相紧密贴合，连接牢固。

g. 拧紧成组螺母或者螺钉时，为使被连接件及螺杆受力均匀一致，不产生变形，应注意被连接件形状和螺母或螺钉的分布情况。要注意拧紧顺序，原则如下：先中间、后两边，分层次、对称、逐步拧紧。

h. 螺栓、螺母、螺钉表面要清洁，与它们相贴合的表面要光洁、平整。

（2）键连接的装配。

平键连接装配的主要技术要求是：保证平键与轴及轴上零件键槽间的配合要求，能平稳地传递运动与转矩。普通平键连接的结构及剖面尺寸如图9.84～图9.86所示。

① 平键。

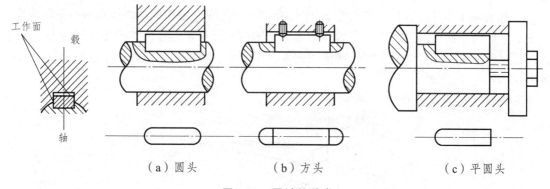

（a）圆头　　　　　（b）方头　　　　　（c）平圆头

图 9.84　平键的种类

② 导向平键与滑键。

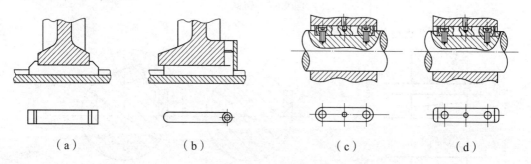

（a）　　　　　（b）　　　　　（c）　　　　　（d）

图 9.85　导向平键与滑键

③ 半圆键。

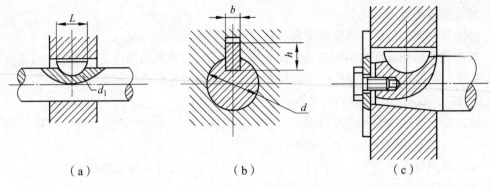

（a）　　　　　　　（b）　　　　　　　（c）

图 9.86　半圆键

④ 装配作业要点。

成批、大量生产中的平键连接，平键采用标准件，轴与轴上零件的键槽均按标准加工，装配后即可保证配合要求。单件、小批量生产中，常用手工修配的方法达到配合要求。其作业要点如下：

a. 以轴上键槽为基准，配锉平键的两侧面，使其与轴槽的配合有一定的过盈；同时配锉键长，使键端与轴槽有 0.1 mm 左右的间隙。

b. 将轴槽锐边倒钝，用铜棒或台虎钳（使用软钳口）将平键压入轴槽，并使键底面与槽底贴合。

c. 配装轴上零件（齿轮、带轮等），平键顶面与轴上零件键槽底面必须留有一定的间隙，并注意不要破坏轴与轴上零件原有的同轴度。平键两侧面与轴上零件键槽侧面间应有一定过盈，若配合过紧，可修整轴上零件键槽的侧面，但不允许有松动，以保证平稳地传递运动和转矩。

⑤ 楔键（见图 9.87）。

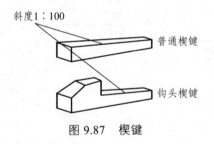

图 9.87　楔键

⑥ 切向键（见图 9.88）。

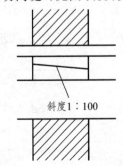
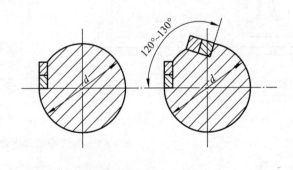

图 9.88　切向键

⑦ 紧键连接的装配技术要求。

a. 紧键的斜度应与轮毂槽的斜度一致。

b. 紧键与槽的两侧面要留有一定间隙。

c. 对于钩头楔键，不应使钩头紧贴套件端面，必须留有一定距离，以便拆卸，如图 9.89 所示。

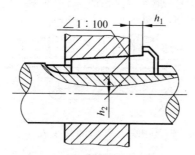

图 9.89　钩头楔键安装

⑧ 花键连接，如图 9.90 ~ 图 9.92 所示。

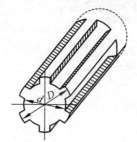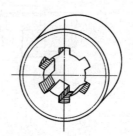

图 9.90　外花键与内花键

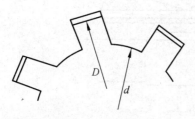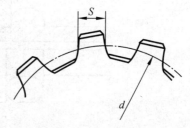

图 9.91　矩形花键　　　　　　　　　图 9.92　渐开线形花键

⑨ 花键连接的装配要点：

a. 静连接花键的装配一定要保证装配后有少量过盈。装配时用铜棒轻敲入内，但不得过紧，以防拉伤配合表面。配合时，如果过盈量较大，可将套件加热到 80 ~ 120 ℃ 再进行装配。

b. 动连接花键的装配一定要保证精确的间隙配合。套件在花键轴上应能滑动自如，无阻滞，但又不能感觉有所松动。

（3）管接头连接。

管接头的装配要点：

① 扩口薄管接头装配。如图 9.93 所示，装配时先将管子端部扩口，并分别套上管套 3 和管螺母 2，然后装入管接头 1，拧紧管螺母使其与接头体结合。

② 球形管接头装配。如图 9.94 所示，装配时，分别把球形接头体 1 和接头体 3 与管子焊

接，再把连接螺母 2 套在球形接头体 1 上，然后拧紧连接螺母 2，其松紧程度要适当，以防损坏螺纹。

③ 高压胶管接头装配。如图 9.95 所示，装配时，将胶管剥去一定长度的外胶层，剥离处倒 15°角，然后装入外套内。

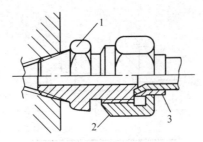

图 9.93　扩口薄管接头

1—管接头；2—管螺母；3—管套

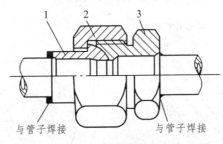

图 9.94　球型管接头连接

1，3—接头体；2—连接螺母

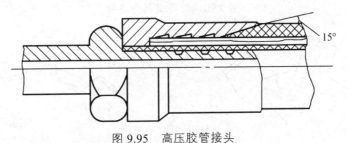

图 9.95　高压胶管接头

（4）销连接。

如图 9.96 所示，销连接装配的主要技术要求是：销通过过盈紧固在销孔中，保证被连接零件具有正确的相对位置。

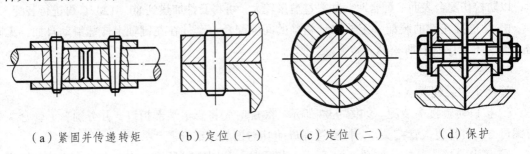

（a）紧固并传递转矩　　（b）定位（一）　　（c）定位（二）　　（d）保护

图 9.96　销连接作用

① 圆柱销的装配要点。

圆柱销一般靠过盈固定在销孔中，用以定位和连接。为保证配合精度，装配前被连接件的两孔应同时钻、铰，并使孔壁表面的粗糙度不高于 1.6 μm。装配时应在销表面涂机油，用铜棒将销轻轻敲入。

② 圆锥销的装配要点。

圆锥销具有 1∶50 的锥度，定位准确，以小端直径和长度代表其规格。装配前以小端直径选择钻头，被连接件的两孔应同时钻、铰。铰孔时，用试装法控制孔径，孔径大小以锥销长度的 80% 左右能自由插入为宜，如图 9.97 所示。装配时用手锤敲入。为便于装配，销上必须钻一通气小孔，供放气使用。

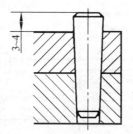

图 9.97　用圆锥销试配销孔尺寸

③ 装配技术要求。

装配时，在圆柱销或圆锥销上涂油，使用铜锤将销敲入销孔，使销子仅露出倒角部分。有的圆锥销大端制有螺孔，便于拆卸时用拔销器将销取出。拔销器如图 9.98 所示。

图 9.98　拔销器

（5）带传动机构的装配。

带传动是一种常用的机械传动，它是依靠张紧在带轮上的带与带轮之间的摩擦或啮合来传递运动和动力的。属于摩擦传动类的带传动有平带传动、V 带传动（见图 9.99）和同带传动；属于啮合传动类的带传动有同步带传动。

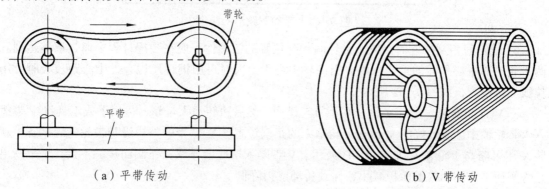

（a）平带传动　　　　　　　　（b）V 带传动

图 9.99　平带传动与 V 带传动

带传动具有工作平稳、噪声小、结构简单、能缓和冲击、吸收振动等特点，适用于两轴中心距较大的传动。属于摩擦传动类的带传动，还具有过载保护作用，但传动中存在相对滑动，不能保持准确的传动比。

① 技术要求。

带传动机构装配的主要技术要求是：带轮装于轴上，圆跳动不超过允差；两带轮的对称中心平面应重合，其倾斜误差和轴向偏移误差不超过规定要求；传动带的张紧程度适当。

② 装配作业要点。

a. 带轮安装。带轮在轴上安装一般采用过渡配合。为防止带轮歪斜，安装时应尽量采用专用工具，如图9.100所示。安装后，使用划针盘或百分表检查带轮径向圆跳动和端面圆跳动，如图9.101所示。

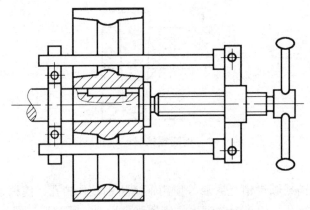

图9.100　用螺旋压入工具安装皮带轮

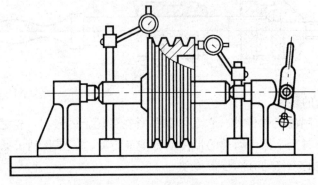

图9.101　带轮圆跳动的检查

b. 带轮间相互位置的保证。带轮间相互位置的正确性一般在装配过程中通过调整达到。两带轮对称中心平面的重合程度，当两轮中心距不大时可用钢直尺检查，中心距较大时可用拉线方法检查，如图9.102所示。

c. V带的安装。先将V带套在小带轮槽中，然后边转动大带轮，边用手或工具将V带拨入大带轮槽中。安装好的V带在带轮槽中的正确位置应是V带的外边缘与带轮轮缘平齐（新装V带可略高于轮缘），如图9.103所示。V带陷入槽底会导致工作侧面接触不良；V带高出轮缘则使工作侧面接触面积减小，导致传动能力降低。

d. 张紧力的调整。带的张紧应适当，张紧力太小会使带传动打滑并引起带的跳动；张紧力太大将造成传动带、轴和轴承的过早磨损，并使传动效率降低。张紧力的调整可以通过调整两带轮间中心距或使用张紧轮的方法进行。对于中等中心距的 V 带传动，其张紧程度以大拇指能将 V 带中部压下 15 mm 左右为宜，如图 9.104 所示。

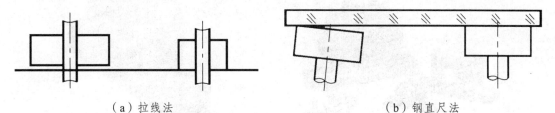

（a）拉线法　　　　　　　　　　　　　　（b）钢直尺法

图 9.102　带轮间相互位置调整法

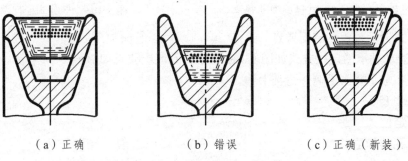

（a）正确　　　　　　　（b）错误　　　　　　　（c）正确（新装）

图 9.103　V 带在带轮槽中的位置

图 9.104　V 带的张紧程度

3）部件装配和总装配

（1）部件装配。

① 滑动轴承的分类如图 9.105～图 9.108 所示。

图 9.105　推力滑动轴承

图 9.106　整体式径向滑动轴承

图 9.107　破分式径向滑动轴承　　　　图 9.108　剖分式径向滑动轴承

② 整体式滑动轴承的装配要点。

整体式滑动轴承的定位方式如图 9.109 所示，其装配要点如下：

a. 轴套和轴承孔去毛刺，清洗上油。

b. 压入轴套。

c. 轴套定位。

d. 轴承孔的修整。

e. 轴套的检验。

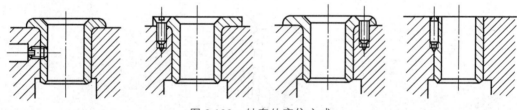

图 9.109　轴套的定位方式

压入轴套的方法有以下 3 种：

a. 使用衬垫压入，如图 9.110（a）所示。在轴套 2 上垫以衬垫 1，用锤子直接将其敲入轴承座。衬垫的作用主要是避免击伤轴套。这种方法操作简单，但容易使轴套歪斜。

b. 使用导向套压入，如图 9.110（b）所示。在使用衬垫的同时采用导向套 3，由导向套控制压入方向，防止轴套歪斜。

c. 使用专用芯轴，如图 9.110（c）所示。使用专用芯轴导向，主要用于薄壁轴套的压装。

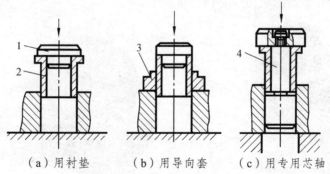

（a）用衬垫　　　（b）用导向套　　　（c）用专用芯轴
图 9.110　轴套的压装方法
1—衬垫；2—轴套；3—导向套；4—专用芯轴

③ 轴套孔壁的修正。轴套压入后，其内孔容易发生变形，如尺寸变小，圆度、圆柱度误差增大等。此外，箱体（机体）两端轴承的轴套孔的同轴度误差也会增大。因此，应检查轴承与轴的配合情况（图 9.111 所示为用块规检验轴套装配的垂直度），并根据轴套与轴颈之间规定的间隙和单位面积接触点数的要求进行修正，直至达到规定要求。轴套孔壁修正常采用铰孔、刮削或滚压等方法。

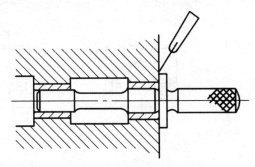

图 9.111 用块规检验轴套装配的垂直度

④ 剖分式滑动轴承的装配（见图 9.112）。

a. 剖分式滑动轴承的装配顺序：

轴承盖→螺母→双头螺栓→轴承座→下轴瓦→垫片→上轴瓦。

b. 剖分式滑动轴承的优点：

可以利用垫片调整瓦与轴之间的间隙，拆装轴时比较方便。

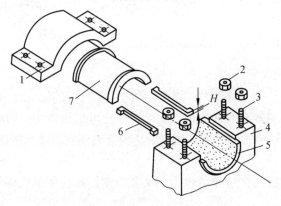

图 9.112 剖分式滑动轴承

1—轴承盖；2—螺母；3—双头螺柱；4—轴承座；5—下轴瓦；6—垫片；7—上轴瓦

⑤ 滚动轴承的装配。

a. 轴承的准备。

由于轴承经过防锈处理并加以包装，因此不到临安装前不要打开包装。另外，轴承上涂抹的防锈油具有良好的润滑性能，对于一般用途的轴承或充填润滑脂的轴承，可不必清洗直接使用。但对于仪表用轴承或用于高速旋转的轴承，应用清洁的清洗油将防锈油洗去，这时轴承容易生锈，不可长时间放置。

b. 轴与外壳的检验。

清洗轴承与外壳，确认无伤痕或机械加工留下的毛刺。外壳内绝对不得有研磨剂、型砂、切屑等。其次检验轴与外壳的尺寸、形状和加工质量是否与图纸符合。安装轴承前，在检验合格的轴与外壳的各配合面涂抹机械油。

按照不同的结构类型，滚动轴承的安装方法有下列几种：

a. 不可分离型轴承（向心球轴承）的装配。常用的装配方法有锤击法和压入法，如图9.113所示。

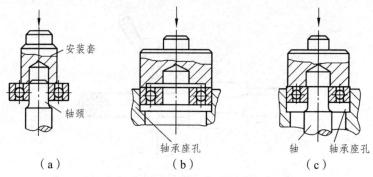

图9.113 滚动轴承的安装方法（1）

b. 分离型轴承（如圆锥滚子轴承）。因为外圈可以自由脱开，故装配时可用锤击、压入或热装的方法将内圈和滚动体一起装在轴上，用锤击法或压入法将外圈装在壳体孔内，然后再调整它们之间的游隙，如图9.114所示。

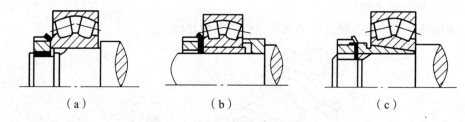

图9.114 滚动轴承的安装方法（2）

c. 如果轴颈较大、过盈量也较大时，为装配方便可用热装法，即将轴承放在温度为80～100℃的油中加热，然后和常温状态的轴配合。内部充满润滑油脂带防尘盖或密封圈的轴承，不能采用热装法装配。

对于轴径尺寸较大或配合过盈量较大，又需经常拆卸的圆锥孔轴承，常采用液压套合法装拆，如图9.115所示。

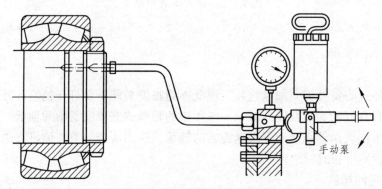

图9.115 液压套合法装拆轴承

d. 推力球轴承的装配。推力球轴承有松圈和紧圈之分，装配时应使紧圈靠在转动零件的端面上，松圈靠在静止零件的端面上，否则会使滚动体丧失作用，同时加速配合零件的磨损。

⑥ 轴承的拆卸（见图 9.116 ~ 图 9.119）。

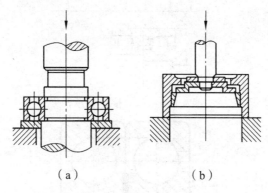

（a）　　　　　　　　（b）

图 9.116　用压力机拆卸圆柱球轴承

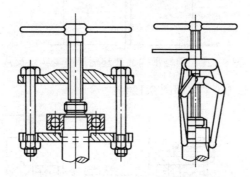

图 9.117　用顶拔器拆卸滚子轴承

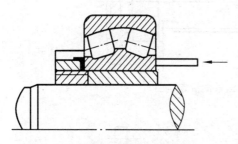

图 9.118　带固定套轴承的拆卸

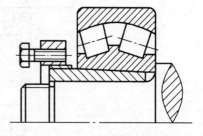

图 9.119　推卸螺母和螺钉

⑦ 滚动轴承的预紧（见图 9.120 ~ 图 9.122）。

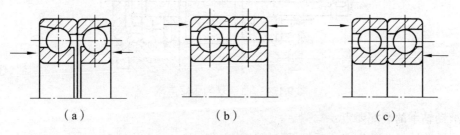

（a）　　　　　　　（b）　　　　　　　（c）

图 9.120　成对使用角接触球轴承的预紧

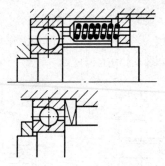

图 9.121　单个使用轴承预紧

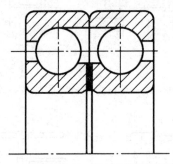

图 9.122　用轴承内、外垫圈厚度差实现预紧

⑧ 轴承的固定方式（见图 9.123 和图 9.124）。

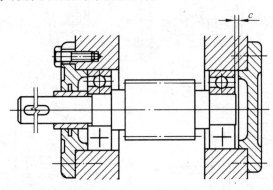

图 9.123　一端单向固定方式

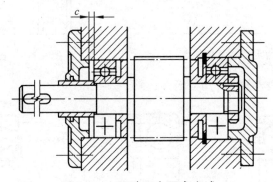

图 9.124　两端双向固定方式

⑨ 滚动轴承的装配要点：

a. 主轴前轴承的精度应比后轴承的精度高一级；

b. 前后两轴承内圈径向圆跳动量最大的方向置于同一轴向截面内，并位于旋转中心线的同一侧；

c. 前后两轴承内圈径向圆跳动量最大的方向与主轴锥孔中心线的偏差方向相反。

（2）总装配。

总装配是指根据规定的技术条件，将若干零件按一定的顺序组成部件，或将若干零件和部件组合在一起成为一台机械的过程。装配是机械产品生产过程三大阶段（毛坯制造、机械加工、装配）的最后一个阶段，是保证产品质量的关键阶段。

① 装配方法。

一个制品划分成若干个工艺部件，各个工艺部件在各自专门的工作地上由若干个零件装配而成，这些工艺部件的装配工作可以独立地、平行地进行，最后再将这些工艺部件组装成制品。这样的装配方法，称为部件装配法，适应成批或大量生产。

相反地，把制品的所有零件集中在一个工作地上装配成制品的方法，称为零件装配法。此种方法适应单件小批或试制生产。

部件装配方法的优点：

a. 每个工艺部件可采用夹具进行装配，并且可采用专用的检查样板和工具。大型部件可采用检验工作台以便及时发现部件的缺陷，从而提高部件的装配质量。

b. 每个工作地点固定装配一种或几种工艺部件，可使工作地的工作简化，这样就可以减少非生产时间的损失，从而提高劳动生产率。

c. 由于各个工艺部件是在各个上作地上分别同时进行装配，这样就形成了数条有次序的平行作业线，从而大大地缩短了产品总装配的生产周期。

② 装配系统图。

工艺部件的装配以及制品的总装配都应按一定的次序进行，利用图的形式将装配的先后顺序表示出来，这种图称为装配系统图，如图 9.125 所示。

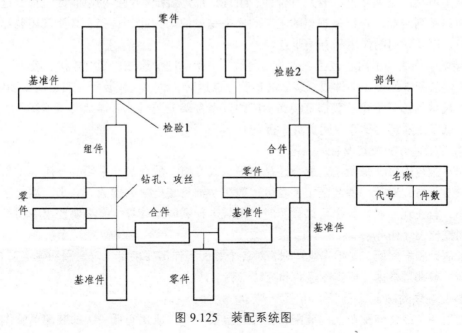

图 9.125　装配系统图

图 9.126 所示为手工绘制的装配系统图。图中方框上格为零件或部件的名称,下格左侧为设计图纸的图号、右侧为装配该部件(或制品)所需要的数量。

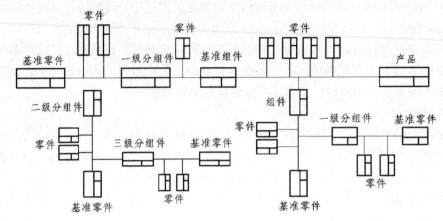

图 9.126　装配系统图

③ 装配工艺规程的内容、制订方法与步骤。

a. 产品分析。

b. 研究产品图纸和装配时应满足的技术要求。

c. 对产品结构进行"尺寸分析"与"工艺分析"。前者是对装配尺寸链进行分析与计算,后者是指对结构装配工艺性、零件的毛坯制造及机械加工工艺性进行分析。

d. 将产品分解为可以独立进行装配的"装配单元",以便组织装配工作的平行、流水作业。

通过这一阶段的工作,产品图纸和技术要求获得明确与肯定(若有不符工艺性的地方,需作修改),达到装配精度的方法以及相应的零件加工精度要求都予以最后确定。

④ 装配工艺过程的确定。

与装配单元的级别相应,分别有合件、组件、部件装配和机器的总装配过程。这些装配过程是由一系列装配工作以最理想的施工顺序来完成的。为此,首先有必要叙述装配工作的基本内容,以及它们的作用和有关要点。

a. 装配工作的基本内容包括:清洗、刮削、平衡、过盈连接、螺纹连接、校正。

除上述装配工作外,部件或总装后的检验、试运转、油漆、包装等一般也属于装配工作,大型动力机械的总装工作一般都直接在专门的试车台架上进行,有详细的试车规程。在这种情况下,试车工作则由试车车间负责进行。

b. 装配工艺方法及其设备的确定。

例如对过盈连接,采用压入配合还是热胀(或冷缩)配合法,采用哪种压入工具或哪种加热方法及设备;对于一些装配工艺参数,如滚动轴承装配时的预紧力大小,螺纹连接预紧力的大小,若无现成经验数据可以参照时,则需进行试验或计算。有必要使用专用工具或设备时,则提出设计任务书。

为了估计装配周期,安排作业计划,对各个装配工作需要确定工时定额和确定工人等级。工时定额一般都是根据工厂实际经验和统计资料估计的。

c. 装配顺序的确定。

不论哪一等级的装配单元的装配,都要选定某一零件或比它低一级的装配单位作为基准件，首先进入装配工作；然后根据结构具体情况和装配技术要求考虑其他零件或装配单元装入的先后次序。总之要有利于保证装配精度，以及使装配连接、校正等工作能顺利进行。一般规律是：先下后上、先内后外、先难后易、先重大后轻小、先精密后一般。运用尺寸链分析方法，有助于确定合理的装配顺序。

d. 装配工作过程中还应注意安排：

零件或装配单元进入装配的准备工作：注意检验，不让不合格品进入装配；注意倒角，清除毛刺，防止表面受伤；进行清洗及干燥等。

基准零件的处理：除安排上述工作外，要注意安放水平及刚度，只能调平不能强压，防止因重力或紧固变形而影响总装精度。为此要注意支承的安放，基准件的调平等工作。

检验工作：在进行某项装配工作和装配完成后，都要根据质量要求安排检验工作，这对保证装配质量极为重要。

部装、总装后的检验还涉及运转和试验的安全问题。

9.3.2　钳工工艺实训科目

1. 锯削长方体

锯削长方体，工件如图 9.127 所示。

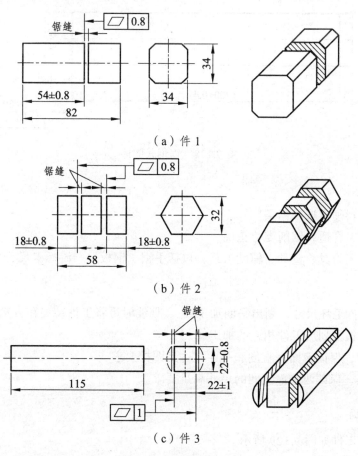

（a）件 1

（b）件 2

（c）件 3

图 9.127　锯削长方体

1）练习要求

（1）掌握工件的安装及锯条的安装，起锯的方法和正确的起锯角度。

（2）掌握对锯削速度、摆动姿势、锯缝的把握。

2）练习步骤

（1）按图样尺寸对三件实习件划出锯削线。

（2）锯件 1 为四方体，达到尺寸 54±0.8 mm、锯削断面平面度 0.8 mm 的要求，并保证锯痕整齐。

（3）锯件 2 为钢六角件，在角的内侧采用远起锯，达到尺寸 18±0.8 mm、锯削断面平面度 0.8 mm 的要求，并保证锯痕整齐。

（4）锯件 3 为长方体（要求纵向锯），达到尺寸 22±1 mm、锯削断面平面度 1 mm 的要求，并保证锯痕整齐。

2. 锯削长圆体

锯削长圆体，工件如图 9.128 所示。

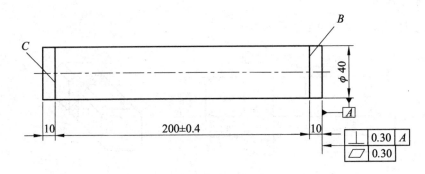

图 9.128　锯削长圆体

1）练习要求

（1）根据材料硬度选择锯条。

（2）锯条装夹合适，锯削姿势正确。

（3）正确使用刀具、量具、辅助工具，包括手锯、钢板尺、游标卡尺、划线工具。

2）练习步骤

（1）检查工件毛坯尺寸，划出平面加工线。（划线时可将工件装夹在方箱上，利用方箱的特性，在划线平板上划出工件相应的加工线。）

（2）锯 B 面，保证该面垂直度和平面度达到图样要求。

（3）锯 C 面，保证两平面之间的尺寸满足要求。

3. 锉削平面

锉削平面，工件如图 9.129 所示。

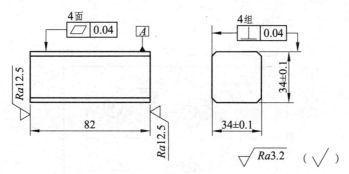

技术要求

1. 34 mm 尺寸处，其最大与最小尺寸的差值不得大于 0.1 mm；

2. 各锐边倒角 1×45°。

图 9.129　锉削平面

1）练习要求

（1）备料要求。

材料名称：Q235 或 45 钢；

规格 40 mm×40 mm×90 mm。

数量：1。

（2）按图示技术要求锉削平面。

2）练习步骤

（1）粗、精锉基准面 A。粗锉用 300 mm 粗板锉，精锉用 250 mm 细板锉，达到平面度 0.04 mm，表面粗糙度 Ra≤3.2 的要求。

（2）粗、精锉基准面 A 的对面。用游标高度尺划出相距为 34 mm 的平面加工线，先粗锉，留 0.15 mm 左右的精锉余量，再精锉达到图样要求。

（3）粗、精锉基准面 A 的任一相邻面。用直角角尺和划针划出平面加工线，然后锉削达到图样有关要求。

（4）粗、精锉基准面 A 的另一相邻面。先以相距对面 34 mm 尺寸划出平面加工线，然后粗锉，留 0.15 mm 左右的精锉余量，再精锉达到图样要求。

（5）全部精度复检，并做必要的修整锉削，最后将各锐边均匀倒角 1×45°。

4. 钻孔

1）练习要求

（1）备料要求。

材料名称：HT150 或 45 钢；

数量：1。

（2）根据工件图的要求，完成工件的划线钻孔，如图 9.130 所示。

2）训练步骤

（1）练习钻床的调整，钻头及工件的装夹。

（2）练习钻床的空车操作。

（3）在练习件上进行划线钻孔。

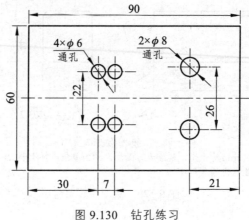

图 9.130　钻孔练习

5. 攻螺纹

1）练习要求

（1）备料要求。

材料名称：HT150；

数量：1。

（2）按图示要求完成攻螺纹，如图 9.131 所示。

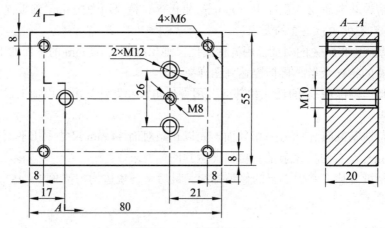

图 9.131　攻螺纹练习

2）练习步骤

（1）按图纸要求依次完成划线、钻孔、倒角的工作。

（2）分别攻制 M6、M8、M10、M12 螺纹，并用相应的螺栓进行检验。

3）注意事项

（1）起攻时，一定要从两个方向检验垂直度并及时进行校正，这是保证螺纹质量的重要环节。

（2）攻螺纹时如何控制两手用力均匀是攻螺纹的基本功，必须努力掌握。

6. 套螺纹

1）练习要求

（1）备料要求。

材料名称：45 钢；

数量：1。

（2）按图 9.132 所示要求完成套螺纹。

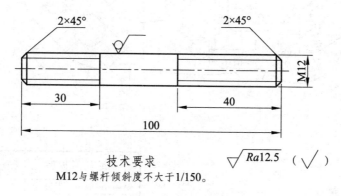

技术要求

M12与螺杆倾斜度不大于1/150。

图 9.132 套丝练习

2）练习步骤

（1）按图纸要求下料、倒角。

（2）套削 M12 螺纹，并用相应的螺母进行检验。

3）注意事项

（1）起套时，一定要从两个方向检验垂直度并及时进行校正，这是保证螺纹质量的重要环节。

（2）套螺纹时如何控制两手用力均匀是套螺纹的基本功，必须努力掌握。

（3）选择合适的切削液。

7. 加工花形扳手

1）练习要求

（1）备料要求。

材料名称：45 钢；

数量：1。

（2）按图 9.133 所示要求完成花形扳手加工。

2）练习步骤

（1）先画出中心线的尺寸线。

（2）根据基准线，按图纸要求画出其他尺寸轮廓线。

（3）认真核对每个尺寸与图纸是否相符合。

（4）在线条上对尺寸线进行打样冲眼。

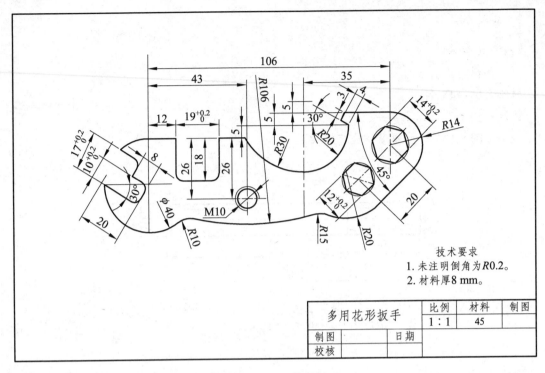

技术要求
1. 未注明倒角为R0.2。
2. 材料厚8 mm。

多用花形扳手	比例	材料	制图
	1：1	45	
制图		日期	
校核			

图 9.133　加工花形扳手

（5）加工两个六方形，在六方形的中心钻一个 $\phi12$ mm 的孔，用四方锉进行锉削，达到六方形尺寸要求。

（6）加工 R30、R20 圆弧，用 $\phi4.2$ 钻头进行排孔，然后用錾子錾去材料，用半圆锉进行锉削加工，达到尺寸要求。

（7）加工 19 mm 的凹槽，用 $\phi4.2$ 钻头进行排孔，只对底面进行排孔，然后，用手锯锯除两侧面，用錾子錾掉材料，再用小平锉粗加工凹槽。在粗锉时，一定要把圆弧倒角部分用圆锉锉出来，粗锉成型后再进行精锉，否则圆弧倒角就不容易锉好。

（8）加工 10 mm 与 17 mm 的凹槽，先用 $\phi4.2$ 钻头进行排孔，只钻出底部的部分，然后用手锯锯除两侧面的材料，用錾子錾去相连部分，用小平锉粗锉出凹槽的形状，用圆锉进行圆弧倒角，把整个凹槽形状粗锉成形后，再进行精锉。否则，底部圆弧倒角不容易保证。

（9）根据划线情况，锉削外形部分。

（10）根据划线，钻出 M10 螺纹底孔，进行攻丝。

（11）对各边进行倒棱角，完成工件的加工。

8. 加工手锤

1）练习要求

（1）备料。

45 钢。

（2）设备、工量具。

Z4016Q 型台式钻床、划线高度尺、150 虎钳及钳桌、粉笔、划针、划线圆规、样冲、150 mm

钢板尺、1.5 磅榔头、12 英寸粗齿锉刀、10 英寸中齿锉刀、8 英寸半圆锉刀、ϕ10.2 钻头、锯弓、中齿锯条、角度尺。

（3）按图 9.134 所示要求完成手锤加工。

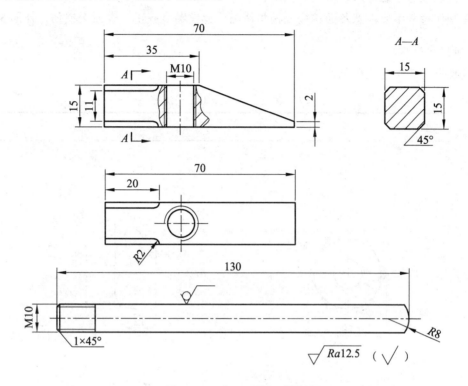

图 9.134　加工手锤、锤柄

2）练习步骤与工艺要点

（1）将毛坯夹持于虎钳上，找平，将一端面锉平；

（2）将工件放置于划线平台上，涂粉笔，利用划线工具，划出所有加工线；

（3）将工件放置于虎钳小平台上，打样冲；

（4）利用划线位置锯出主要轮廓线，并锉削所有平面和圆弧面，保证尺寸和粗糙度；

（5）利用划线工具划出端面中心线、M10 螺纹位置线和其他加工线，打样冲；

（6）锉削圆锥面和 R2 平面，保证倒角尺寸 2×45°；

（7）在台钻平口虎钳上夹持工件，找正，钻出 M10 底孔，两端倒角至尺寸。

9. 螺栓、螺母加工工艺实训

1）操作要求

通过螺栓螺母加工工艺实训，掌握划线、锯削、锉削、钻孔、攻螺纹和套螺纹等操作技能。

2）设备与工量具

划针、划规、手锤、样冲、钢板尺、直角角尺、游标卡尺、手锯、锉刀、钻头、钻床、夹具及 45 钢。

3）注意事项

（1）工件钻孔和攻螺纹时要找正夹紧；

（2）锉削六边形螺母时，对侧应找平；

（3）制作过程中要注意各面相接处棱角清晰，锉纹顺直齐正，表面无损伤，外形美观。

4）操作步骤

螺栓螺母加工工艺流程见表 9.7。

表 9.7 螺母、螺栓加工工艺流程

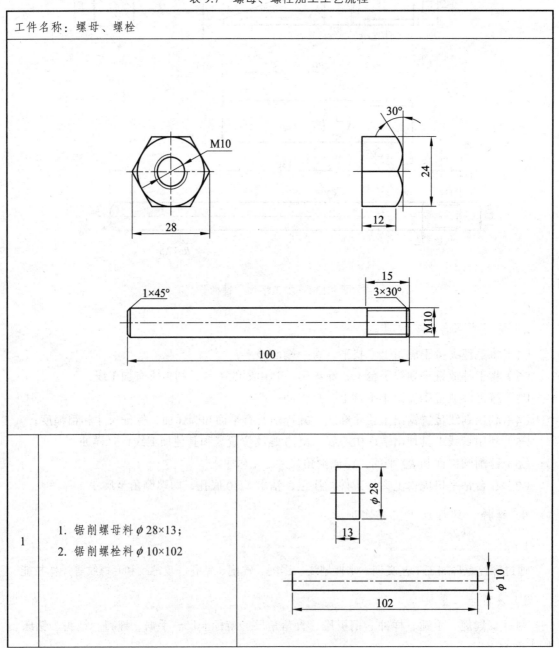

工件名称：螺母、螺栓	
1	1. 锯削螺母料 φ 28×13； 2. 锯削螺栓料 φ 10×102

序号	操作名称	加工简图
2	锉总长, 保证 12±1,且 $A \perp C, B \perp C, A /\!/ B$	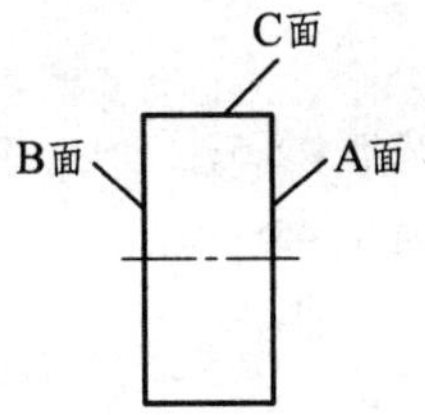 C面 B面　A面
3	划线、圆心打样冲	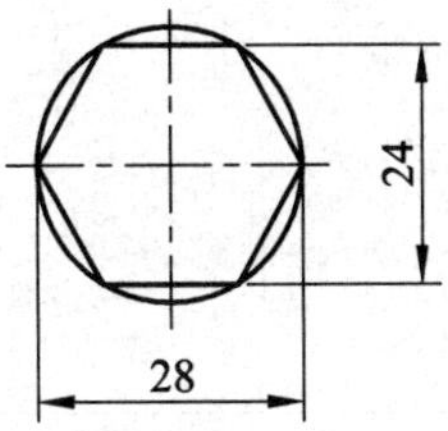 24 28
4	分别加工 1 面和 4 面。 要求:放线 0.5 mm,且 1 面平行 4 面	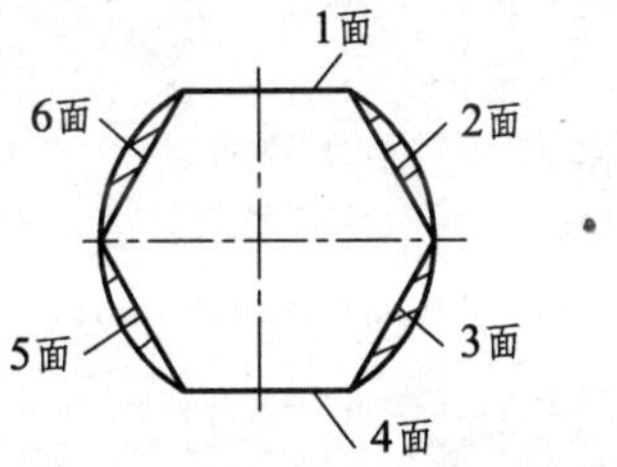 1面 6面　2面 5面　3面 4面
5	分别加工 2 面和 5 面。 要求:放线 0.5 mm,且 2 面平行 5 面	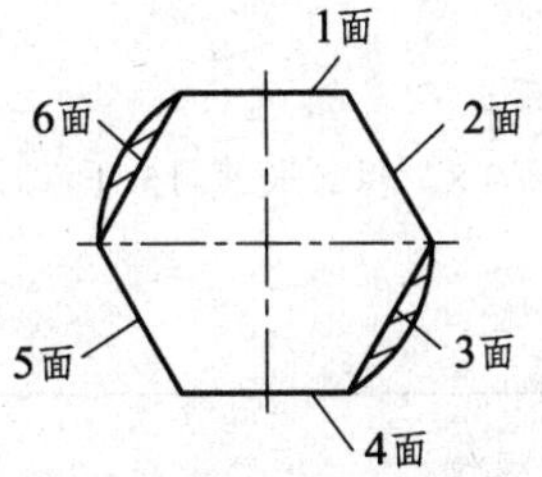 1面 6面　2面 5面　3面 4面
6	分别加工 3 面和 6 面。 要求:放线 0.5 mm,且 3 面 $/\!/$ 6 面	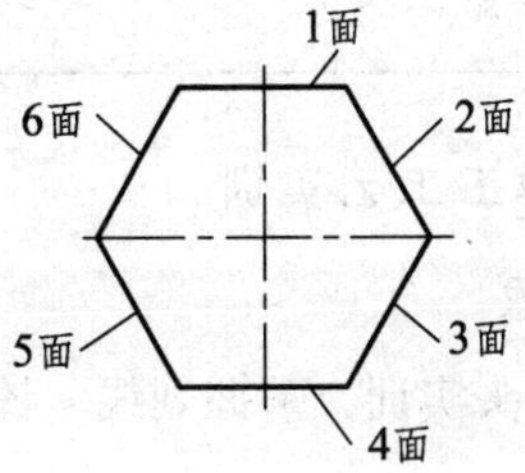 1面 6面　2面 5面　3面 4面

序号	操作名称	加工简图
7	1. 钻螺纹底孔 ϕ 8.5； 2. 孔口倒角 1×45°	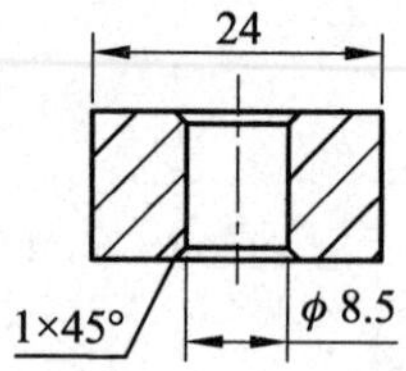 24 1×45° ϕ 8.5
8	攻 M10 螺纹	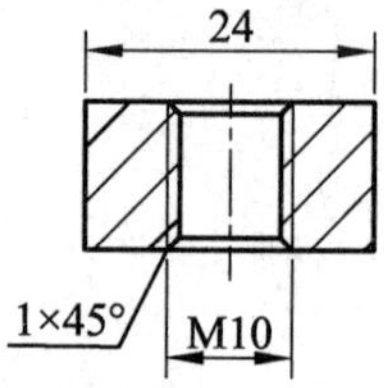 24 1×45° M10
9	倒 30°角	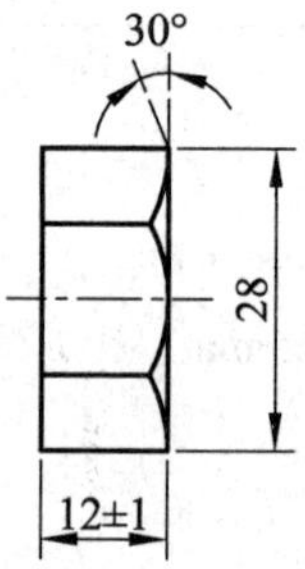 30° 28 12±1
10	螺栓加工： 锉外圆 ϕ 9.8，保证长度 15±1	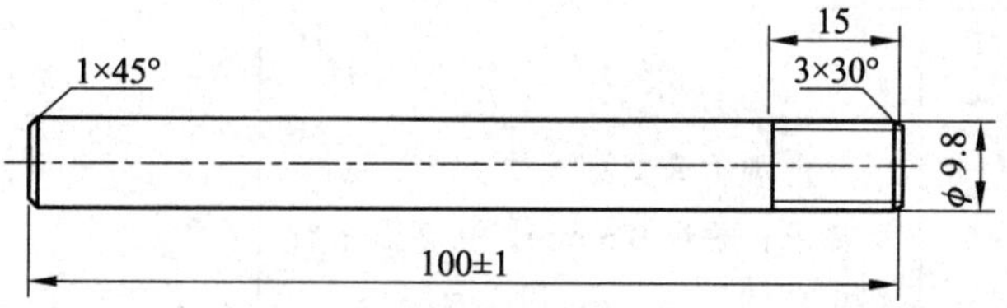 1×45° 15 3×30° ϕ 9.8 100±1
11	套 M10 螺纹	
12	精加工工件至尺寸	

10. 榔头加工工艺实训

1）操作要求

通过制作榔头实训，掌握划线、锉削、锯削和钻孔等操作技能。

2）设备与工量具

划针、划规、手锤、样冲、钢板尺、直角尺、游标卡尺、手锯、锉刀、钻头、钻床、夹具及 45 钢。

3）注意事项

（1）工件钻孔时要找正夹紧。

（2）锉削腰孔时，应先用圆锉锉通，后锉两侧平面。

（3）加工 R4 与 R8 内外圆弧面时，横向须平直，并与侧平面垂直，以使弧形面连接正确；

（4）制作过程中，要注意各面相接处棱角清晰，各处圆角圆滑无棱，锉纹顺直齐正，表面无损伤，外形美观。

4）操作步骤

榔头加工工艺流程见表 9.8。

表 9.8 榔头加工工艺流程

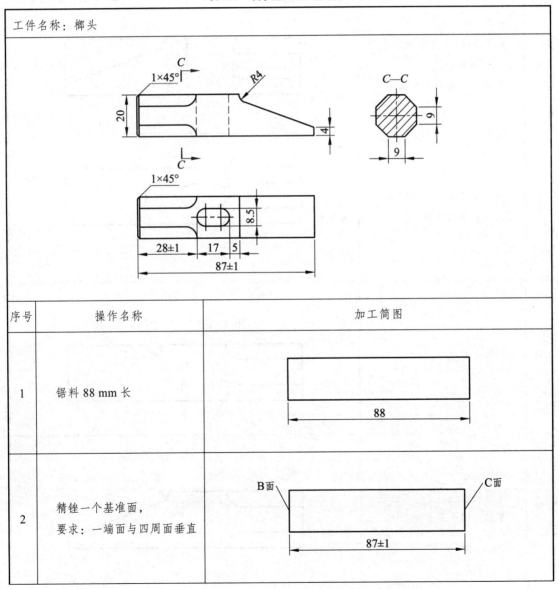

序号	操作名称	加工简图
1	锯料 88 mm 长	88
2	精锉一个基准面，要求：一端面与四周面垂直	B面 C面 87±1

序号	操作名称	加工简图
3	划线要求：六面上全部划线	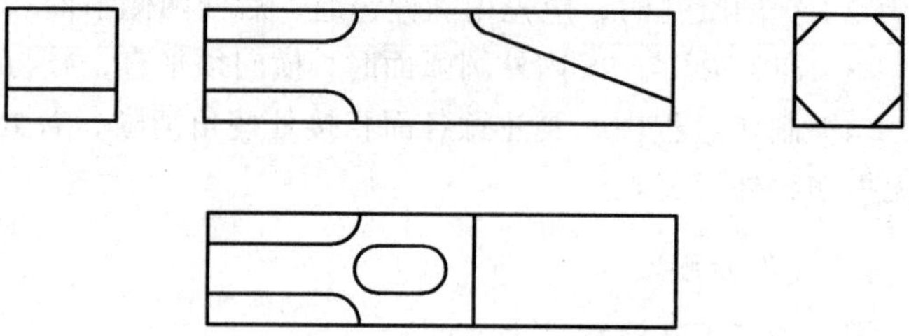
4	钻孔方法：用圆锉或小方锉加工，腰形孔； 要求：腰形孔对称居中	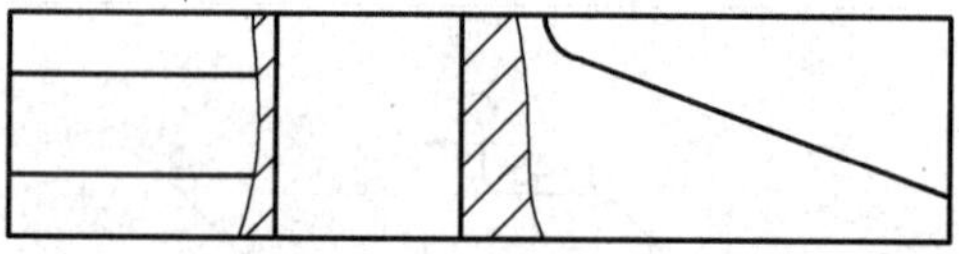
5	做八面体方法：先做 4 个圆弧，后做八面体	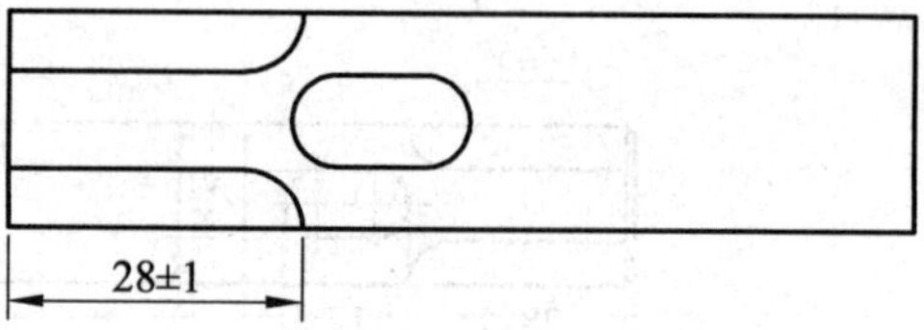 28±1
6	做斜面圆弧	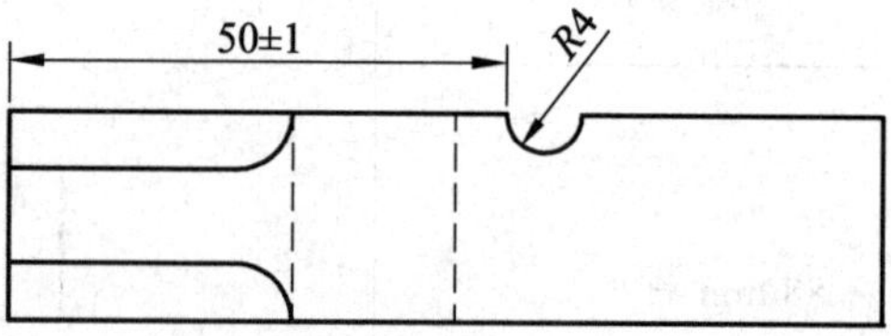 50±1 R4
7	锯斜面 要求：锯弓垂直钳口	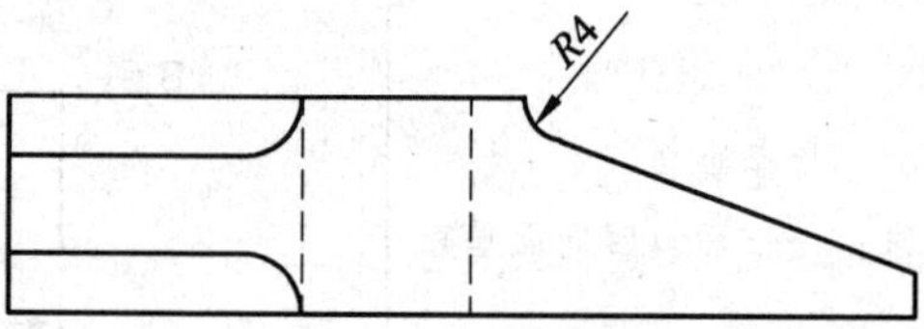 R4

序号	操作名称	加工简图
8	1. 半精加工成形； 2. 倒 1×45°角	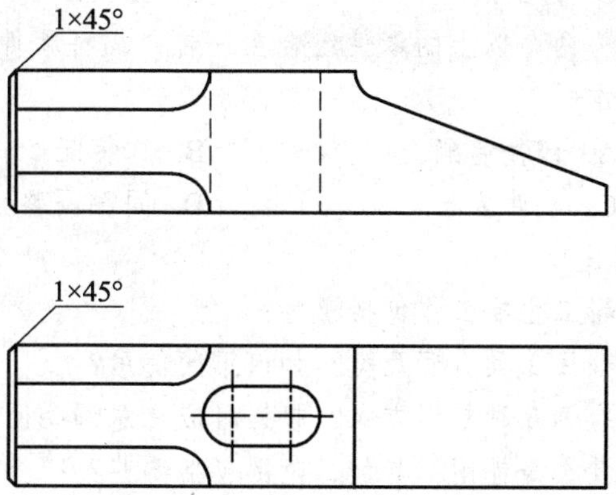
9	精加工成形， 　要求：保证各部分尺寸正确，表面粗糙度 Ra3.2	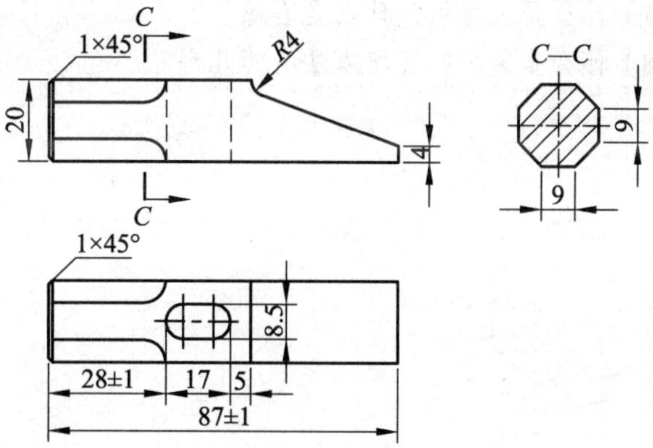

复习题

1. 选择题

（1）攻螺纹时造成螺孔攻歪的原因之一是丝锥（　　　）。

　　A. 深度不够　　　　　　　B. 强度不够

　　C. 位置不正　　　　　　　D. 方向不一致

（2）锯削软材料和厚材料选用锯条的锯齿是（　　　）。

　　A. 粗齿　　　　　　　　　B. 细齿

　　C. 硬齿　　　　　　　　　D. 软齿

（3）钻头直径大于 13 mm 时，柄部一般做成（　　　）。

　　A. 直柄　　　　　　　　　B. 莫氏锥柄

　　C. 方柄　　　　　　　　　D. 直柄或锥柄

（4）将零件的制造公差适当放宽，然后把尺寸相当的零件进行装配以保证装配精度称为（　　　）。

A. 调整法　　　　　　　　B. 修配法

C. 选配法　　　　　　　　D. 互换法

（5）将两个以上的零件组合在一起，或将零件与几个组件结合在一起成为一个装配单元的装配工作叫（　　　）。

A. 部件装配　　　　　　　B. 总装配

C. 零件装配　　　　　　　D. 间隙调整

2. 简述题

（1）钳工主要工作包括哪些？

（2）划线工具有哪几类？如何正确使用？

（3）有哪几种起锯方式？起锯时应注意哪些问题？

（4）什么是锉削？其加工范围包括哪些？

（5）如何正确选用顺向锉法、交叉锉法和推锉法？

（6）钻孔、扩孔与铰孔各有什么区别？

（7）什么是攻螺纹？什么是套螺纹？

（8）什么是装配？装配方法有哪几种？

参考文献

[1] 朱定见，洪晓东. 金工实训[M]. 成都：电子科技大学出版社，2014.

[2] 宋瑞宏. 机械工程实训教程[M]. 北京：机械工业出版社，2015.

[3] 周世权，杨雄. 基于项目的工程实践[M]. 武汉：华中科技大学出版社，2011.

[4] 张力重，杜新宇. 图解金工实训[M]. 武汉：华中科技大学出版社，2015.

[5] 张幼华. 金工实习：金属切削篇[M]. 武汉：华中科技大学出版社，2006.

[6] 方海生，何国旗. 金工实习指导书[M]. 成都：电子科技大学出版社，2014.

[7] 张学政，李家枢. 金属工艺学实习教材[M]. 北京：高等教育出版社，2011.

[8] 魏峥. 金工实习教程[M]. 北京：清华大学出版社，2004.

[9] 徐永礼　田佩林. 金工实训[M]. 广州：华南理工大学出版社，2006.

[10] 栾振涛. 金工实习[M]. 北京：机械工业出版社，2001.